普通高等教育土建学科专业『十一五』规划教材

全国高职高专教育土建类专业教学指导委员会规划推荐教材

园林工程计价与招投标

（园林工程技术与工程造价专业适用）

本教材编审委员会组织编写

何　辉　吴　瑛　主编

张金星　主审

中国建筑工业出版社

图书在版编目（CIP）数据

园林工程计价与招投标/本教材编审委员会组织编写.—北京：中国建筑工业出版社，2009
普通高等教育土建学科专业“十一五”规划教材.
全国高职高专教育土建类专业教学指导委员会规划推荐教材.园林工程技术与工程造价专业适用
ISBN 978-7-112-11348-4

Ⅰ.园… Ⅱ.本… Ⅲ.①园林-工程施工-工程造价-高等学校：技术学校-教材②园林-工程施工-招标-高等学校：技术学校-教材③园林-工程施工-投标-高等学校：技术学校-教材 Ⅳ.TU986.3

中国版本图书馆CIP数据核字（2009）第170268号

本书系统地介绍了园林工程计价和招投标方法。主要内容：园林工程定额，园林工程费用，工程量清单计价规范，建筑面积的计算，园林绿化、园路、园桥、假山、景观、通用项目计量与计价，园林工程竣工结算和竣工决算，园林计价软件应用，园林工程招投标等。本书依据全国新版工程量清单计价规范和地方园林计价定额，结合最新的文件和计价方法编写而成。本书配有大量的例题和实际工程案例，通俗易懂，具有较强的指导性、实用性和可操作性。

本书可作为高职院校园林工程技术、工程造价、建筑经济管理专业及相关专业的教材，亦可作为工程造价编审人员及基本建设管理相关人员的专业参考书。

责任编辑：朱首明　杨　虹
责任设计：崔兰萍
责任校对：陈　波　陈晶晶

普通高等教育土建学科专业“十一五”规划教材
全国高职高专教育土建类专业教学指导委员会规划推荐教材
园林工程计价与招投标
（园林工程技术与工程造价专业适用）
本教材编审委员会组织编写
何　辉　吴　瑛　主编
张金星　主审
*
中国建筑工业出版社出版、发行（北京西郊百万庄）
各地新华书店、建筑书店经销
北京嘉泰利得公司制版
北京建筑工业印刷厂印刷
*
开本：787×1092毫米　1/16　印张：20　字数：490千字
2009年9月第一版　2019年2月第七次印刷
定价：**36.00**元
ISBN 978-7-112-11348-4
(18569)

序　　言

全国高职高专教育土建类专业教学指导委员会建筑类专业指导分委员会是建设部受教育部委托，由建设部聘任和管理的专家机构。其主要工作任务是，研究如何适应建设事业发展的需要设置高等职业教育专业，明确建设类高等职业教育人才的培养标准和规格，构建理论与实践紧密结合的教学内容体系，构筑“校企合作、产学结合”的人才培养模式，为我国建设事业的健康发展提供智力支持。

在建设部人事教育司和全国高职高专教育土建类专业教学指导委员会的领导下，自成立以来，全国高职高专教育土建类专业教学指导委员会建筑类专业指导分委员会的工作取得了多项成果，编制了建筑类高职高专教育指导性专业目录，在重点专业的专业定位、人才培养方案、教学内容体系、主干课程内容等方面取得了共识，制定了“建筑装饰技术”等专业的教育标准、人才培养方案、主干课程教学大纲，制定了教材编审原则，启动了建设类高等职业教育建筑类专业人才培养模式的研究工作。

全国高职高专教育土建类专业教学指导委员会建筑类专业指导分委员会指导的专业有建筑设计技术、室内设计技术、建筑装饰工程技术、园林工程技术、中国古建筑工程技术、环境艺术设计等6个专业。为了满足上述专业的教学需要，我们在调查研究的基础上制定了这些专业的教育标准和培养方案，根据培养方案认真组织了教学与实践经验较丰富的教授和专家编制了主干课程的教学大纲，然后根据教学大纲编审了本套教材。

本套教材是在高等职业教育有关改革精神指导下，以社会需求为导向，以培养实用为主、技能为本的应用型人才为出发点，根据目前各专业毕业生的岗位走向、生源状况等实际情况，由理论知识扎实、实践能力强的双师型教师和专家编写的。因此，本套教材体现了高等职业教育适应性、实用性强的特点，具有内容新、通俗易懂、紧密结合实际、符合高职学生学习规律的特色。我们希望通过这套教材的使用，进一步提高教学质量，更好地为社会培养具有解决工作中实际问题的有用人材打下基础。也为今后推出更多更好的具有高职教育特色的教材探索一条新的路子，使我国的高职教育办的更加规范和有效。

全国高职高专教育土建类专业教学指导委员会建筑类专业指导分委员会

2007年6月

前　言

本书是全国建设类高等职业技术教育园林工程技术、工程造价等专业的核心专业课教材。它是根据全国高等学校土建学科教学指导委员会高等职业教育专业委员会制定的该专业培养目标、培养方案和课程标准的内容要求及新版《建设工程工程量清单计价规范》GB 50500—2008国家标准、部分地区园林工程计价定额、取费定额和相关最新文件编写的。

本教材在编写过程中，力求对以下几个方面进行创新，形成自身特色。

1. 校企合作，注重教材内容的原创性

本教材在编写中邀请两家企业共同参与。在编写过程中坚持结合行业要求和企业实际，对内容进行创新。工程案例与训练题设计上，坚持真实基础上拓展，更好地达到培养学生能力的目的。

2. 统筹设计，兼顾统一性与地域性

园林工程计价有其自身很强的特点，园林工程计量与计价既有国家统一的工程量清单计价规范又有各地方采用的定额、价格、费用规定，因此教材编写中要兼顾统一性与区域性，以满足学生毕业后在不同地区对园林工程计价的适应性。

3. 项目导向，体现理论与实践相结合

在教材每个单元中，都以具体工程项目为载体，从理论→规则→计量→计价→取费→审核，围绕项目进行计价过程学习，避免枯燥和脱离实际。并配置了园林工程计价案例，以达到工学交替、培养技能的学习目的。

4. 通俗易懂，强化应用性和针对性

教材编写过程中在研究高职学生现状的基础上，尽可能做到由浅入深、通俗易懂。教材编写过程中对内容、练习、图例进行认真的遴选。力求做到语言精练、博采众长。并及时吸收最新的政策、法律、法规和规范，使教材更好地成为教与学的良师。

本教材共12章及附录：园林工程计价案例，由何辉、吴瑛任主编，杨小女、顾美萍任副主编，其中第一、二、四章及习题由浙江建设职业技术学院何辉老师编写，第三、五、九、十、十一章及习题由浙江建设职业技术学院吴瑛、汪政达老师编写，第六、七、八章及附录案例三由浙江园林设计院杨小女造价工程师、何辉老师编写，第十章、十一章及附录案例一、二由上海城市管理职业技术学院顾美萍、顾国伟老师编写，第十二章由浙江建设职业技术学院杨先忠老师编写，全书由何辉、吴瑛负责统稿和修改。浙江省工程造价总站张金星教授级高级工程师担任主审。

由于编写经验不足，加上编者水平和条件有限，本教材在内容与方法上，难免存在不足之处，欢迎读者提出宝贵意见，以便我们不断改进。同时园林工程计价是一门实践性、政策性很强的课程，如内容存在与国家、省市有关部门的规定不符之处，以文件及国家、省市部门规定为准。

编者

目　录

第一章　绪论

学习目标：（1）掌握园林工程特点和建设程序；

（2）掌握园林工程造价特点和计价方法。

教学重点：园林工程计价多次性计价的内容和工程计价程序。

教学难点：单价法与实物法的区别与应用。

第一节　课程研究对象与任务

一、园林的概念

园林是指在一定的地域运用工程技术和艺术手段，通过改造地形（或进一步筑山、叠石、理水）、种植树木花草、营造建筑和布置园路等途径创作而成的自然环境和游憩境域。一般来说，园林的规模有大有小，内容有繁有简，但都包含着四种基本的要素，即土地、水体、植物和建筑。其中，土地和水体是园林的地貌基础，土地包括平地、坡地、山地，水体包括河、湖、溪、涧、池、沼、瀑、泉等。天然的山水需要加工、修饰、整理，人工开辟的山水讲究造型，还需要解决许多工程问题。因此，筑山和理水就逐渐发展成为造园的专门技艺。植物栽培最先是以生产和实用为目的的，随着园艺科技的发展才有了大量供观赏之用的树木和花卉。现代园林中，植物已成为园林的主角，植物材料在园林中的地位就更加突出了。上述三种要素都是自然要素，具有典型的自然特征。在造园中必须遵循自然规律，才能充分发挥其应有的作用。

二、园林工程的概念和特点

园林工程是指造园的工程，它主要研究园林建设的工程技术，包括地形改造的土方工程、给水排水工程、水景工程、园路工程、假山工程、种植工程、园林供电和园林机械等。

园林工程的产品特性是供人们游览、欣赏的游憩环境，它包含了一定的工程技术和艺术创造，是造园诸要素在特定境域的艺术体现。因此，园林工程和其他工程相比有其突出的特点，这些特点充分体现在园林工程施工管理全过程中。

（一）园林工程的艺术性

园林工程的最大特点是一门艺术工程，它融科学性、技术性和艺术性于一体。园林艺术是一门综合艺术，涉及造型艺术、建筑艺术等诸多艺术领域，要求竣工的工程项目符合设计要求，达到预定功能。园林植物讲究配植手法；各种园林设施必须具有美感、舒适感；竖向上追求良好的景面效果；空间的分隔、层次的组合等还要有特殊的艺术处理；所有这些都要求施工时应密切注意园林工程的艺术性。

（二）园林工程的生物性

植物是园林最基本的要素。植物种植主要受自然条件的影响，但不能随着时间的改变而失去稳定的植物景观。因此，在养护上必须符合其生态要求，采取有力措施，充分表现植物的地方特色。

（三）园林工程材料的多样性

由于园林景观的多样性，也使园林施工材料具有多样性。

（四）园林工程的复杂性

园林工程的规模日趋大型化，要求协同作业日益增多，加之新材料、新技术的广泛应用，对施工管理提出更高的要求。园林工程是内容广泛的建设工程，涉及地形处理、各种建筑基础、岸线保护、园路假山、铺草种树等诸多方面；施工中又因不同的工序需要将工作面不断转移，导致劳动资源也跟着转移，这种复杂的施工环节及内容需要有全盘观念、有条不紊，因此加强施工过程的全面管理是十分关键的。

（五）园林工程施工受自然条件影响大

园林工程多为露天作业，施工中经常受到自然条件的影响。因此，如何搞好雨期施工及冬期（尤其北方）施工，是保证能否按施工进度、保证施工安全的关键性问题。树木种植、草坪铺植也是季节性很强的施工项目，应有合理安排。

（六）园林工程的安全性

园林设施多为人们直接利用，应具有足够的安全性。如建筑小品、驳岸、假山洞等工程，必须严把质量关，保证结构坚固耐久，严防事故发生。

三、基本建设程序

（一）基本建设程序概念

基本建设程序是指建设项目从策划、评估、决策、设计、施工到竣工验收、投入生产或交付使用的整个建设过程中各项工作必须遵循的先后顺序。它是建设项目科学决策和顺利进行的重要保证。按照建设项目发展的内在联系和发展过程，将建设项目分成若干阶段，这些发展阶段有严格的先后次序。不按工程建设程序办事，势必在时间、人力、物力及财力等方面造成较大的浪费和损失。

世界上各个国家和国际组织在工程项目建设程序上可能存在着某些差异，但是按照工程建设项目发展的内在规律，投资建设一个工程项目都要经过投资决策、建设实施、生产运营和总结评价四个发展时期。这四个发展时期又可分为若干个阶段，它们之间存在着严格的先后次序，可以进行合理的交叉，但不可以任意颠倒次序（图 1-1）。

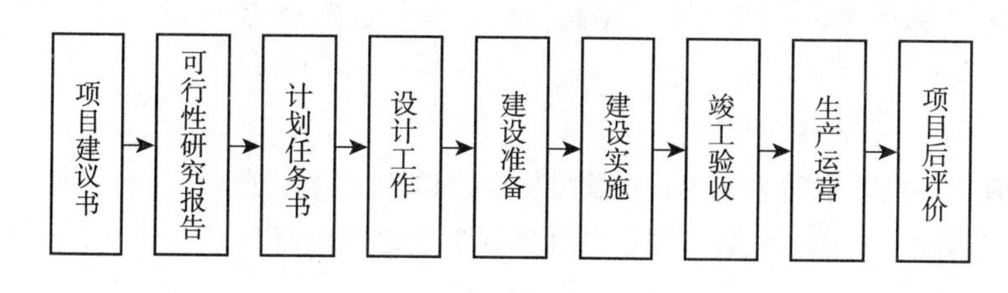

图 1-1　基本建设程序

（二）基本建设程序内容

1. 编制项目建议书

项目建议书是建设起始阶段，业主根据区域发展和行业发展规划要求，结合各项自然资源、生产力状况和市场预测等，经过调查分析，说明拟建项目建设的必要性、条件的可行性、获利的可能性，而向国家和省、市、地区主管部门提出的立项建议书。

项目建议书经批准后，可以进行详细的可行性研究工作，但并不表明项目非上不可，项目建议书不是项目的最终决策。

2. 进行可行性研究

有关部门根据国民经济发展规划以及批准的项目建议书，运用多种科学研究方法，通过对项目有关的工程、技术、经济、建设地点等各方面条件和情况进行调查、研究、分析，对建设项目各种可能的建设方案进行技术经济论证，并得出可行与否的结论，即可行性研究。其主要任务是研究基本建设项目建设的必要性、技术的可行性和经济的合理性。可行性研究是项目前期工作的最重要的一项工作，其结论为投资者的最终决策提供直接依据。可行性研究报告经批准，建设项目才算正式“立项”。

3. 编制计划任务书

计划任务书是根据可行性研究的结果向主管机关呈报的立项报批的文件，是确定建设项目规模、编制设计文件、列入国家基本建设计划的依据。计划任务书应包括规划依据、建设目的、工程规模、地址选择、主要项目、平面布置、设计要求、资金筹措、工程效益、项目组织管理等主要内容。

4. 编制设计文件

计划任务书批准后，经地方规划部门划定施工线后，方可开始进行勘测设计。设计文件一般由主管部门或建设单位委托设计单位编制。一般建设项目设计分为三阶段设计和两阶段设计两种。

三阶段设计：初步设计（编制初步设计概算）、技术设计（编制修正概算）、施工图设计（编制施工图预算），适用于技术复杂且缺乏经验的大中型项目。

两阶段设计：初步设计、施工图设计，适用于一般小型项目。

一般项目采用两阶段设计，有的小型项目可直接进行施工图设计。

5. 建设准备

项目在开工建设之前要切实做好各项准备工作，其主要内容包括：征地、拆迁和场地平整；完成施工用水、电、道路准备等工作；组织设备、材料订货；准备招投标文件和必要的施工图纸；组织施工招标投标，择优选定施工单位。

6. 建设实施

施工准备就绪，办理开工手续，取得当地建筑主管部门颁发的施工许可证方可正式施工。项目的开工时间，是指工程建设项目设计文件中规定的任何一项永久性工程第一次正式破土开槽开始施工的日期；不需开槽的工程，正式开始打桩的日期就是开工日期。

施工安装活动应按照工程设计、施工合同条款及施工组织设计的要求，在保证工程质量、工期、成本及安全、环保等目标的前提下进行。一般情况下，合理的园林工程施工程序为：整地→安装给水排水、供电管线→修建园林建筑→铺装广场、道路→大树移植→种植树木→种植草坪→达到竣工验收标准后，由施工单位移交给建设单位。

在工程施工期间，建设单位根据建设项目的特点与功能，同步进行各项投产前使用的准备工作，例如机构设置、人员培训、制定管理制度、原材料进场等。

7. 竣工验收、交付使用

建设项目按批准的设计文件所规定的内容建完后，便可以组织竣工验收，这是对建设项目的全面性考核。验收合格后，施工单位应向建设单位办理竣工移交和竣工结算手续，并把项目交付建设单位使用。

8. 工程项目后评价

工程项目建设完成并投入生产或使用之后所进行的总结性评价，称为后评价。

后评价是对项目的执行过程、项目的效益、作用和影响进行系统的、客观的分析、总结和评价，确定项目目标达到的程度，由此得出经验和教训，为将来新的项目决策提供指导与借鉴。项目后评价主要包括以下几个方面：

（1）项目建设的必要性；

（2）项目建设条件、工艺、技术；

（3）工程投资和财务分析与评价；

（4）目前经济效益评价。

四、课程研究对象与任务

《园林工程计价与招投标》是园林工程技术专业的主要专业课程之一，它从研究园林产品的生产成果与生产消耗之间的定量关系着手，合理地确立完成单位园林产品的消耗数量标准，从而达到合理地确定园林工程造价的目的。

园林产品的生产需要消耗一定人力、物力、财力，其生产过程中受到管理体制、管理水平、社会生产力、上层建筑等诸多因素的影响。在一定生产力水平条件下，完成一定的园林产品与所消耗的人力、物力、财力之间存在着一种以质量为基础的数量关系，这是本课程中工程造价计价依据定额部分所必需的主要内容。

园林产品通常是一种按期货方式进行交易的商品，它具有一般商品的特性。但由于园林产品自身有固定性、多样性和体积较大的特点，园林产品在生产过程中又具有生产的单件性、施工流动性、生产连续性、露天性、工期长期性、产品质量差异性等独特的技术经济特点，这些特点决定我们应根据园林产品的本身和生产特点，确定园林产品价格的构成因素及其计算方法，按照国家规定的特殊计价程序，计算和确定价格，这是本课程中计价部分所研究的主要内容。

按照“政府宏观控制，企业自主报价，市场形成价格”的工程造价改革方向，园林工程的业主方如何规范招标文件，提供完整工程量清单，择优选择承包方；承包方如何按照企业定额与招标文件要求自主报价，在激烈竞争中胜出，这是本课程招投标部分所研究的主要内容。

《园林工程计价与招投标》课程的任务就是运用马克思的再生产理论、社会主义市场的经济规律和价值规律、供求规律，研究园林产品生产过程中园林产品的数量和资源消耗之间的关系，积极探索提高劳动生产率、减少物资消耗的途径，合理地确定和控制工程造价。通过这种研究，以求达到减少资源消耗、降低工程成本、提高投资效益、企业经济效益和社会效益的目的。

本课程涉及比较广泛的政策、技术、组织和管理因素，是一个技术性、专业性、综合性和实践性都很强的技术经济学科。它以客观与微观经济学、投资管理学等为理论基础，以园林识图与构造、园林工程、园林材料、施工技术、给水排水、园林工程施工组织与管理、园林企业经营管理、项目管理为专业基础，同时又与国家的方针政策、分配制度、工资制度等有密切的联系。随着计算机的普及应用，利用计算机进行园林工程工程量清单编制和计价已成为不可缺少的辅助手段。

本课程学习内容很多，在学习过程中应把重点放在掌握园林工程造价计价依据概念和建筑工程计价方法上，熟悉并能使用计价依据的清单规范和计价定额，熟练使用定额计价和工程量清单计价两种不同方法进行工程造价计算。在学习中应坚持理论联系实际，以应用为重点，注重培养动手能力，勤学、勤练、勤看、勤问，学练结合，最终达到能独立完成常见的园林工程计价和招投标任务。

第二节　工程造价

一、工程造价的含义

工程造价这一概念的使用，在我国大体经历了三大阶段。计划经济期间，称之为工程概预算；20 世纪 80 年代中期，工程造价一词开始被广泛使用；90 年代中期，建筑产品价格或工程价格开始出现。

1996 年中价协学术委员会对工程造价的含义提出了界定意见。界定意见明确了工程造价有不同的含义：

第一种含义：工程造价是指建设一项工程预期开支或实际开支的全部固定资产投资费用。显然，这一含义是从投资者——业主的角度来定义的。投资者选定一个投资项目，为了获得预期的效益，就要通过项目评估进行决策，然后进行设计招标、工程招标，直至竣工验收等一系列投资管理活动。在投资活动中所支付的全部费用形成了固定资产和无形资产，所有这些开支就构成了工程造价。从这个意义上说，工程造价就是工程投资费用，建设项目工程造价就是建设项目固定资产投资。

第二种含义：工程造价是指工程价格。即为建成一项工程，预计或实际在土地市场、设备市场、技术劳务市场以及承包市场等交易活动中所形成的建筑安装工程的价格和建设工程总价格。

通常，人们将工程造价的第二种含义认定为工程承发包价格。应该肯定，承发包价格是工程造价中一种重要的，也是最典型的价格形式。它是在建筑市场通过招投标，由需求主体——投资者和供给主体——承包商共同认可的价格。鉴于建筑安装工程价格在项目固定资产中占有50%～60%的份额，又是工程建设中最活跃的部分；鉴于建筑企业是建设工程的实施者和重要的市场主体，工程承发包价格被界定为工程造价的第二种含义，很有现实意义。但是，如上所述，这样界定对工程造价的含义理解较狭窄。

所谓工程造价的两种含义，是以不同角度把握同一事物的本质。对建设工程的投资者来说，面对市场经济条件下的工程造价就是项目投资，是“购买”项目要付出的价格；同时也是投资者在作为市场供给主体时“出售”项目时定价的基础。对于承包商，供应商和规划、设计等机构来说，工程造价是他们作为市场供给主体出售商品和劳务的价格的总和，或是特指范围的工程造价，如建筑安装工程造价。

二、工程造价的特点

由工程建设的特点所决定，工程造价有以下特点。

（一）工程造价的数额巨大

能够发挥投资效用的任一项工程，不仅实物形体庞大，而且造价数额巨大，动辄数十万、数百万、数千万、数亿元人民币不等。工程造价的数额巨大的特点使其关系到有关各方的重大经济利益，同时也会对宏观经济产生重大影响。这就决定了工程造价的特殊地位，也说明了造价管理的重要意义。

（二）工程造价的差异鲜明

任何一项工程都有特定的用途、功能、规模。因此，对每一项工程的结构、造型、空间分割、设备配置和绿化配置、装饰等都有具体的要求，因而使工程内容和实物形态都具有较大差异。产品的差异决定了工程造价的差异鲜明。同时，每项工程所处地区、地段都不相同，使这一特点得到强化。

（三）工程造价需动态调整

任何一项工程从决策到竣工交付使用，都有一个较长的建设期间，而且由于不可控因素的影响，在预计工期内，许多影响工程造价的动态因素，如工程变更，设备材料价格、工资标准以及费率、利率、汇率会发生变化。这些变化必然会影响到造价的变动。所以，工程造价在整个建设期中处于不确定状态，直至竣工决算后才能最终确定工程的实际造价。

（四）工程造价的层次突出

工程造价有三个层次：建设项目总造价、单项工程造价和单位工程造价。如果专业分工更细，单位工程的组成部分——分部分项工程也可以成为交换对象，这样工程造价的层次就增加分部工程和分项工程而成为5个层次。即使从造价的计算和工程管理的角度看，工程造价的层次性也是非常突出的。

（五）工程造价的构成复杂

工程造价构成具有广泛性和复杂性。在工程造价构成中，首先是成本因素非常复杂。其中为获得建设工程用地支出的费用、项目可行性研究和规划设计费用、与政府一定时期政策（特别是产业政策和税收政策）相关的费用占有相当的份额。再次，赢利的构成也较为复杂，资金成本较大。

第三节　园林工程计价

园林工程造价即园林工程产品的价格。园林工程产品的价格由成本、利润及税金组成。但与工业产品标准化、批量生产、便于统一定价不同，园林工程产品自身生产特点决定它需单独定价，而不能事先统一定价。

一、园林工程计价的概念

园林工程计价是指计算园林工程项目造价（或价格）。因为每一个园林工程项目建设都需要按业主的特定需要单独设计，在具体建设过程中又具有生产的单件性，生产周期长，价值大，受气候、建设地点、施工方案、技术力量、采用材料、施工机械影响较大，因此使得工程项目造价形成和计取与其他工业产品不同，只能以特殊的程序和方法进行计价。工程计价的主要特点就是将一个工程项目分解成若干分部、分项工程或按有关计价依据规定的若干基本子目，找到合适的计量单位，采用特定的估价方法进行计价，组合汇总，得到该工程项目的工程造价。在市场经济日趋成熟的今天，通过政府宏观调控，施工企业根据自身情况和综合实力进行报价，最终通过市场竞争形成最终价格。

二、园林工程计价的特征

上节中提出的工程造价有数额巨大、差异鲜明、动态调整、层次突出、构成复杂等自身特有的特点，由于工程造价的这些特点使工程计价具有以下特征。

（一）计价单件性

由于园林产品个别性和差异性决定了每个工程项目都必须根据工程自身的特点按一定的规则单独计算工程造价。对于园林产品，由于工艺性强、变化大、材料使用难以统一规格与标准、材料品种繁多且变化大等特点，只能通过特殊程序来计取工程造价。

（二）计价多次性

由于园林工程生产周期长、规模大、造价高，因此必须按基本建设规定程

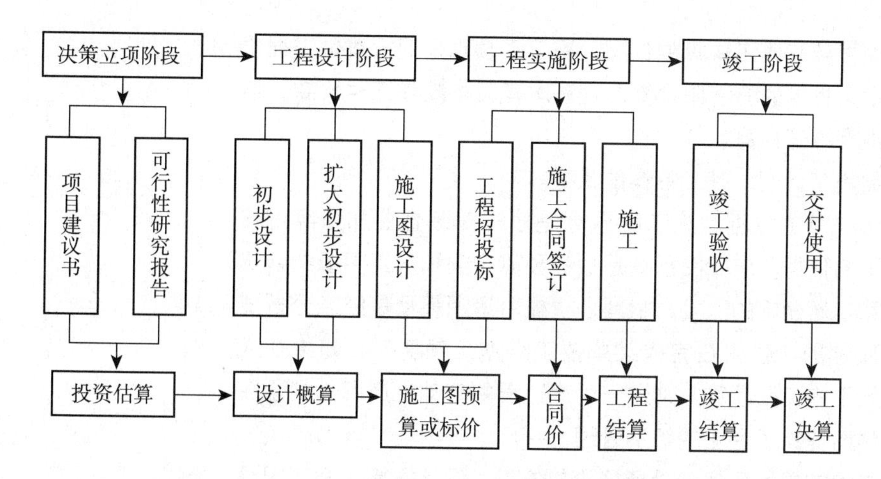

图 1-2 工程多次性计价图

序分阶段分别计算工程造价，以保证工程造价确定与控制的科学性。对不同阶段实行多次性计价是一个从粗到细、从浅到深、由概略到精确、逐步接近实际造价的过程（图 1-2）。

（1）投资估算。投资估算是指编制项目建议书、进行可行性研究阶段编制的工程造价。一般可按规定的投资估算指标，类似工程的造价资料，现行的设备、材料价格并结合工程的实际情况进行投资估算。投资估算是对建设工程预期总造价进行的核定、计算、优化及相应文件的编制，所预计和核定的工程造价称为估算造价。投资估算是进行建设项目经济评价的基础，是判断项目可行性和进行项目决策的重要依据，并作为以后建设阶段工程造价的控制目标限额。

（2）设计概算。设计概算是在初步设计阶段，在投资估算的控制下，由设计单位根据初步设计或扩大初步设计图纸及说明、概算定额或概算指标、综合预算定额、取费标准、设计材料预算价格等资料编制和确定建设项目从筹建到竣工交付生产或使用所需全部费用的经济文件，包括建设项目总概算、单项工程综合概算、单位工程概算等。

设计概算的主要作用：

①是控制工程投资额和主要物资指标的依据。设计概算一经批准，概算造价即为国家对该工程投资的最高限额，一般不得突破。它是国家有关部门控制工程投资额度的重要依据。

②是在方案设计过程中评价设计方案经济合理性的依据。

③是编制基本建设计划及银行开户的依据。

（3）施工图预算。施工图预算是施工单位在工程开工之前，根据已批准的施工图，在预定的施工方案（或施工组织设计）的前提下，按照现行统一的建筑工程预算定额、工程量计算规则及各种取费标准等，逐项计算汇总编制而成的工程费用文件。

施工图预算的主要作用：

①是确定工程造价和主要实物量的依据。施工图预算是建设单位与施工单位结算工程费用的依据。

②是银行办理分期拨款和竣工决算的依据。施工图预算是银行拨付工程价款的依据。银行根据审定批准的施工图预算办理基本建设拨款和工程价款，监督甲、乙双方按工程进度办理结算。

③是施工企业编制施工计划、备工备料的依据。

④是企业加强经济核算的依据。施工图预算是建筑安装企业加强经济核算、提高企业管理水平的依据。施工图预算是根据预算定额和施工图纸结合施工方案编制的，而预算定额确定的人工、材料、机械台班消耗量是经过分析测定，按社会平均水平取定的。企业在完成某单位工程施工任务时，如果在人力、物力、资金方面低于施工图预算，则这一生产过程的劳动生产率达到了高于预算定额的水平，从而提高了企业的经济管理水平。

⑤是招投标工程中编制招标标底、投标报价的依据。设计概算、施工图预算、竣工结算通称为“三算”。加强“三算”——设计有概算、施工有预算、竣工有结算，对于控制基本建设投资，防止“三超”——竣工结算超预算、预算超概算、概算超投资，有重要的作用。

(4) 承包合同价。承包合同价是指在招标、投标工作中，经组织开标、评标、定标后，根据中标价格，由招标单位和承包单位在工程承包合同中按有关规定或协议条款约定的各种取费标准计算的用以支付给承包方按照合同要求完成工程内容的价款总额。

根据合同类型和计价方法的不同，有按总价合同、单价合同、成本加酬金合同、交钥匙统包合同等计算的承包合同价。

(5) 竣工结算。竣工结算是指一个单位工程或单项工程完工后，经组织验收合格，由施工单位根据承包合同条款和计价的规定，结合工程施工中设计变更等引起的工程建设费增加或减少的具体情况，编制经建设单位或其委托的监理单位签认的，用以表达该项工程最终实际造价为主要内容的作为结算工程价款依据的经济文件。竣工结算方式按工程承包合同规定办理。为维护建设单位和施工企业双方权益，应按完成多少工程付多少款的方式结算工程价款。

(6) 竣工决算。竣工决算是指建设项目全部竣工验收合格后建设单位编制的反映实际造价的经济文件。竣工决算可以反映交付使用的固定资产及流动资产的详细情况，可以作为财产交接、考核交付使用的财产成本以及使用部门建立财产明细表和登记新增资产价值的依据。通过竣工决算显示的完成一个建设项目实际花费的总费用，是对该建设项目进行清产核资和后评价的依据。

从投资估算、设计概算、施工图预算、工程量清单计价到承包合同价，再到各项工程的结算价和最后在结算价基础上编制竣工决算，整个计价过程是一个由粗到细、由浅到深，最后确定工程实际造价的过程，计价过程中各个环节之间相互衔接，前者制约后者，后者补充前者。

(三) 计价组合性

由于工程项目层次性和工程计价本身特定要求决定工程计价从分部分项工程或基本子项—单位工程—单项工程—建设项目依次逐步组合的计价过程。

（四）计价方法多样性

工程计价方法有多种，目前常见的工程计价方法包括定额计价法和工程量清单计价法，定额计价法通常理解为工料单价法，工程量清单计价法理解为综合单价法。

（五）计价依据的复杂性

由于影响工程造价的因素很多，因而计价依据种类繁多且复杂。计价依据是指计算工程造价所依据的基本资料的总称。它包括各种类型定额与指标、设计文件、工程量清单、计价规范、人工单价、材料价格、机械台班单价、施工方案、取费定额及有关部门颁发的文件和规定等。

三、工程计价的基本方法

（一）定额计价方法

定额计价方法即工料单价法。它是指项目单价采用分部分项工程的不完全价格（即包括人工费、材料费、施工机械台班使用费）的一种计价方法。我国现行有两种计价方法，一种是单价法，一种是实物法。

1. 单价法

单价法就是以现行的园林工程计价定额为依据，首先根据施工图纸和定额计算规则、计量单位，计算出各分项工程数量；其次用计价定额的相应基价计算出直接工程费，再计算措施费、间接费、利润、税金等，最后汇总各项费用得出园林工程造价。其计算步骤如图 1-3所示。

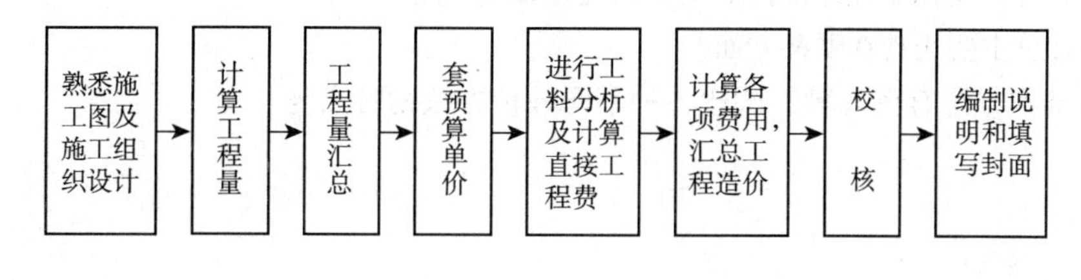

图 1-3　单价法计算工程造价工作程序示意图

2. 实物法

实物法就是以现行的园林工程计价定额为依据，首先根据施工图纸和定额计算规则、计量单位计算出各分项工程量；其次用定额的相应人工、材料、机械台班消耗量计算出人工、材料、机械台班数量，将计算出的数量与当时当地相应价格相乘计算出直接工程费，再计算措施费、间接费、利润、税金等，最后汇总各项费用得出园林工程造价。其计算步骤如图 1-4所示。

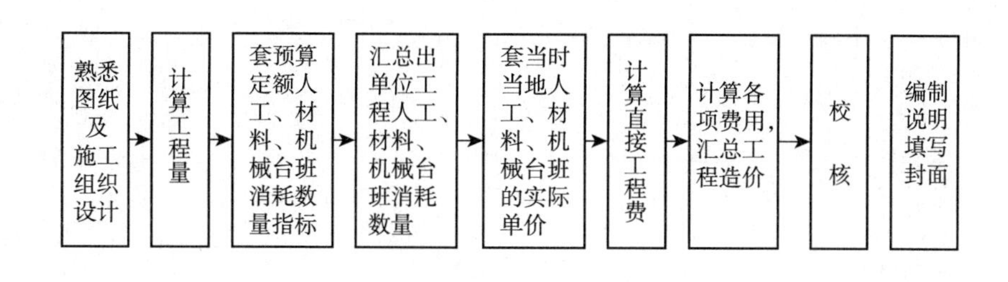

图 1-4　实物法计算工程造价工作程序示意图

（二）工程量清单计价方法

工程量清单计价方法即综合单价法。它是以国家颁布的《建设工程工程量清单计价规范》为依据，首先根据“五统一”（即统一项目名称、项目特征、计量单位、工程量计算规则、项目编码）原则编制出工程量清单；其次由各投标施工企业根据企业实际情况与施工方案，对完成工程量清单中一个规定计量单位项目进行综合报价（包括人工费、材料费、机械使用费、企业管理费、利润、风险费用），最后在市场竞争过程中形成园林工程造价。其基本计算步骤如图 1-5所示。工程量清单计价法是一种国际上通行的计价方式。

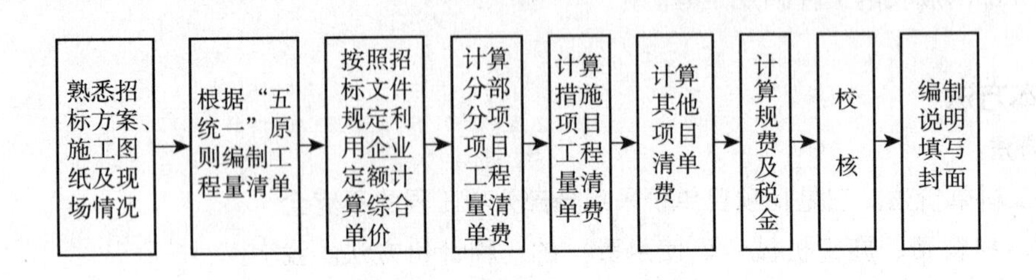

图 1-5 工程量清单计价方法示意图

复习思考与练习题

1. 什么叫园林工程？其特点是什么？
2. 什么叫基本建设程序？我国现阶段基本建设程序包括哪些内容？
3. 什么叫工程造价？工程造价有哪些特点？
4. 什么叫园林工程计价？园林工程计价特征主要表现在哪些方面？
5. 园林工程多次性计价主要表现在哪些方面？
6. 园林工程计价的基本方法有哪几种？试述各种不同计价方法的特点与计价程序。

第二章　园林工程定额

学习目标：(1) 掌握园林工程定额编制原理与编制方法；
(2) 运用园林预算定额会熟练进行定额套用；
(3) 运用园林预算定额会进行定额的调整和换算。

教学重点：园林定额的组成和应用。

教学难点：园林工程定额的编制，定额与单价的换算。

第一节 概述

一、定额的概念

定，就是规定；额，就是额度或限度。定额简单理解就是在一定条件下规定的额度或数量标准。生产任何产品都必须消耗一定数量的活化劳动和物化劳动，而生产同一产品所消耗的劳动量常随着生产因素、生产条件、生产环境等的变化而发生一定的差异。例如由不同的工人完成同一产品，由于工人的技术等级、熟练程度、工作积极性、身体状态等不同，所需要消耗的时间是不一样的。定额就是在一定的社会制度和现有的生产力水平条件下，完成一定计量单位的合格产品所必须消耗的人工、材料、机械台班的数量标准。作为数量标准，它必须规定工作内容、明确数值和应达到的质量安全要求标准。

二、园林工程定额的概念

在园林工程施工过程中，为了完成一定的合格产品，就必须消耗一定数量的人工、材料、机械台班和资金，这种消耗的数量受各种生产因素及生产条件的影响。园林工程定额就是指在合理的劳动组织和节约地使用材料和机械的条件下，完成单位合格园林产品所必需消耗的资源数量标准。

例如某省园林绿化工程定额堆砌湖石假山（高3m以内）项目规定：

工作内容：包括放样，选石，运石，调、制、运混凝土（砂浆），堆砌，塞垫嵌缝，清理，养护等工作。

消耗量：每吨湖石假山所需人工消耗5.39工日；湖石1t，现浇混凝土0.08m^3，1:2水泥砂浆0.05m^3；5t汽车式起重机0.027台班。

质安要求：国家施工验收规范和安全标准。

三、园林工程定额的特点

（一）定额的科学性

园林工程定额的制定是在当时的实际生产力水平条件下，经过大量的测定，在综合、分析、统计、广泛搜集资料的基础上制定出来的，是根据客观规律的要求，用科学的方法确定的各项消耗标准，能正确反映当前工程建设生产力水平。

定额的科学性，首先表现在用科学的态度制定定额，尊重客观实际，定额水平合理；其次表现在制定定额的技术方法上，利用现代科学管理的成就，形成一套系统的、完整的、在实践中行之有效的方法；第三表现在定额制定和贯彻一体化。制定是为了提供贯彻的依据，贯彻是为了实现管理的目标，也是对定额的信息反馈。

（二）定额的系统性

园林工程定额是由各种内容结合而成的有机整体，有鲜明的层次和明确的目标。园林工程定额的系统性是由工程建设的特点决定的。工程建设本身的多种类、多层次就决定了它的服务工程建设定额的多种类、多层次。

（三）定额的统一性

园林工程定额的统一性按照其影响力和执行范围来看，有全国统一定额、行业统一定额、地区统一定额等；按照定额的制定、颁布和贯彻使用来看，有统一的程序、统一的原则、统一的要求和统一的用途。

（四）定额的指导性

园林工程定额是由国家或其授权机关组织编制和颁发的一种综合消耗指标，它是根据客观规律的要求，用科学的方法编制而成的，因此在企业定额尚未普及的今天，工程造价的确定和控制仍是十分重要的指导性依据。另一方面，企业编制企业定额时，它也是重要参考依据，同时政府投资工程的造价确定与控制仍离不开定额。

应当指出，在社会主义市场经济体制不断完善的今天，对定额的权威性标准应逐步弱化，因为定额毕竟是主观对客观的反映，定额的科学性会受到人们的知识的局限。随着多元化投资格局的逐渐形成，业主可自主地调整自己的决策行为，定额的指导性会逐渐加强。

（五）定额的相对稳定性和时效性

园林工程定额中的任何一种都是一定时期技术发展和管理水平的反映，因而在一段时间内都表现出稳定的状态。稳定的时间有长有短，一般在5~10年之间。社会生产力的发展有一个由量变到质变的变动周期。当生产力向前发展了，原有定额已不能适应生产需要时，就要根据新的情况对定额进行修订、补充或重新编制。

随着我国社会主义市场经济体制不断完善，定额的某些特点也会随着建筑体制的改革发展而变化，如强制性成分会逐步减少，指导性、参考性会更加突出。

四、园林工程定额的作用

定额是指消耗在单位产品上的人工、材料、机械台班的规定额度。这种量的规定，反映了在一定社会生产力发展水平和正常生产条件下，完成建设工程中某项产品与各种生产消费之间的特定的数量关系。

定额既不是“计划经济的产物”，也不是中国的特产和专利，定额与市场经济的共融性是与生俱来的。我们可以这样说，定额在不同社会制度的国家都需要，都将永远存在，并将在社会和经济发展中，不断地发展和完善，使之更适应生产力发展的需要，进一步推动社会和经济进步。园林工程定额在园林工程造价确定与控制中起到十分重要的作用，同时定额管理的双重性决定了它在市场经济中具有重要的地位和作用。

（一）对提高劳动生产率起保证作用

我国处于社会主义初级阶段，初级阶段的根本任务是发展社会生产力。而发展社会生产力的任务就是要提高劳动生产率。

在园林工程建设中，园林工程定额通过对工时消耗的研究、机械设备的选择、劳动组织的优化、材料合理节约使用等方面的分析和研究，使各生产要素得到最合理的配合，最大限度地节约劳动力和减少材料的消耗，不断地挖掘潜力，从而提高劳动生产率和降低成本。通过工程建设定额的使用，把提高劳动生产率的任务落实到各项工作和每个劳动者，使每个工人都能明确各自目标，加快工作进度，更合理有效地利用和节约社会劳动。

（二）是国家对工程建设进行宏观调控和管理的手段

市场经济并不排斥宏观调控，利用园林工程定额对园林工程建设进行宏观调控和管理，主要表现在以下三个方面：

第一，对工程造价进行宏观管理和调控。

第二，对资源进行合理配置。

第三，对经济结构进行合理的调控。包括对企业结构、技术结构和产品结构进行合理调控。

（三）有利于市场公平竞争

在市场经济规律作用下的商品交易中，特别强调等价交换的原则。所谓等价交换，就是要求商品按价值量进行交换，园林产品的价值量是由社会必要劳动时间决定的，而园林工程定额消耗量标准是建筑产品形成市场公平竞争、等价交换的基础。

（四）有利于规范市场行为

园林产品的生产过程是以消耗大量的生产资料和生活资料等物质资源为基础的。由于园林工程定额制定出以资源消耗量的合理配置为基础的定额消耗量标准，这样一方面制约了建筑产品的价格，另一方面企业的投标报价中必须充分考虑定额的要求。可见定额在上述两方面规范了市场主体的经济行为，所以园林工程定额对完善我国园林工程招投标市场起到十分重要的作用。

（五）有利于完善市场的信息系统

信息是建筑园林市场体系中不可缺少的要素，信息的可靠性、完备性和灵敏性是市场成熟和市场效率的标志。在园林产品交易过程中，定额能对市场需求主体和供给主体提供较准确的信息，并能反映出不同时期生产力水平与市场实际的适应程度。

第二节　人工、材料、机械台班消耗定额

一、人工消耗定额

（一）人工消耗定额的概念

人工消耗定额也称劳动消耗定额，简称劳动定额。在各种定额中，人工消耗定额都是很重要的组成部分。人工消耗的含义是指活劳动的消耗，而不是指活化劳动和物化劳动的全部消耗。

人工消耗定额是指在正常技术组织条件和合理劳动组织条件下，生产单位合格产品所需消耗的工作时间，或在一定时间内生产的合格产品数量。

（二）工人工作时间的分类

所谓工作时间，就是指工作班次的延续时间。国家现行制度规定为 8h 工作制，即日工作时间为 8h。

研究施工过程中的工作时间及其特点，并对工作时间的消耗进行科学的分类，是制定劳动定额的基本内容之一。

工人在工作班内从事施工过程中的时间消耗有些是必须的，有些则是损失掉的。

按其消耗的性质可以分为两大类：必须消耗的时间（定额时间）和损失时间（非定额时间），如图 2-1所示。

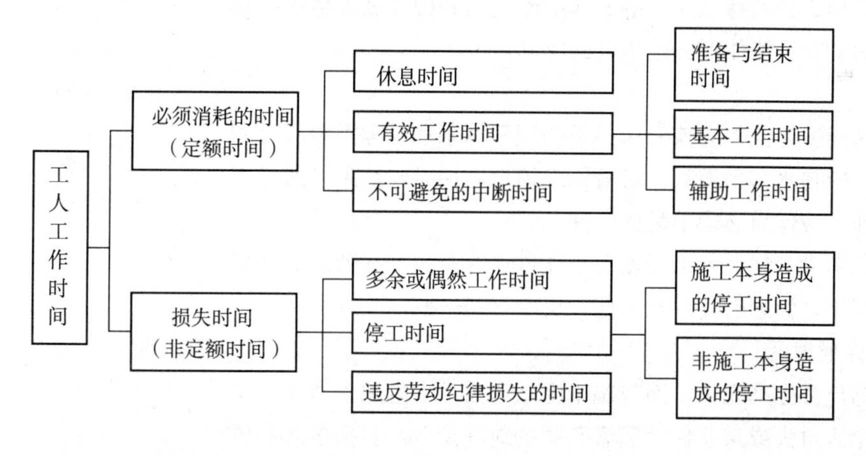

图 2-1　工人工作时间构成图

1. 必须消耗的时间（定额时间）

是指工人在正常的施工条件下，完成某一建筑产品（或工作任务）必须消耗的工作时间，用 T 表示，由有效工作时间、休息时间和不可避免的中断时间三部分组成。

1）有效工作时间

从生产效果来看，与产品生产直接有关的时间消耗，包括基本工作时间、辅助工作时间、准备与结束时间。

（1）基本工作时间。是指工人直接完成一定产品的施工工艺过程所必须

消耗的时间。通过基本工作，使劳动对象直接发生变化：可以使材料改变外观，如钢筋弯曲加工；可以改变材料的结构和性质，如混凝土制品可以使预制构件安装组合成型；可以改变产品的外部及表面的性质，如粉刷、油漆等。基本工作时间的长短与工作量大小成正比。

（2）辅助工作时间。是指对与施工过程的技术操作没有直接关系的工序，为了保证基本工作的顺利进行而做的辅助性工作所消耗的时间。辅助工作不直接导致产品的形态、性质、结构或位置发生变化。例如机械设备上油、小修及转移工作地点等均属辅助性工作。

（3）准备与结束时间。是指执行任务前或任务完成后所消耗的时间。一般分班内准备与结束时间和任务内准备与结束时间两种。班内准备与结束时间包括工人每天从工地仓库取工具、设备、工作地点布置、机器开动前的观察和试车的时间，交接班时间等。任务内的准备与结束工作时间包括接受施工任务书、研究施工图纸、接受技术交底、验收交工等工作所消耗的时间。

班内准备与结束时间的长短与所提供的工作量大小无关，但往往和工作内容有关。

2）不可避免的中断时间

是指由于施工过程中施工工艺特点引起的工作中断所消耗的时间。例如汽车司机在等待汽车装、卸货时消耗的时间，安装工等待起重机吊预制构件的时间等。与施工过程工艺特点有关的中断时间应作为必须消耗的时间，但应尽量缩短此项时间消耗。与施工工艺特点无关的工作中断时间是由于施工组织不合理引起的，属于损失时间，不能作为必须消耗的时间。

3）休息时间

是指工人在施工过程中为使体力恢复所必需的短暂休息和生理需要的时间消耗。例如：施工过程中喝水、上厕所、短暂休息等。这种时间是为了保证工人集中精力地进行工作，应作为必须消耗的时间。

休息时间的长短和劳动条件、劳动强度、工作性质等有关，在劳动条件恶劣、劳动强度大等情况下，休息时间要长一些，反之可短一些。

2. 损失时间（非定额时间）

损失时间，是指与产品生产无关，而与施工组织和技术上的缺点有关，与工人在施工过程中的个人过失或某些偶然因素有关的时间消耗。包括多余和偶然工作的时间、停工时间、违反劳动纪律的时间三部分。

1）多余偶然工作时间

（1）多余时间。多余工作是指工人进行了任务以外而又不能增加产品数量的工作。例如：某项施工内容由于质量不合格进行返工而造成的工作时间损失。多余工作的时间损失，不是必须消耗的时间，不应计入定额时间内。

（2）偶然工作时间。偶然工作是工人在任务外进行的，但能够获得一定产品的工作。如日常架子工在搭设脚手架时需要在架子上架网，抹灰工在抹灰前必须先补上遗留的孔，钢筋工在绑扎钢筋前必须对木工遗留在板内的杂物进行清理等。从偶然工作的性质看，不应该考虑它必须消耗时间，但由于偶然工作能获得一定产品，拟定定额时要适当考虑它的影响。

2）停工时间

是指工作班内停止工作造成的时间损失。停工时间按其性质可分为施工本身造成的停工时间和非施工本身造成的停工时间两种。

（1）施工本身造成的停工时间。是由于施工组织不合理、材料供应不及时、工作前道工序没有做好、劳动力安排不好等情况引起的停工时间。这类停工时间在制订定额时不应该考虑。

（2）非施工本身造成的停工时间。是由于气候条件以及水源、电源中断引起的停工时间，这类时间在制订定额时应给予合理的考虑。

3）违反劳动纪律时间

是指违反劳动纪律的规定造成工作时间损失。包括工人在工作班内的迟到、早退、擅自离岗，工作时间内聊天、打扑克、办私事等造成的时间损失。也包括由于一个或几个工人违反劳动纪律而影响其他工人无法工作而造成的时间损失。此项时间损失不应允许存在，因此在定额中是不能考虑的。

（三）测定时间消耗的基本方法

测定时间消耗通常使用计时观察法。

计时观察法，是研究工作时间消耗的一种技术观察方法。它以研究工时消耗为对象，以观察测时为手段，通过密集抽样和粗放抽样等技术进行直接的时间研究。计时观察法用于建筑施工中，它通过实地观察施工过程的具体活动，详细记录工人和施工机械的工时消耗，测定完成建筑产品所需数量和有关影响因素，再进行分析整理，测定可靠的数值。因此计时观察法的主要目的，在于查明工作时间消耗的性质和数量；查明和确定各种因素对工作时间消耗数量的影响；找出工时损失的原因并研究缩短工时、减少损失的可能性。

根据具体任务、对象和方法不同，技术测定法通常采用的主要方法有：测时法、写实记录法、工作日写实法三种。如图 2-2所示。

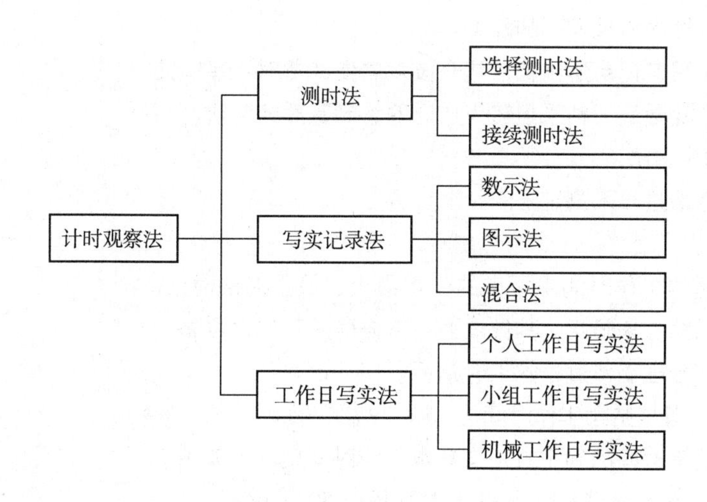

图 2-2　技术测定法的主要测时方法

1. 测时法

测时法是一种精确度比较高的测定方法。主要适用于研究以循环形式不断重复进行的作业，它用于观察研究施工过程循环组成部分的工作时间消耗，不研究工作休息、准备与结束及其他非循环的工作时间。根据记录时间的方法不同，分为选择测时法和接续测时法两种。

2. 写实记录法

写实记录法是一种测定各种性质的工作时间消耗的方法，包括工人的基本工作时间、不可避免中断时间、辅助工作时间、准备与结束工作时间、休息时间及各种损失时间等。采用这种方法可以获得工人工作时间消耗的全部资料。这种测时方法比较简便、实用，容易掌握，并且能达到一定的精确度。因此，这种方法在实际中应用十分广泛。

写实记录法分为个人写实和集体写实两种。如果作业是由一个人来操作，而且产品数量能够单独计时，可以采用个人写实记录；如果是由集体合作生产一个产品，同时产品的数量又不能分开计算时，可采用集体写实记录。写实记录法按记录时间的方法不同分为数示法、图示法和混合法三种。

3. 工作日写实法

工作日写实法是对工人在整个工作日中的工时利用情况按照时间消耗的顺序进行观察、记录的分析研究的一种测定方法。它是一种记录整个工作班内的各种损失时间、休息时间和不可避免中断时间的方法，也是研究有效工作时间消耗的一种方法。

运用工作日写实法主要有两个目的：一是取得编制定额的基础资料；二是检查定额的执行情况，找出缺点，改进工作。

根据写实对象的不同，工作日写实法可分为个人工作日写实法、小组工作日写实法和机械工作日写实法三种。个人工作日写法是测定一个工人在工作日内的工时消耗；小组工作日写实法是测定一个小组的工人在工作日内的工时消耗，它可以是相同工种的工人，也可以是不同工种的工人；机械工作日写实法是测定某一机械设备在一个台班内机械发挥的程度。

工作日写实法与测时法、写实记录法比较，具有技术简便、费时不多、应用广泛和资料全面的优点。在我国是一种采用较为广泛的编制定额的方法。

（四）人工消耗定额的制定方法

人工消耗定额制定常用方法是技术测定法。

1. 拟定基本工作时间

基本工作时间是必须消耗的工作时间中所占的比重最大、最重要的时间。基本工作时间消耗根据计时观察法来确定。其做法为：首先确定工作过程每一组成部分的工时消耗，然后综合出工作过程的工时消耗。

2. 拟定辅助工作时间和准备与结束工作时间

辅助工作时间和准备与结束时间的确定方法与基本工作时间相同，如果这两项工作时间在整个工作班工作时间消耗中所占比重不超过5%～6%，则可归纳为一项来确定。如果在计时观察时不能取得足够的资料，来确定辅助工作和准备与结束工作的时间，也可采用经验数据来确定。

3. 拟定不可避免的中断时间

不可避免的中断时间一般根据测时资料，通过整理分析获得。在实际测定时由于不容易获得足够的相关资料，一般可根据经验数据，以占基本工作时间的一定百分比确定此项工作时间。

在确定这项时间时，必须分析不同工作中断情况，分别加以对待。一种情况是由于工艺特点所引起的不可避免中断，此项工作时间消耗，可以列入工作过程的时间定额。另一种是由于工人任务不均、组织不善而引起的中断，这种工作中断就不应列入工作过程的时间定额，而要通过改善劳动组织、合理安排劳力分配来克服。

4. 拟定休息时间

休息时间是工人生理需要和恢复体力所必需的时间，应列入工作过程的时间定额。休息时间应根据工作作息制度、经验资料、计时观察资料以及对工作的疲劳程序作全面分析来确定，同时应考虑尽可能利用不可避免中断时间作为休息时间。

从事不同工程、不同工作的工人，疲劳程度有很大差别。在实际应用中往往根据工作轻重和工作条件的好坏，将各种工作划分为不同的等级。例如，某规范按工作疲劳程度分为轻度、较轻、中等、较重、沉重、最沉重六个等级，它们的休息时间占工作时间的比重分别为4.16%、6.25%、8.37%、11.45%、16.7%、22.9%。

5. 拟定时间定额

确定了基本工作时间、辅助工作时间、准备与结束工作时间、不可避免的中断时间和休息时间后，即可以计算劳动定额的时间定额。计算公式如下：

$$\text{定额工作延续时间} = \text{基本工作时间} + \text{其他工作时间}$$

式中 其他工作时间 = 辅助工作时间 + 准备与结束工作时间 + 不可避免的中断时间 + 休息时间

在实际应用中，其他工作时间一般有两种表达方法：

第一种方法：其他工作时间以占工作延续时间的比例表达，计算公式为：

$$\text{定额工作延续时间} = \frac{\text{基本工作时间}}{1 - \text{其他各项时间所占有百分比}}$$

第二种方法：其他工作时间以占基本工作时间的比例表达，则计算公式为：

$$\text{定额工作延续时间} = \text{基本工作时间} \times (1 + \text{其他各项时间所占百分比})$$

二、材料消耗定额

（一）材料消耗定额的概念

材料消耗定额是指在合理和节约使用材料的前提下，生产单位合格产品所必须消耗的材料（半成品、配件、燃料、水、电）的数量标准。

材料是消耗于园林产品中的物化劳动，材料的品种繁多，耗用量大，在一般的园林建设工程中，材料消耗占工程成本的60%～70%。材料消耗量多少，消耗是否合理，直接关系到资源的有效利用，对园林工程的造价确定和成本控制有决定性影响。

材料消耗定额的任务，就在于利用定额这一杠杆，对材料消耗进行有效调控。材料消耗定额是控制材料需用量计划、运输计划、供应计划、计算材料仓库面积大小的依据，也是企业对工人签发限额领料单和材料核算的依据。制定合理的材料消耗定额，是组织材料的正常供应，保证生产顺利进行、资源合理利用的必要前提，也是反映园林生产技术管理水平的重要依据。

（二）材料消耗定额的组成

施工中材料的消耗，可分为必须的材料消耗和损失的材料两类。

必须消耗的材料，是指在合理使用材料的条件下，生产单位合格产品所需消耗的材料数量。它包括直接用于园林工程的材料、不可避免的施工废料和不可避免的材料损耗。其中直接构成园林工程实体的材料用量称为材料净用量；不可避免的施工废料和材料损耗数量，称为材料损耗量。

材料的消耗量由材料净用量和材料损耗量组成。其公式如下：

$$材料消耗量=材料净用量+材料损耗量$$

材料损耗情况也可用材料损耗率反映，其表示方法为：

$$材料损耗率=(材料损耗量/材料净用量)\times 100\%$$

材料损耗率确定后，材料消耗定额亦可用下式表示：

$$材料消耗量=材料净用量\times(1+材料损耗率)$$

（三）材料消耗定额的制定

材料消耗定额制定时通常用现场观察法、试验室试验法、统计分析法和理论计算法等方法来确定建筑材料的净用量、损耗量。

1. 现场观察法

现场观察法是指在合理使用材料条件下，对施工中实际完成的园林产品数量和所消耗的各种材料数量，进行现场观察测定的方法。故亦称施工试验法。

此法通常用于制定材料的损耗量。通过现场的观察，获得必要的现场资料，才能测定出哪些材料是施工过程中不可避免的损耗，应该计入定额内；哪些材料是施工过程中可以避免的损耗，不应计入定额内。在现场观测中，同时测出合理的材料损耗量，即可据此制定出相应的材料消耗定额。

利用现场观察法的首要任务是选择典型的工程项目，其施工技术、组织及产品质量均要符合技术规范的要求；材料的品种、规格、质量也应符合设计要求。同时在观察前要充分做好准备工作，如选用标准的运输工具和计量工具，采取减少材料损耗的措施，挑选合格的生产工人等。

这种方法的优点是能通过现场观察、测定，取得产品产量和材料消耗情况，直观，操作简单，能为编制材料定额提供技术依据。

2. 试验室试验法

试验室试验法是指专业材料试验人员，通过试验仪器设备进行试验和测定数据，来确定材料消耗定额的一定方法。

这种方法只适用于在试验室条件下测定混凝土、沥青、砂浆、油漆涂料的消耗定额。由于试验室工作条件与现场施工条件存在一定的差别。施工中的许多客观因素对材料消耗用量的影响，不能得到充分考虑，这是该法的不足之处。在用于施工生产时，需加以必要调整后方可作为定额数据。

3. 统计分析法

统计分析法是指在现场施工中，对分部分项工程耗用的材料数量、完成的园林产品的数量、施工后剩余的材料数量等大量的统计资料，进行统计、整理和分析而编制材料消耗定额的方法。

这种方法主要是通过工地的施工任务单、限额领料单等有关记录取得所需要的资料，因而不能将施工过程中材料的合理消耗和不合理消耗区别开来，所以不能作为确定材料净用量定额和材料损耗量定额的依据。

4. 理论计算法

理论计算法是指根据设计图纸、施工规范及材料规格，运用一定的理论计算式来制定材料消耗定额的方法。

这种方法主要适用于计算按件论块的现成制品材料。例如，草坪砖、条石、面砖、大理石、花岗石等。这种方法比较简单，先按一定公式计算出材料净用量，再根据损耗率计算出损耗量，然后两者相加即为材料消耗定额。

三、机械台班消耗定额

（一）机械台班消耗定额的定义

机械台班消耗定额，是指在正常施工中，在合理的劳动组织和合理使用施工机械的条件下，生产单位合格产品所必需的一定型号、规格施工机械作业时间的消耗标准。

一台机械工作一个班次（即8h）称为一个“台班”。

（二）机械工作时间的分类

机械工作时间分为两类：必须消耗时间（定额时间）和损失时间（非定额时间）。如图2-3所示。

1. 必须消耗时间（定额时间）

1）有效工作时间

包括正常负荷下和降低负荷下两种工作时间消耗。

（1）正常负荷下的工作时间。指机械在与机械说明书规定负荷相符的正常负荷下进行工作的时间。

（2）降低负荷下的工作时间。指由于施工管理人员或工人的过失以及机械陈旧或发生故障等原因，使机械在降低负荷的情况下进行工作的时间。

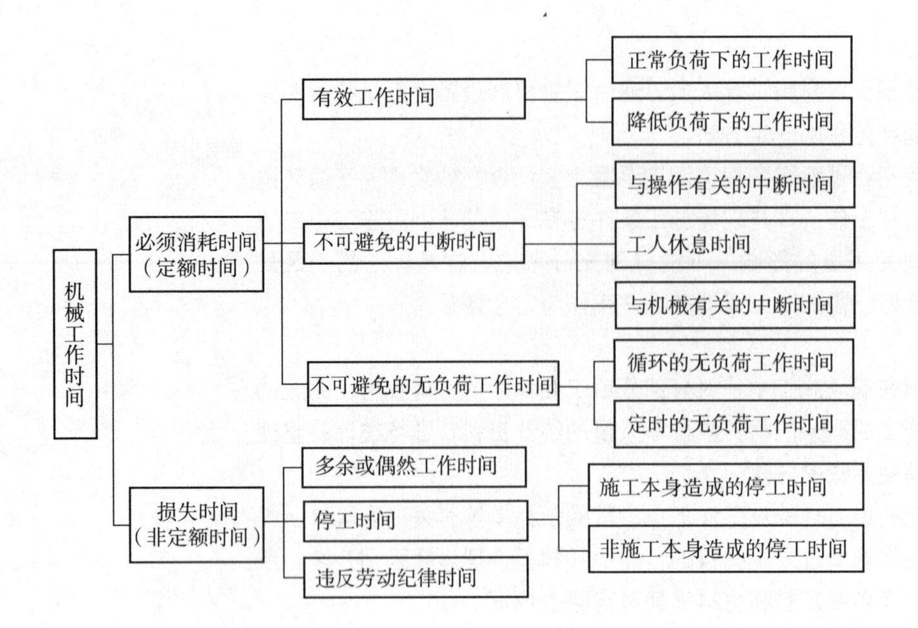

图 2-3　机械工作时间分类

2）不可避免的无负荷工作时间

指由于施工过程的特性和机械结构的特点所造成的机械无负荷工作时间，一般分为循环的和定时的两类。

（1）循环的不可避免无负荷工作时间。指由于施工过程的特性所引起的空转所消耗的时间。它在机械工作的每一个循环中重复一次。如，铲运机返回到铲土地点。

（2）定时的不可避免无负荷工作时间。指发生在载重汽车或挖土机等的工作台中的无负荷工作时间。如，工作班开始和结束时来回无负荷的空行或工作地段转移所消耗的时间。

3）不可避免的中断时间

是由于施工过程的技术和组织的特征造成的机械工作中断时间。

（1）与操作有关的不可避免中断时间。通常有循环的和定时的两种。循环的是指在机械工作的每一个循环中重复一次，如汽车装载、卸货的停歇时间。定时的是指经过一定时间重复一次，如喷浆器喷白，从一个工作地点转移到另一个工作地点时，喷浆器工作的中断时间。

（2）与机械有关的不可避免中断时间。指用机械进行工作的工人在准备与结束工作时使机械暂停的中断时间，或者在维护保养机械时必须使其停转所发生的中断时间。前者属于准备与结束工作的不可避免中断时间；后者属于定时的不可避免中断时间。

（3）工人休息时间。指工人必需的休息时间。

2. 损失时间（非定额时间）

1）多余或偶然的工作时间

多余或偶然的工作有两种情况：一是可避免的机械无负荷工作，是指工人没有及时供给机械用料引起的空转。二是机械在负荷下所做的多余工作，如搅拌混凝土的超过规定搅拌时间，即属于多余工作时间。

2）停工时间

按其性质分为以下两种：

（1）施工本身造成的停工时间。指由于施工组织不善引起的机械停工时间，如临时没有工作面，未能及时供给机械用水、燃料和润滑油，以及机械损坏等引起的机械停工时间。

（2）非施工本身造成的停工时间。由于外部的影响引起的机械停工时间，如水源、电源中断（不是由于施工原因），以及气候条件（暴雨、冰冻等）的影响而引起的机械停工时间。

3）违反劳动纪律时间

由于工人违反劳动纪律而引起的机械停工时间。

（三）机械台班定额的编制

1. 拟定机械工作的正常施工条件

机械工作与人工操作相比，其劳动生产率与其施工条件密切相关，拟定机械施工条件，主要是拟定工作地点的合理组织和合理的工人编制。

1）工作地点的合理组织

就是对施工地点机械和材料的放置位置、工作操作场所作出科学合理的布置和空间安排，尽可能做到最大限度地发挥机械的效能，减少工人的劳动强度与时间。

2）拟定合理的工人编制

就是根据施工机械的性能和设计能力、工人的专业分工和劳动工效，合理确定能保持机械正常生产率和工人正常的劳动工效的工人的编制人数。

2. 确定机械纯工作1h正常生产率

机械纯工作时间，就是指机械必须消耗的时间。机械纯工作1h正常生产率，就是正常施工组织条件下，具有必需的知识和技能的技术工人操纵机械工作1h的生产率。

根据机械工作特点的不同，机械纯工作1h正常生产率的确定方法也有所不同，经常把建筑机械分为循环动作机械和连续动作机械两种类型。

1）循环动作机械

循环动作机械是指在每一周期内重复地、有规律地进行同样次序动作的机械。如塔式起重机、混凝土搅拌机、挖掘机等。这类机械纯工作时间正常生产率的计算公式如下：

$$\text{机械一次循环的正常延续时间(s)} = \sum(\text{循环各组成部分正常延续时间}) - \text{重叠时间}$$

$$\text{机械纯工作1h循环次数} = \frac{60 \times 60\ (s)}{\text{一次循环的正常延续时间}\ (s)}$$

$$\text{机械纯工作1h正常生产率} = \text{机械纯工作1h正常循环次数} \times \text{一次循环生产的产品数量}$$

2）连续动作机械

连续动作机械是指工作时无规律性的周期界限，不停地做某一种动作的机械，如皮带运输机等。

其纯工作1h的正常生产率计算公式如下：

$$\text{连续动作机械纯工作1h正常生产率}=\frac{\text{工作时间内生产产品数量}}{\text{工作时间（h）}}$$

式中　工作时间内生产的产品数量和工作时间的消耗，要通过多次现场观察和机械说明书来取得数据。

3. 确定机械的正常利用系数

机械的正常利用系数是指机械在工作班内对工作时间的利用率。机械的利用系数和机械在工作班内的工作状况有着密切的关系，其计算公式如下：

$$\text{机械正常利用系数}=\frac{\text{机械在一个工作班内纯工作时间（h）}}{\text{一个工作班延续时间（h）}}$$

4. 计算机械台班消耗定额

机械台班消耗定额采用下列公式来计算：

$$\begin{aligned}\text{机械台班产量定额}&=\text{机械纯工作1h正常生产率}\times\text{工作班纯工作时间}\\&=\text{机械纯工作1h正常生产率}\times\text{工作延续时间}\\&\quad\times\text{机械正常利用系数}\end{aligned}$$

$$\text{机械时间定额}=\frac{1}{\text{机械台班产量定额}}$$

第三节　人工、材料、机械台班单价

一、人工单价的组成和确定方法

（一）人工单价及其组成内容

1. 人工单价定义

人工单价是指一定技术等级的建筑安装工人一个工作日在计价时应计入的全部人工费用。合理确定人工工资标准，是正确计算人工费和工程造价的前提和基础。

2. 人工单价组成内容

人工工日单价反映了一定技术等级的建筑安装生产工人在一个工作日中可以得到的报酬，一般组成如下。

1）生产工人基本工资

是指发给直接从事生产的工人的基本工资，包括岗位工资、技能工资、年功工资等。

2）生产工人工资性补贴

是指为了补偿工人额外或特殊的劳动消耗及为了保证工人的工资水平不受特殊条件影响，而以补贴形式支付给工人的劳动报酬。它包括按规定标准发放的煤、燃气补贴、交通费补贴、流动施工津贴、住房补贴、工资附加、地区津贴、物价补贴等。

3）生产工人辅助工资

是指生产工人年有效施工天数以外非作业天数的工资。包括职工在职学习、培训期间的工资，调动工作、探亲、法定休假期间的工资，女工哺乳期间的工资，民兵训练期间工资，病假在6个月以内的工资及产、婚、丧期间工资，因气候影响的停工工资等。

4）职工福利费

指按规定标准计提的职工福利费，包括生产工人的书报费、洗理费、取暖费等。

5）生产工人劳动保护费

是指按规定标准发放的劳动保护用品的购置费及修理费、徒工服装补贴、防暑降温费、在有害环境下施工的保健费用等。

人工单价组成内容详见表2-1。

人工单价组成内容 **表2-1**

工　资	岗位工资
	技能工资
	年功工资
工资性津贴	交通补贴
	流动施工津贴
	住房补贴
	工资附加
	地区津贴
	物价补贴
辅助工资	非作业工日发放的工资和工资性补贴
职工福利费	书报费
	洗理费
	取暖费
劳动保护费	劳动用品
	徒工服装费
	防暑降温费
	保健津贴

（二）人工单价的确定方法

1. 生产工人基本工资（G_1）

$$\text{基本工资}(G_1)=\frac{\text{生产工人平均月工资}}{\text{年平均每月法定工作日}}$$

式中　年平均每月法定工作日 =（全年日历日 − 法定假日）÷12

2. 生产工人工资性补贴（G_2）

$$工资性补贴(G_2)=\frac{\sum 月发放标准}{年平均每月法定工作日}+\frac{\sum 年发放标准}{全年日历日-法定假日}+每工作日发放标准$$

式中　法定假日指双休日和法定节日。

3. 生产工人辅助工资（G_3）

$$生产工人辅助工资（G_3）=\frac{全年无效工作日\times(G_1+G_2)}{全年日历日-法定假日}$$

4. 职工福利费（G_4）

$$职工福利费（G_4）=(G_1+G_2+G_3)\times 福利费计提比例（\%）$$

5. 生产工人劳动保护费（G_5）

$$生产工人劳动保护费（G_5）=\frac{生产工人平均支出劳动保护费}{全年日历日-法定假日}$$

即

$$人工日工资单价(G) = \sum_{i=1}^{5} G_i = G_1 + G_2 + G_3 + G_4 + G_5$$

【例2-1】 某地区园林企业生产工人基本工资16.0元/工日，工资性补贴8元/工日，生产工人辅助工资4元/工日，生产工人劳动保护费1.5元/工日，职工福利费按2%比例计提。求该地区人工日工资单价。

【解】 人工日工资单价(G)=基本工资(G_1)+工资性补贴(G_2)+生产工人辅助工资(G_3)+职工福利费(G_4)+生产工人劳动保护费(G_5)

职工福利费（G_4）=($G_1+G_2+G_3$)×福利费率=(16+8+4)×2%=0.56元/工日

人工日工资单价=16+8+4+0.56+1.5=30.06元/工日

（三）影响人工单价的因素

影响园林施工工人人工单价的因素很多，归纳起来有以下方面：

（1）社会平均工资水平。园林施工工人人工单价必然和社会平均水平趋同，社会平均工资水平取决于经济发展水平。由于我国改革开放以来经济迅速增长，社会平均工资也有大幅增长，从而影响人工单价的大幅提高。

（2）生活消费指数。生活消费指数的提高会影响人工单价的提高，以减少生活水平的下降，或维持原来的生活水平。生活消费指数的变动决定于物价的变动，尤其决定于生活消费品物价的变动。

（3）人工单价的组成内容。例如住房消费、养老保险、医疗保险、失业保险费等列入人工单价，会使人工单价提高。

（4）劳动力市场供需变化。在劳动力市场如果需求大于供给，人工单价就会提高；供给大于需求，市场竞争激烈，人工单价就会下降。

（5）政府推行的社会保障和福利政策也会影响人工单价的变动。

二、材料价格的组成和确定方法

（一）材料价格及其组成内容

1. 材料价格定义

材料价格是指材料（包括构件、成品或半成品）从其来源地（或交货地点）到达施工现场工地仓库后出库的综合平均价格。

2. 材料价格的组成内容

材料价格一般由以下四项费用组成：

（1）材料供应价。材料供应价也就是材料的进价。一般包括货价和供销部门手续费两部分，它是材料价格组成部分中最重要的部分。

（2）材料运杂费。材料运杂费是指材料由来源地（或交货地点）至施工仓库地点运输过程中发生的全部费用。它包括车船运输费、调车和驳船费、装卸费、过境过桥费和附加工作费等。

（3）运输损耗费。运输损耗是指材料在装卸和运输过程中所发生的合理损耗。

（4）采购及保管费。采购及保管费是指为组织材料采购、供应和保管过程中需要支付的各项费用。它包括采购及保管部门人员工资和管理费、工地材料仓库的保管费、货物过秤费及材料在运输和储存中的损耗费用等。

以上四项费用之和即为材料价格。其计算公式如下：

$$材料价格 = [(供应价格 + 运杂费) \times (1 + 运输损耗率)] \times (1 + 采购及保管费率) - 包装品回收价值$$

（二）材料价格的确定方法

1. 材料供应价的确定方法

材料供应价包括材料原价和供销部门手续费两部分。

（1）材料原价的确定。材料原价一般是指材料的出厂价、交货地价格、市场批发价、进口材料抵岸价。

同一种材料因产地、生产厂家、交货地点或供应单价不同而出现几种原价时，可根据材料不同来源地、供货数量比例，采用加权平均方法确定其原价。其计算公式如下：

$$G = \sum_{i=1}^{n} G_i f_i$$

式中 G——加权平均原价；

G_i——各来源地（或交货地）原价；

f_i——各来源地（或交货地）数量占总材料数量的百分比，即：

$$f_i = \frac{W_i}{W_{总}} \times 100\%$$

式中 W_i——某 i 来源地（或交货地）材料的数量；

$W_{总}$——材料总数量。

【例 2-2】 某园林工程需用水泥（32.5 级），由甲、乙、丙三家水泥厂供应，其中：甲厂供应 400t，出厂价 250 元/t；乙厂供应 300t，出厂价 270 元/t；丙厂供应 300t，出厂价 260 元/t。试求：本工程水泥的原价。

【解】 $W_{总} = 400 + 300 + 300 = 1000\text{t}$

$$f_{甲} = \frac{W_{甲}}{W_{总}} \times 100\% = \frac{400}{1000} \times 100\% = 40\%$$

$$f_{乙} = \frac{W_{乙}}{W_{总}} \times 100\% = \frac{300}{1000} \times 100\% = 30\%$$

$$f_{丙} = \frac{W_{丙}}{W_{总}} \times 100\% = \frac{300}{1000} \times 100\% = 30\%$$

该工程水泥的原价 $= 250 \times 40\% + 270 \times 30\% + 260 \times 30\% = 259$ 元/t

（2）供销部门手续费的确定。供销部门手续费，是指材料不能直接向生产厂家采购、订货，而必须经过当地物资部门或供销部门供应时发生的经营管理费。

其计算公式如下：

供销部门手续费 = 材料原价 × 供销部门手续费率

如果此项费用已包括在供销部门供应的材料原价时，则不应再计算。

材料供应价 = 材料原价 + 供销部门手续费

2. 材料运杂费的确定

材料运杂费用应按国家有关部门和地方政府交通运输部门的规定计算。材料运杂费的大小与运输工具、运输距离、材料装载率、经仓比等因素都有直接关系。

材料运杂费用，一般按外埠运杂费和市内运杂费两种方式计算。

1）外埠运杂费

外埠运杂费是指材料从来源地（或交货地）至本市中心仓库或货站的全部费用。包括：调车（驳船）费、运输费、装卸费、过桥过境费、入库费以及附加工作费。

2）市内运杂费

市内运杂费是指材料从本市中心仓库或货站运至施工工地仓库的全部费用。包括：出库费、装卸费和运输费等。

同一品种的材料如有若干个来源地，其运杂费根据每个来源地的运输里程、运输方法和运输标准，用加权平均的方法计算运杂费。

即

$$加权平均运杂费 = \frac{W_1T_1 + W_2T_2 + \cdots + W_nT_n}{W_1 + W_2 + \cdots W_n}$$

式中 W_1，W_2，…，W_n——各不同供应点的供应量或各不同使用地点的需要量；

T_1，T_2，…，T_n——各不同运距的运杂费。

注意：在运杂费中需要考虑为了便于材料运输和保护而发生的包装费。

3. 材料运输损耗费的确定

材料运输损耗费是指材料在装卸、运输过程中的不可避免的合理损耗。

材料运输损耗费可以计入运杂费用，也可以单独计算，其计算公式如下：

材料运输损耗费 =（材料供应价 + 运杂费）× 相应材料运输损耗率

4. 材料采购及保管费的确定

采购及保管费一般按规定费率计算。其计算公式如下：

材料采购及保管费＝（材料供应价＋运杂费＋运输损耗费）

×采购及保管费率

式中　采购及保管费率一般在2.5%左右，各地区可根据实际情况来确定。

（三）影响材料预算价格变动的因素

（1）市场供求变化。材料原价是材料预算价格中最基本的组成。市场供给大于需求价格就会下降；反之，价格就会上升。市场供求变化会影响材料预算价格的涨落。

（2）材料生产成本的变动，直接涉及材料预算价格的波动。

（3）流通环节的多少和材料供应体制也会影响材料预算价格。

（4）运输距离和运输方法的改变会影响材料运输费用的增减，从而也会影响材料预算价格。

（5）国际市场行情会对进口材料价格产生影响。

三、施工机械台班单价的组成和确定方法

（一）机械台班单价及其组成内容

1. 施工机械台班单价的概念

施工机械单价以“台班”为计量单位，机械工作8h称为“一个台班”。施工机械台班单价是指一个施工机械，在正常运转条件下一个台班中所支出和分摊的各种费用之和。

施工机械台班单价的高低，直接影响建筑工程造价和企业的经营效果，确定合理的施工机械台班单价，对提高企业的劳动生产率、降低工程造价具有重要的意义。

2. 施工机械台班单价的构成

施工机械台班单价由两类费用组成，即第一类费用和第二类费用。

（1）第一类费用（亦称不变费用）。这一类费用不因施工地点和条件不同而发生变化，它的大小与机械工作年限直接相关，其内容包括以下四项：

①机械折旧费。

②机械大修费。

③机械经常修理费。

④机械安装费及场外运输费。

（2）第二类费用（亦称可变费用）。这类费用是机械在施工运转时发生的费用，它常因施工地点和施工条件的变化而变化，它的大小与机械工作台班数直接相关，其内容包括以下三项：

①机上人工费。

②燃料、动力费。

③养路费及车船使用税。

（二）机械台班单价的确定方法

1. 第一类费用的计算

（1）机械折旧费。机械折旧费是指施工机械在规定使用期限内，每一台班所摊的机械原值及支付贷款利息的费用。其计算公式如下：

$$机械台班折旧费=\frac{机械预算价格\times(1-残值率)\times机械时间价值系数}{耐用总台班}$$

式中 机械预算价格指机械出厂价格（或到岸完税价格）加上供应部门手续费和出厂地点到使用单位的全部运杂费。

$$残值率=\frac{机械报废时回收残值}{机械预算价格}\times100\%$$

残值率按国家有关文件规定。

机械时间价值系数指购置施工机械的资金在施工生产过程中随时间的推移而产生的单位增值。其计算公式如下：

$$机械时间价值系数=1+\frac{(n+1)}{2}i$$

式中 n——机械折旧年限。

i——年折现率，根据编制期银行年贷款利率确定。

耐用总台班指机械在正常施工条件下，从投入使用直到报废为止，按规定应达到的使用总台班数。其计算公式为：

$$\begin{aligned}耐用总台班&=折旧年限\times年工作台班\\&=大修间隔台班\times大修周期\\&=大修间隔台班\times(寿命期内大修理次数+1)\end{aligned}$$

其中，大修间隔台班指机械自投入使用起至第一次大修止，或自上一次大修投入使用起至下一次大修止，应达到的使用台班数。大修周期指机械正常的施工条件下，将其耐用总台班按规定的大修总次数划分为若干周期。

（2）机械大修费指按规定的大修间隔期进行大修理的费用。其计算公式如下：

$$台班大修费=\frac{一次修理费\times机械寿命期内大修理次数}{耐用总台班}$$

（3）经常修理费。是指机械中修及定期各级保养的费用。包括：机械各级保养费、机械临时故障排除费用、机械停置期间维护保养费、替换设备及工具附具台班摊销费、日常保养所需润滑擦拭材料的费用。其简化计算公式如下：

机械台班经常修理费

$$=\frac{\sum(各级保养一次费用\times寿命期内各级保养次数)+临时故障排除费}{耐用总台班}$$

$$+\frac{替换设备费和工具附具+例保辅料费}{耐用总台班}$$

$$机械台班经常修理费=机械台班大修理费\times K$$

式中 K——机械台班经常维修系数，其数值为：

$$K=\frac{\text{机械台班经常修理费}}{\text{机械台班大修理费}}$$

K值一般取定：载重汽车为1.46，自卸汽车为1.52，塔式起重机为1.69等。

（4）机械安拆费和场外运输费。分别为：

①机械安拆费。指机械在施工现场进行安装、拆卸所需的人工、材料、机械费、试运费及安装所需辅助设施的费用（包括安装机械的基础、底座、固定桩、行走轨道、枕木等的折旧费及搭设、拆除费用）。

②机械台班场外运输费。指机械整体或分体自停置地点运至施工现场或由一工地运至另一工地的运输、装卸、辅助材料及架线等费用。

注意：大型机械的安拆费和场外运输费应另行计算。

2. 第二类费用的计算

（1）人工费。指专业操作机械的司机、司炉和其他操作人员的基本工资和其他工资津贴。其计算公式如下：

$$\text{机械台班人工费}=\text{定额机上人工工日}\times\text{日工资单价}$$

其中

$$\text{定额机上人工工日}=\text{机上定员工日}\times(1+\text{增加工日系数})$$

增加工日系数

$$=\frac{\text{年日历天数}-\text{规定节假公休日}-\text{辅助工资年非工作日}-\text{机械年工作台班}}{\text{机械年工作台数}}$$

增加工日系数取定0.25。

（2）燃料、动力费。指机械设备在运转或施工作业中所耗用的燃料（汽油、柴油、煤炭、木材等）、电力、水等费用。其计算公式为：

$$\text{机械台班燃料、动力费}=\text{每台班所消耗的动力消耗量}\times\text{相应单价}$$

（3）养路费及车船使用税。指按国家有关规定应交的运输机械养路费和车船使用税，按各省、自治区、直辖市规定标准计算后列入定额。其计算公式为：

$$\text{台班养路费及车船使用税}=\frac{\text{年养路费}+\text{年车船使用税}+\text{年保险费}+\text{年检费用}}{\text{年工作台班}}$$

第四节　预算定额

一、园林工程预算定额的概念

园林工程预算定额是指在正常合理的施工条件下，规定完成一定计量园林产品所必需的人工、材料、机械台班的消耗数量标准。

园林工程预算定额作为一种数量标准，除了规定完成一定计量单位的园林产品所需人工、材料、机械台班数量外，还必须规定完成的工作内容和相应的质量标准及安全要求等内容。

园林工程预算定额是由国家主管机关或被授权单位组织编制并颁发执行的

一种技术经济指标，是园林工程建设中一项重要的技术经济文件，它的各项指标，反映了国家对承包商和业主在完成施工承包任务中可以消耗的活劳动和物化劳动的限度，这种限度体现了业主与承包商的一种经济关系，最终决定着一个项目的园林工程成本和造价。

二、园林工程预算定额的作用

（一）园林工程预算定额是编制施工图预算和竣工结算，确定和控制园林工程造价的基础

施工图预算是施工图设计文件之一，是控制和确定园林工程造价的必要手段。编制施工图预算，主要依据于施工图设计文件和预算定额及人工、材料、机械台班的价格。施工图一经确定后，工程造价大小更多取决于预算定额水平的高低，预算定额是确定人工、材料、机械台班消耗的标准，它对工程直接费影响很大，对整个园林产品的造价起着控制作用。同时它也是编制竣工结算，进行工程造价审计的重要依据。

（二）园林工程预算定额是施工企业备工备料的依据

施工企业根据设计图纸、项目总体要求编制施工组织设计，确定施工平面图、施工进度计划及人工、材料、机械台班等资源需用量，并以此进行备工备料，不仅是建设和施工必不可少的准备工作，也是保证施工任务顺利实现的条件。而施工组织设计编制中，人工、材料、机械台班数量，必须依据预算定额的人工、材料、机械台班的消耗标准来确定。

（三）园林工程预算定额是施工企业进行经济核算的依据

项目法全面推广，项目部作为自负盈亏的新型经济实体，对项目实行经济核算显得尤为重要。实行经济核算的根本目的，是用经济手段促使企业在保证质量和工期的条件下，用较少的劳动消耗取得最好的经济效果。目前预算定额仍是反映施工企业收入水平的主要依据，因此施工企业必须以预算定额作为各项工作完成好坏的尺度，作为努力的具体目标。依据在施工中不断提高劳动生产率，采用新工艺、新方法，加强组织管理，降低劳动消耗，才能达到和超过预算定额的水平，取得较好的经济效果。

（四）园林工程预算定额是编制标底、投标报价、界定成本价的基础

随着招投标的全面推广，如何合理地编制标底、投标报价、界定成本价是招投标工作的关键。在市场经济体制下，预算定额对编制标底、施工企业报价和正确界定园林工程成本价起着基础性作用，仍将存在，这是定额本身的科学性、系统性、指导性所决定的。

（五）预算定额是编制概算定额和概算指标的基础

园林工程概算定额是在预算定额的基础上编制的，概算指标的编制也往往需要以预算定额作为对比分析和参考。利用预算定额编制概算定额和概算指标既可以使概算定额和概算指标在水平上和预算定额一致，又可以在编制工作中节省大量人力、物力和时间，收到事半功倍的效果。

三、园林工程预算定额的编制原则

为保证园林工程预算定额的质量，充分发挥预算定额的作用，在预算定额编制工作中应遵循以下原则。

（一）按社会平均必要劳动确定预算定额水平的原则

社会平均必要劳动即社会平均水平，是指在社会正常生产条件、合理施工组织和工艺条件下，以社会平均劳动强度、平均劳动熟练程度、平均的技术装备水平下确定完成每一分项工程或结构构件所需的劳动消耗。以之作为确定预算定额水平的主要原则。

（二）简明适用，通俗易懂原则

预算定额的内容和形式，既要满足各方面适应性，又要便于使用，要做到定额项目设置齐全、项目划分合理，定额步距要适当，文字说明要清楚、简练、易懂。

所谓定额步距，是指同类一组定额相互之间的间隔。对于主要的、常用的、价值量大的项目，定额划分要细一些，步距小一些；对于次要的、不常用的、价值量小的项目，定额可以划分粗一些，步距大一些。

在预算定额编制中，项目应尽可能齐全完整，要将已经成熟和推广的新技术、新结构、新材料、新工艺项目编入定额。同时，还应注意定额项目计量单位的选择和简化工程量的计算。

（三）坚持统一性和差别性相结合原则

所谓统一性，就是从培育全国统一市场规范计价行为出发，计价定额的制定规划和组织实施由国务院建设行政主管部门归口管理，并负责全国统一定额的制定或修订，颁发有关工程造价管理的规章制度和办法等。这样就有利于通过定额和工程造价的管理实现建筑安装工程价格的宏观调控。通过编制全国统一定额，使园林工程具有一个统一的计价依据，也使考核设计和施工的经济效果具有一个统一的尺度。

所谓差别性，就是在统一性的基础上，各部委和省、自治区、直辖市主管部门可以在自己的管辖范围内，根据本部门和地区的具体情况，制定部门和地区性定额、补充性制度和管理办法，以适应我国幅员辽阔，地区间、部门间发展不平衡和差异大的实际情况。

四、园林工程预算定额的编制依据

（一）现行有关定额资料

编制预算定额所依据的有关定额资料，主要包括以下几种：

（1）现行的施工定额；

（2）现行的预算定额；

（3）现行的单位估价表。

（二）典型的设计资料

编制预算定额所依据的典型设计资料，主要包括：

（1）国家或地区颁布的标准图集或通用图集；

（2）有关构件产品的设计图集；

（3）具有代表性的典型施工图纸。

（三）现行有关规范、规程、标准

编制预算定额所依据的有关规范、规程、标准，主要包括：

（1）现行建筑安装工程施工验收规范；

（2）现行建筑安装工程设计规范；

（3）现行建筑安装工程施工操作规程；

（4）现行建筑安装工程质量评定标准；

（5）现行建筑安装工程施工安全操作规程。

（四）新技术、新结构、新材料和新工艺等

（五）国家和各地区以往颁发的其他定额编制基础资料、价格及有关文件规定

五、园林工程预算定额人工、材料和机械台班消耗量指标的确定

（一）人工消耗量指标的确定

预算定额的人工消耗量指标，指完成一定计量单位的分项工程或结构构件所必需的各种用工数量。人工的工日数确定有两种基本方法：一种是以施工的劳动定额为基础来确定；另一种是采用现场实测数据为依据来确定。

1. 以劳动定额为基础的人工工日消耗量的确定

以劳动定额为基础的人工工日消耗量的确定包括基本用工和其他用工。

1）基本用工

基本用工是指完成一定计量单位的分项工程或结构构件所必须消耗的技术工种用工。这部分工日数按综合取定的工程量和相应劳动定额进行计算。

$$基本用工消耗量 = \sum(各工序工程量 \times 相应的劳动定额)$$

2）其他用工

其他用工是指劳动定额中没有包括而在预算定额内又必须考虑的工时消耗。其内容包括辅助用工、超运距用工和人工幅度差。

（1）辅助用工。辅助用工是指劳动定额中基本用工以外的材料加工等所用的用工。例如，机械土方工程配合用工、材料加工中过筛砂、冲洗石子、化淋灰膏等。计算公式如下：

$$辅助用工 = \sum(材料加工数量 \times 相应的劳动定额)$$

（2）超运距用工。超运距用工是指编制预算定额时，材料、半成品、成品等运距超过劳动定额所规定的运距，而需要增加的工日数量。其计算公式如下：

$$超运距 = 预算定额取定的运距 - 劳动定额已包括的运距$$

超运距用工消耗量 = ∑(超运距材料数量 × 相应的劳动定额)

(3) 人工幅度差。人工幅度差是指劳动定额作业时间未包括而在正常施工情况下不可避免发生的各种工时损失。内容包括：

①各种工种的工序搭接及交叉作业互相配合发生的停歇用工；

②施工机械在单位工程之间转移及临时水电线路移动所造成的停工；

③质量检查和隐蔽工程验收工作的用工；

④班组操作地点转移用工；

⑤工序交接时对前一工序不可避免的修整用工；

⑥施工中不可避免的其他零星用工。

计算公式如下：

人工幅度差 = (基本用工 + 辅助用工 + 超运距用工) × 人工幅度差系数

人工幅度差是预算定额与施工定额最明显的差额，人工幅度差一般为10% ~15%。

综上所述：

人工消耗量指标 = 基本用工 + 其他用工
= 基本用工 + 辅助用工 + 超运距用工 + 人工幅度差
= (基本用工 + 辅助用工 + 超运距用工)
× (1 + 人工幅度差系数)

2. 以现场测定资料为基础的人工消耗量的确定

这种方法是采用前一节讲述的计时观察法中的测时法、写实记录法、工作日写实法等测时方法测定工时消耗数值，再加一定人工幅度差来计算预算定额的人工消耗量。它仅适用于劳动定额缺项的预算定额项目编制。

(二) 材料消耗指标的确定

材料消耗指标是指完成一定计量单位的分项工程或结构构件所必须消耗的原材料、半成品或成品的数量，按用途划分为以下四种。

1. 主要材料

指直接构成工程实体的材料，其中也包括半成品、成品等。

2. 辅助材料

指构成工程实体除主要材料外的其他材料。如钢钉、钢丝等。

3. 周转材料

指多次使用但不构成工程实体的摊销材料。如脚手架、模板等。

4. 其他材料

指用量较少，难以计量的零星材料。如棉纱等。

材料消耗量指标划分，如图2-4所示。

预算定额的材料消耗指标一般由材料净用量和损耗量构成，其计算公式如下：

材料消耗量 = 材料净用量 + 材料损耗量

或　　材料消耗量 = 材料净用量 × (1 + 损耗率)

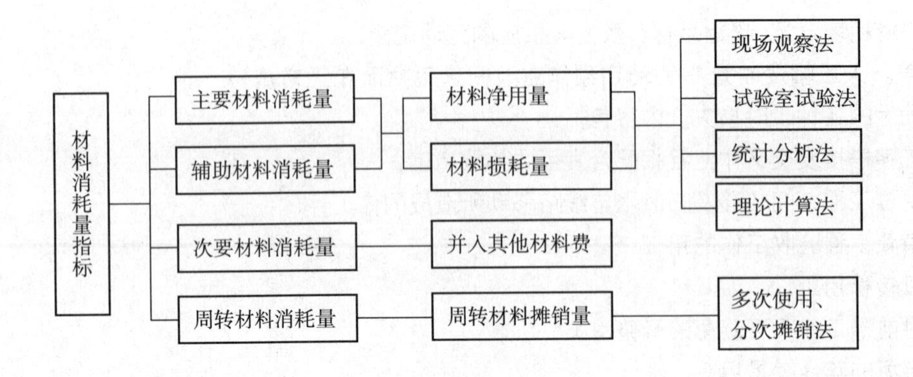

图 2-4　材料消耗量指标示意图

式中

$$损耗率=\frac{损耗量}{净用量}\times 100\%$$

(三) 机械台班消耗量指标的确定

机械台班消耗量指标是指完成一定计量单位的分项工程或结构构件所必需的各种机械台班的消耗数量。机械台班消耗量的确定一般有两种基本方法：一种是以施工定额的机械台班消耗定额为基础来确定；另一种是以现场实测数据为依据来确定。

1. 以施工定额为基础的机械台班消耗量的确定

这种方法以施工定额中的机械台班消耗量加机械幅度差来计算预算定额的机械台班消耗量。其计算公式如下：

预算定额机械台班消耗量 = 施工定额中机械台班用量 + 机械幅度差

= 施工定额中机械台班用量 × (1 + 机械幅度差率)

机械幅度差是指施工定额中没有包括，但实际施工中又必须发生的机械台班用量。主要考虑以下内容：

(1) 施工中机械转移工作面及配套机械相互影响损失的时间；

(2) 在正常施工条件下机械施工中不可避免的工作间歇时间；

(3) 检查工程质量影响机械操作时间；

(4) 临时水电线路在施工过程中移动所发生的不可避免的机械操作间歇时间；

(5) 冬期施工发动机械的时间；

(6) 不同厂牌机械的工效差别，临时维修、小修、停水、停电等引起的机械停歇时间；

(7) 工程收尾和工作量不饱满所损失的时间。

2. 以现场实测数据为基础的机械台班消耗量的确定

如遇施工定额缺项的项目，在编制预算定额的机械台班消耗量时，则需通过对机械现场实地观测得到机械台班数量，在此基础上加上适当的机械幅度差，来确定机械台班消耗量。

六、园林工程预算定额的组成

园林工程预算定额一般由总说明、册说明、建筑面积计算规范、分部工程定额项目表和有关附录组成。

（一）总说明

总说明是对定额的使用方法及定额中共同性的问题所作的综合说明统一规定。使用定额必须熟悉和掌握总说明内容，以便对整个定额有全面的了解。

总说明要点如下：

（1）预算定额的性质、编制原则和作用；

（2）定额的适用范围、编制依据和指导思想；

（3）有关定额人工的说明和规定；

（4）有关建筑材料、成品及半成品的说明和规定；

（5）有关机械台班定额的说明和规定；

（6）其他有关使用方法的统一规定等。

（二）册说明

册说明是对本册定额的使用方法和本册共同性的问题所作的综合说明和规定。使用定额必须熟悉和掌握册说明内容，以便对本册有一个全面了解。

（三）建筑面积计算规范

建筑面积是以平方米为计量单位，反映房屋建设规模的实物量指标。建筑面积计算规范是由国家统一规定编制的，是计算房屋建筑面积的依据。目前房屋面积计算应以前建设部颁发的《建筑工程建筑面积计算规范》（GB/T 50353－2005）为依据，仿古建筑面积计算仍按前建设部1999仿古建筑工程建筑面积计算规定为依据。

（四）分部工程定额项目表

以《浙江省园林绿化及仿古建筑工程预算定额》（2003版）为例，它按工程量清单计价的要求，将定额项目按工程实体消耗项目与施工技术措施项目相分离进行设置，内容包括“园林绿化工程”及“仿古建筑工程”。分上下两册。

上册包括：

总说明　　建筑面积计算规定

1　园林绿化工程　　2　园路、园桥、假山工程

3　园林景观工程　　4　土石方、打桩、基础垫层工程

5　砌筑工程　　6　混凝土及钢筋工程

7　装饰、装修工程

下册包括：

8　仿石木作工程　　9　砖细工程

10　石作工程　　11　屋面工程

12　围堰、脚手架工程　　13　垂直运输工程

14　模板工程

每一分部工程均列有分部说明、工程量计算规则和定额表。

分部说明：是对本部分的编制内容、编制依据、使用方法和共同性问题所

作的说明和规定。

工程量计算规则：是对本分部各分项工程量计算规则和定额节所作的统一规定。

定额表：是定额的基本表现形式。

每个定额表列有工作内容、计量单位、项目名称、定额编号、定额基价以及人工、材料及机械等的消耗定额。有时在定额项目表下还列有附注，说明设计有特殊要求时，怎样利用定额，以及说明其他应作必要解释的问题。

（五）附录

附录是定额的有机组成部分，浙江省园林工程预算定额附录由四部分组成：

附录一、砂浆、混凝土配合比

附录二、人工、材料（半成品）、机械台班单价取定表

附录三、主要材料损耗率参考表

附录四、城区绿地养护质量标准

表 2-2是浙江省现行园林工程定额（2003 版）园路面层定额表式

浙江省现行园林工程定额（2003 版）园路面层定额表　　表 2-2

工作内容：放线、整修路槽、夯实、修平垫层、调浆、铺面层、嵌缝、清扫。计量单位：$10m^2$

<table>
<tr><td colspan="4">定额编号</td><td>2-44</td><td>2-45</td><td>2-46</td><td>2-47</td><td>2-48</td></tr>
<tr><td colspan="4" rowspan="2">项　目</td><td rowspan="2">满铺
卵石面
拼花</td><td rowspan="2">素色
卵石面
彩边素色</td><td>纹形
混凝土面</td><td>水刷
混凝土面</td><td rowspan="2">水刷、
纹形面
每增减 1cm</td></tr>
<tr><td colspan="2">厚 12cm</td></tr>
<tr><td colspan="4">基价（元）</td><td>712</td><td>492</td><td>274</td><td>358</td><td>19</td></tr>
<tr><td rowspan="3">其中</td><td colspan="3">人工费（元）</td><td>504.00</td><td>288.00</td><td>66.54</td><td>133.44</td><td>3.30</td></tr>
<tr><td colspan="3">材料费（元）</td><td>208.41</td><td>204.09</td><td>207.21</td><td>224.94</td><td>15.96</td></tr>
<tr><td colspan="3">机械 费（元）</td><td>—</td><td>—</td><td>—</td><td>—</td><td>—</td></tr>
<tr><td colspan="2">名　称</td><td>单位</td><td>单价（元）</td><td colspan="5">数　量</td></tr>
<tr><td>人工</td><td>人工</td><td>工日</td><td>30.00</td><td>16.800</td><td>9.600</td><td>2.218</td><td>4.448</td><td>0.110</td></tr>
<tr><td rowspan="8">材料</td><td>本色卵石</td><td>t</td><td>158.00</td><td>0.550</td><td>0.580</td><td>—</td><td>—</td><td>—</td></tr>
<tr><td>彩色卵石</td><td>t</td><td>302.00</td><td>0.170</td><td>0.140</td><td>—</td><td>—</td><td>—</td></tr>
<tr><td>水泥砂浆 1:2.5</td><td>m^3</td><td>189.20</td><td>0.360</td><td>0.360</td><td>—</td><td>—</td><td>—</td></tr>
<tr><td>现浇混凝土 C15（16）</td><td>m^3</td><td>154.72</td><td>—</td><td>—</td><td>1.224</td><td>1.066</td><td>0.101</td></tr>
<tr><td>水泥白石屑砂浆 1:1.5</td><td>m^3</td><td>264.41</td><td>—</td><td>—</td><td>—</td><td>0.158</td><td>—</td></tr>
<tr><td>松锯材</td><td>m^3</td><td>915.00</td><td>—</td><td>—</td><td>0.015</td><td>0.015</td><td>—</td></tr>
<tr><td>水</td><td>m^3</td><td>1.95</td><td>0.500</td><td>0.500</td><td>1.400</td><td>1.400</td><td>0.120</td></tr>
<tr><td>其他材料费</td><td>元</td><td>1.00</td><td>1.080</td><td>1.080</td><td>1.380</td><td>1.780</td><td>0.100</td></tr>
</table>

注：卵石粒径以 4 ~6cm 计算，如规格不同时，可进行换算。

七、园林工程基价构成

园林工程预算定额的定额基价由人工费、材料费和机械费组成。定额基价的确定方法主要就是由定额所规定的人工、材料、机械台班消耗量（所谓的“三量”）乘以相应的地区日工资单价、材料价格和机械台班价格（即所谓的“三价”）所得到的定额分项工程的基价。

$$人工费 = \sum(某定额项目的工日数 \times 地区相应的日工资单价)$$

$$材料费 = \sum(某定额项目材料消耗量 \times 地区相应材料价格) + 其他材料费$$

$$机械台班使用费 = \sum(某定额项目机械台班消耗量 \times 地区相应施工机械台班单价)$$

【例 2-3】计算满铺卵石（拼花）园路面层基价。

【解】查表 2-2 定额编号 2－44 计量单位：$10m^2$

$$人工费 = 16.8 \times 30 = 504 元$$

$$材料费 = 0.55 \times 158 + 0.17 \times 302 + 0.36 \times 189.2 + 0.5 \times 1.95 + 1.08 \times 1 = 208.41 元$$

$$机械费 = 0$$

$$基价 = 人工费 + 材料费 + 机械使用费 = 504 + 208.41 + 0 = 712.41 元/10m^2$$

八、园林工程预算定额的应用

（一）定额编号

在编制施工图预算时，对工程项目均须填写定额编号，其目的是便于检查使用定额时，项目套用是否正确合理，以起减少差错、提高管理水平的作用。

园林工程预算定额编号有两种表现形式，即“二代号”编号法和“三代号”编号法。

1. “二代号”编号法

“二代号”编号法，是以园林预算定额中的分部工程序号——分项工程序号两个号码，进行定额编号。其表达形式如下：

X————XX

分部工程序号　　分项工程序号

其中：分部工程序号，用阿拉伯数字 1，2，3，4……

分项工程序号，用阿拉伯数字 1，2，3，4……

目录中都注明各分项工程的所在页数。项目表中的项目号按分部工程各自独立顺序编排，用阿拉伯字码书写。在编制工程预算书套用定额时，应注明所属分部工程的编号和项目编号。

例如：栽植乔木　　定额编号　1－59　计量单位10株

白色水磨石飞来椅　　定额编号　3－40　计量单位10m

石板冰梅路面　　定额编号　2－57　计量单位$10m^2$

以“二代号”编号法进行项目定额编号较为常见。

2. “三代号”编号法

“三代号”编号法，是以园林预算定额中的分部工程序号——分定额节序号（或工程项目所在定额页数）——分项工程序号等三个号码，进行定额编号。其表达形式如下：

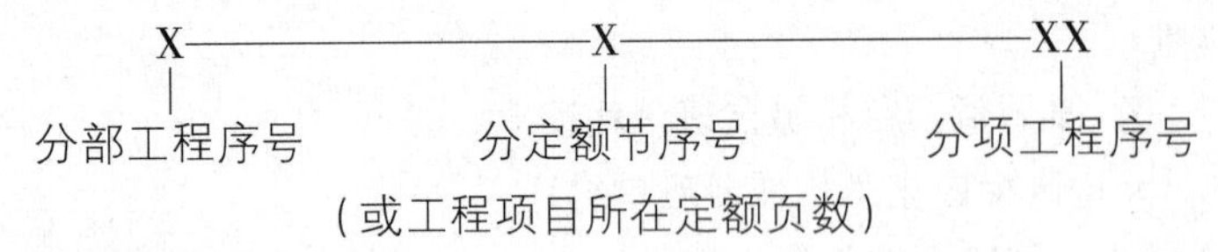

（或工程项目所在定额页数）

（二）预算定额的查阅方法

定额表查阅目的是为在定额表中找出所需的项目名称、人工、材料、机械名称及它们所对应的数值，一般查阅分三步进行（以横式表为例）。

第一步：按分部→定额节→定额表→项目的顺序找至所需项目名称，并从上向下目视；

第二步：在定额表中找出所需的人工、材料、机构名称，并从左向右目视；

第三步：两视线交点的数值，就是所找数值。

（三）预算定额的应用

预算定额是编制施工图预算，确定工程造价的主要依据，定额应用正确与否直接影响建筑工程造价。在编制施工图预算应用定额时，通常会遇到以下三种情况：定额的套用、换算和补充。

1. 预算定额的直接套用

在应用预算定额时，要认真地阅读掌握定额的总说明，各分部工程说明、定额的适用范围，已经考虑和没有考虑的因素以及附注说明等。当分项工程的设计要求与预算定额条件完全相符时，则可以直接套用定额。这种情况是编制施工图预算中的大多数情况。

在编制单位工程施工图预算的过程中，大多数项目可以直接套用预算定额。套用时应注意以下几点：

（1）根据施工图纸、设计说明和做法说明、分项工程施工过程划分、选择定额项目。

（2）要从工程内容、技术特征和施工方法及材料规格上仔细核对，才能较准确地确定相应的定额项目。

（3）分项工程的名称和计量单位要与预算定额相一致。

2. 预算定额的调整与换算

1）预算定额的换算

当设计要求与定额的工程内容、材料规格、施工方法等条件不完全相符时，则不可直接套用定额。可根据编制总说明、分部工程说明等有关规定，在定额规定范围内加以调整换算。

定额换算的实质就是按定额规定的换算范围、内容和方法，对某些分项工程预算单位的换算。通常只有当设计选用的材料品种和规格同定额规定有出入，并规定允许换算时，才能换算。在换算过程中，定额单位产品材料消耗量一般不变，仅调整与定额规定的品种或规格不相同材料的预算价格。经过换算的定额编号在下端应写个“换”字或“H”。

园林工程预算定额的换算类型常见的有以下六种：

（1）材料价格换算：设计材料价格与定额材料价格不同的换算；

（2）砂浆配合比换算：设计砂浆的配合比或种类与定额不同的换算；

（3）混凝土配合比换算：设计混凝土的配合比或强度等级与定额不同的换算；

（4）系数增减换算：设计项目内容与定额部分不同，采用增减系数的换算；

（5）材料种类换算：设计材料种类与定额不同的换算；

（6）其他换算：除上述五种情况以外的换算。

2）园林工程预算定额换算方法举例

（1）材料价格换算法。

当园林工程中设计采用的材料与相应定额采用的材料价格不同而引起定额基价变化时，必须进行换算。其换算公式如下：

换算后基价 = 原定额基价 + （设计材料价格 – 定额材料价格）
× 定额材料消耗量

【例 2-4】 某公园假山采用 3.5m 高的黄石假山，定额表详见表 2-3所示，设计采用黄石，其市场价格 150 元/t，求该假山定额基价。

湖石、黄石假山堆砌定额表　　　表 2-3

工作内容：放样、选石、运石，调、制、运混凝土（砂浆），堆砌、塞垫嵌缝、清理、养护。

计量单位：t

定额编号		2-9	2-10	2-11	2-12
项　目		黄石假山 高度（m）			
		1 以内	2 以内	3 以内	4 以内
基价（元）		187	216	364	469
其中	人工费（元）	83.16	105.84	145.53	166.53
	材料费（元）	97.68	102.97	209.37	291.04
	机械费（元）	5.66	7.07	9.55	10.97

续表

名称		单位	单价（元）	数量			
人工	人工	工日	30.00	2.772	3.528	4.851	5.551
材料	黄石	t	80.00	1.000	1.000	1.000	1.000
	现浇混凝土 C15（16）	m^3	154.72	0.060	0.080	0.080	0.100
	水泥砂浆 1:2.5	m^3	189.20	0.040	0.050	0.050	0.050
	铁件	kg	5.60	—	—	10.000	15.000
	条石	m^3	1000.00	—	—	0.050	0.100
	水	m^3	1.95	0.170	0.170	0.170	0.250
	其他材料费	元	1.00	0.500	0.800	1.200	1.620
机械	汽车式起重机 5t	台班	353.72	0.016	0.020	0.027	0.031

【解】 从定额表 2-3 查阅得到：

该项目定额编号：2-12　　　　计量单位：t

定额基价：469 元/t　　　　定额黄石价格：80 元/t

$$2-12_{H}=469+(150-80)\times 1$$
$$=539\text{ 元/t}$$

（2）砂浆、混凝土配合比换算法。

当园林工程设计采用的砂浆、混凝土配合比与定额规定不同而引起定额基价变化时，必须进行换算。其换算公式如下：

换算后基价 = 换算前定额基价 + [设计砂浆（或混凝土）单价 − 定额砂浆（或混凝土）单价] × 定额砂浆（或混凝土）用量

【例 2-5】 某小区园路采用纹形混凝土面，设计采用现浇混凝土 C20（16），厚度为 150mm，单价为 172.99 元/m^3。试求该园路面层基价。

【解】 从定额表 2-2 查阅得到：

该项目定额编号：$2-46+48\times 2$　　　　计量单位：$10m^2$

定额基价：$274+19\times 2=312$ 元/$10m^2$

定额混凝土：C15（16）　　　　单价：154.72 元/m^3

定额混凝土用量：$1.224+0.101\times 2=1.426m^3/10m^2$

$$(2-46+48\times 2)_{H}=312+(172.99-154.72)\times 1.426$$
$$=338.05\text{ 元}/10m^2$$

（3）系数增减换算法。

当园林工程图纸设计的工程项目内容与定额规定的相应内容不完全符合时，定额规定在允许范围内，定额的部分或全部采用增减系数调整。其换算公式如下：

换算后基价 = 换算前基价 ± 定额部分或全部 × 相应调整系数

【例2-6】 某工程栽植乔木（带土球），土球直径为550mm，三类土，定额表详见表2-4。求该项目定额基价。

苗木栽植定额表 **表2-4**

工作内容：挖穴栽植、扶正回土、筑水围、浇水、复土保墒、整形清理。 计量单位：10株

定额编号				1-52	1-53	1-54	1-55	1-56	1-57
项目				栽植乔木（带土球）土球直径（cm）					
				20以内	40以内	60以内	80以内	100以内	120以内
基价（元）				11	32	85	263	369	530
其中	人工费（元）			10.40	31.20	83.20	137.28	220.48	322.40
	材料费（元）			0.49	0.98	1.95	2.93	5.85	7.80
	机械费（元）			—	—	—	123.03	142.62	199.41
名称		单位	单价（元）	消耗量					
人工	人工	工日	26.00	0.400	1.200	3.200	5.280	8.480	12.400
材料	水	m^3	1.95	0.250	0.500	1.000	1.500	3.000	4.000
机械	汽车式起重机5t	台班	353.72	—	—	—	0.169	0.199	0.278
	载重汽车4t	台班	213.69	—	—	—	0.296	0.338	0.473

【解】 从定额表2-4查阅得到：

该项目定额编号：1-54　　计量单位：10株

定额基价：85元　　其中人工费：83.20元

按定额分部说明规定：起挖或栽植树木均以一、二类土为准，如为三类土，人工乘系数1.34，四类土人工乘系数1.76。本工程为三类土，应按定额规定用系数增减换算法换算定额基价。

$$1-54_{H} = 85 + 83.20 \times (1.34 - 1)$$
$$= 113.29 \text{ 元/10 株}$$

3. 预算定额的补充

当分项工程的设计要求与定额条件完全不相符或者由于设计采用新结构、新材料及新工艺施工方法，在预算定额中没有这类项目，属于额定缺项时，可编制补充预算定额。

编制补充预算定额的方法通常有两种。一种是有补充项目参考的人工、材料、机械台班消耗量，按照本章第三节内容确定人工、材料、机械台班的单价，量乘以价组合成预算定额的基价。另一种方法是补充项目即测定人工、机械台班消耗量，又确定人工、材料、机械台班的单价，再组合成预算定额的基价。

复习思考与练习题

1. 什么是定额？什么是园林工程定额？

2. 园林工程定额的特点主要表现在哪些方面？

3. “定额与市场经济的共融性是与生俱来的”如何理解？

4. 园林工程定额的作用有哪些？

5. 什么是人工消耗定额？它的基本表现形式有哪些？它们之间关系如何？

6. 工人工作时间如何分类？它们的大小各与哪些因素有关？

7. 计时观察法根据具体任务、对象和方法可分为哪几种方法？各自特点与适用范围是什么？

8. 试述园林工程人工消耗定额的编制方法。

9. 什么是材料消耗定额？它由哪几部分组成？其制定方法有哪些？

10. 什么是机械台班消耗定额？它有哪几种表现形式？

11. 机械工作时间如何分类？

12. 试述机械台班消耗定额的编制方法。

13. 什么叫人工单价？它由哪些内容组成？如何确定？

14. 试述影响人工单价的主要因素。

15. 什么叫材料价格？它由哪些内容组成？如何确定？

16. 试述影响材料价格波动的主要因素。

17. 什么叫机械台班适用单价？它由哪些内容组成？如何确定？

18. 什么叫园林工程预算定额？其主要作用有哪些？它的编制原则如何？

19. 试述园林工程预算定额的编制方法。

20. 园林工程预算定额一般由哪些部分组成？根据本地区园林工程定额简述组成内容。

21. 某公园人工挖土方，三类土，测时资料表明，挖1m^3土消耗基本工作时间60min，辅助工作时间占基本工作时间的3%，准备与结束时间占基本工作时间的2.5%，不可避免中断时间占基本工作时间的1.5%，休息时间占工作延续时间的14%，试确定人工挖土方的时间定额。

22. 某地区园林企业生产工人基本工资22元/工日，工资性补贴8元/工日，生产工人辅助工资5元/工日，生产工人劳动保护费2元/工日，职工福利按2%比例计提。求该地区人工日工资单价。

23. 某园林工程需用特种钢材50t，出厂价为500元/t，供销部门手续费率为1.5%，材料运杂费为6.5元/t，运输损耗率为2%，保管费率为2.8%。试求该特种钢材的单价。

24. 利用本地区园林工程预算定额查阅下列项目的定额编号、计量单位、基价。

定额编号	分项工程名称	单位	基价
	起挖乔木（带土球、土球直径80cm）		
	起挖灌木（裸根，苗木高度180cm）		
	起挖草皮，带土厚度2.5cm		
	栽植草皮，满铺		
	栽植绿篱，单排高150cm		
	大树起挖（带土球，土球直径200cm）		
	草绳绕树干，胸径20cm		
	绿地平整		
	常绿灌木养护，高度150cm		
	混合运动草坪养护		
	黄石假山堆砌，高度3.5m		
	自然式湖石护岸堆砌		
	园路混凝土垫层		
	方垫石板面铺设		
	白色水磨石飞来椅制作		
	花式金属栏杆安装		
	草屋面制作、安装		
	木花架椽，断面周长30cm		
	型钢花架柱制作1t以内		
	石凳安装，规格60cm		

第三章　园林工程费用

学习目标：（1）掌握园林工程费用组成；
（2）运用园林工程取费定额能熟练进行费用计取；
（3）运用工程量清单规范会进行费用计取。

教学重点：定额计价法和清单计价法的费用组成与计取。

教学难点：定额计价法和清单计价法费用组成的异同点。

第一节　定额计价模式下园林工程费用的组成

在定额计价模式下，组成分部分项项目的单价为工料单价，即，为完成分部分项项目所需的人工费、材料费、机械台班使用费。其工程费用由直接费、间接费、利润和税金组成。如图 3-1所示。

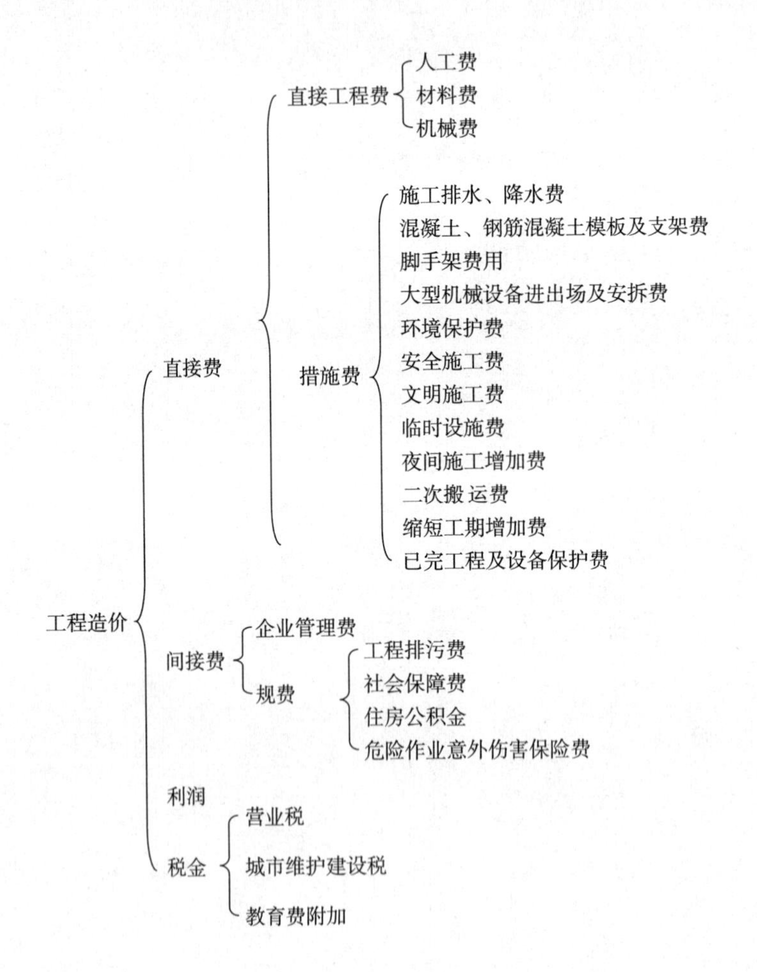

图 3-1　园林工程费用组成

一、直接费

直接费由直接工程费和措施费组成。

（一）直接工程费

直接工程费是指工程施工过程中耗费的构成工程实体的各项费用，包括人工费、材料费、施工机械使用费。

1. 人工费

人工费是指直接从事建设工程施工的生产工人开支的各项费用，内容包括：

（1）基本工资：是指发放给生产工人的基本工资。

（2）工资性补贴：是指按规定标准发放的物价补贴，煤、燃气补贴，交通补贴，住房补贴，流动施工津贴等。

（3）辅助工资：是指生产工人年有效施工天数以外非作业天数的工资，包括职工学习、培训期间的工资，调动工作、探亲、休假期间的工资，因气候影响的停工工资，女工哺乳期间的工资，病假在六个月以内的工资及产、婚、丧假期的工资。

（4）福利费：是指按规定标准计提的职工福利费。

（5）劳动保护费：是指按规定标准发放的生产工人劳动保护用品的购置费及修理费，服装补贴，防暑降温费，在有碍身体健康环境中施工的保健费用等。

2. 材料费

材料费是指施工过程中耗用的构成工程实体的原材料、辅助材料、构配件、零件、半成品的费用。内容包括：

（1）材料原价（或供应价格）。

（2）材料运杂费：是指材料自来源地运至工地仓库或指定堆放地点所发生的全部费用。

（3）运输损耗费：是指材料在运输装卸工程中不可避免的损耗。

（4）采购及保管费：是指为组织采购、供应和保管材料工程所需要的各项费用，包括采购费、仓储费、工地保管费、仓储损耗。

（5）检验试验费：是指对建筑材料、构件和建筑安装物进行一般鉴定、检查所发生的费用，包括自设试验室进行试验所耗用的材料和化学药品等费用。不包括新结构、新材料的试验费和建设单位对具有出厂合格证明的材料进行检验，对构件作破坏性试验及其他有特殊要求需要检验试验的费用。

3. 施工机械使用费

施工机械使用费是指施工机械作业所发生的机械使用费以及机械安拆费和场外运输费。

施工机械台班单价应由下列七项费用组成：

（1）折旧费：是指施工机械在规定的使用年限内，陆续收回其原值及购置资金的时间价值。

（2）大修理费：是指施工机械按规定的大修理间隔台班进行必要的大修理，以恢复其正常功能所需的费用。

（3）经常修理费：是指施工机械除大修理以外的各级保养和临时故障排除所需的费用。包括为保障机械正常运转所需替换设备与随机配备工具附具的摊销和维护费用，机械运转中日常保养所需润滑与擦拭的材料费用及机械停滞期间的维护和保养费用等。

（4）安拆费及场外运费：安拆费是指一般施工机械（不包括大型机械）在现场进行安装与拆卸所需的人工、材料、机械和试运转费用以及机械辅助设施的折旧、搭设、拆除等费用；场外运费是指一般施工机械（不包括大型机械）整体或分件自停放场地运至施工场地或由一施工场地运至另一施工场地的运输、装卸、辅助材料及架线等费用。

（5）人工费：是指机上司机和其他操作人员的工作日人工费及上述人员在施工机械规定的年工作台班以外的人工费。

（6）燃料动力费：是指施工机械在运转作业中所消耗的固定燃料（煤、木柴）、液体燃料（汽油、柴油）及水、电等的费用。

（7）养路费及车船使用税：指施工机械按照国家和有关部门规定应缴纳的养路费、车船使用税、保险费及年检费等。

（二）措施费

措施费是指为完成工程项目施工，发生于该工程施工前和施工过程中非工程实体项目的费用，由施工技术措施费和施工组织措施费组成。

1. 施工技术措施费

内容包括：

（1）大型机械设备进出场及安拆费：是指大型机械整体或分体自停放场地运至施工现场或由一个施工地点运至另一个施工地点所发生的机械进出场运输转移费用及机械在施工现场进行安装、拆卸所需的人工费、材料费、机械费、试运转费和安装所需的辅助设施的费用。

（2）混凝土、钢筋混凝土模板及支架费：是指混凝土施工过程中需要的各种钢模板、木模板、支架等的支、拆、运输费用及模板、支架的摊销（或租赁）费用。

（3）脚手架费：是指施工需要的各种脚手架搭、拆、运输费用及脚手架的摊销（或租赁）费用。

（4）施工排水、降水费：是指为确保工程在正常条件下施工，采取各种排水、降水措施所发生的各种费用。

（5）其他施工技术措施费：是指根据各专业、地区及工程特点补充的技术措施费用项目。

2. 施工组织措施费

内容包括：

（1）环境保护费：是指施工现场为达到环保部门要求所需要的各项费用。

（2）文明施工费：是指施工现场文明施工所需要的各项费用。一般包括施工现场的标牌设置，施工现场地面硬化，现场周边设立围护设施，现场安全保卫及保持场貌、场容整洁等发生的费用。

（3）安全施工费：是指施工现场安全施工所需要的各项费用。一般包括安全防护用具和服装，施工现场安全警示、消防设施和灭火器材，安全教育培训，安全检查及编制安全措施方案等发生的费用。

（4）临时设施费：是指施工企业为进行建筑工程施工所必须搭设的生活和生产用的临时建筑物、构筑物和其他临时设施等发生的费用。

临时设施包括：临时宿舍、文化福利及公用事业房屋与构筑物，仓库、办公室、加工厂（场）以及在规定范围内的道路、水、电、管线等临时设施和小型临时设施。

临时设施费用包括：临时设施的搭设、维修、拆除费和摊销费。

（5）夜间施工增加费：是指因夜间施工所发生的夜班补助费、夜间施工降效、夜间施工照明设备摊销及照明用电等费用。

（6）缩短工期增加费：是指因缩短工期要求发生的施工增加费，包括夜间施工增加费、周转材料加大投入量所增加的费用等。

（7）二次搬运费：是指因施工场地狭小等特殊情况而发生的二次搬运费用。

（8）已完工程及设备保护费：是指竣工验收前，对已完工程及设备进行保护所需的费用。

（9）其他施工组织措施费：是指根据各专业、地区及工程特点补充的施工组织措施费用项目。

二、间接费

间接费由规费、企业管理费组成。

（一）规费

是指政府和有关政府行政主管部门规定必须缴纳的费用。

内容包括：

（1）工程排污费：是指施工现场按规定缴纳的工程排污费。

（2）社会保障费：包括养老保险费、失业保险费和医疗保险费等。

①养老保险费：是指企业按规定标准为职工缴纳的基本养老保险费。

②失业保险费：是指企业按照国家规定标准为职工缴纳的失业保险费。

③医疗保险费：是指企业按照规定标准为职工缴纳的基本医疗保险费。

（3）住房公积金：是指企业按规定标准为职工缴纳的住房公积金。

（4）危险作业意外伤害保险费：是指按照《建筑法》规定，企业为从事危险作业的建筑安装施工人员支付的意外伤害保险费。

（二）企业管理费

是指建筑安装企业组织施工生产和经营管理所需的费用。

内容包括：

(1) 管理人员工资：是指管理人员的基本工资、工资性补贴、职工福利费、劳动保护费等。

(2) 办公费：是指企业管理办公用的文具、纸张、账表、印刷、邮电、书报、会议、水电、烧水和集体取暖（包括现场临时宿舍取暖）用煤等费用。

(3) 差旅交通费：是指职工因公出差、调动工作的差旅费、住勤补助费，市内交通费和误餐补助费，职工探亲路费，劳动力招募费，职工离退休、退职一次性路费，工伤人员就医路费，工地转移费以及管理部门使用的交通工具的油料、燃料、养路费及牌照费等。

(4) 固定资产使用费：是指管理和试验部门及附属生产单位使用的属于固定资产的房屋、设备仪器等的折旧、大修、维修或租赁费。

(5) 工具用具使用费：是指管理使用的不属于固定资产的生产工具、器具、家具、交通工具和检验、试验、测绘、消防用具等的购置、维修和摊销费。

(6) 劳动保险费：是指由企业支付离退休职工的易地安家补助费、职工退职金、六个月以上的长病假人员工资、职工死亡丧葬补助费、抚恤费、按规定支付给离休干部的各项经费。

(7) 工会经费：是指企业按职工工资总额计提的工会经费。

(8) 职工教育经费：是指企业为职工学习先进技术和提高文化水平，按职工工资总额计提的费用。

(9) 财产保险费：是指施工管理用财产、车辆保险。

(10) 财务费：是指企业为筹集资金而发生的各项费用。

(11) 税金：是指企业按规定缴纳的房产税、车船使用税、土地使用税、印花税等。

(12) 其他：包括技术转让费、技术开发费、业务招待费、绿化费、广告费、公证费、法律顾问费、审计费、咨询费等。

三、利润

利润是指施工企业完成所承包工程获得的赢利。

四、税金

税金是指国家税法规定的应计入建筑工程造价内的营业税、城市维护建设税、教育费附加。

第二节　清单计价模式下园林工程费用的组成

根据国家标准《建设工程工程量清单计价规范》(GB 50500—2008) 规定，在清单计价模式下，组成分部分项项目的单价为综合单价，即，为完成分

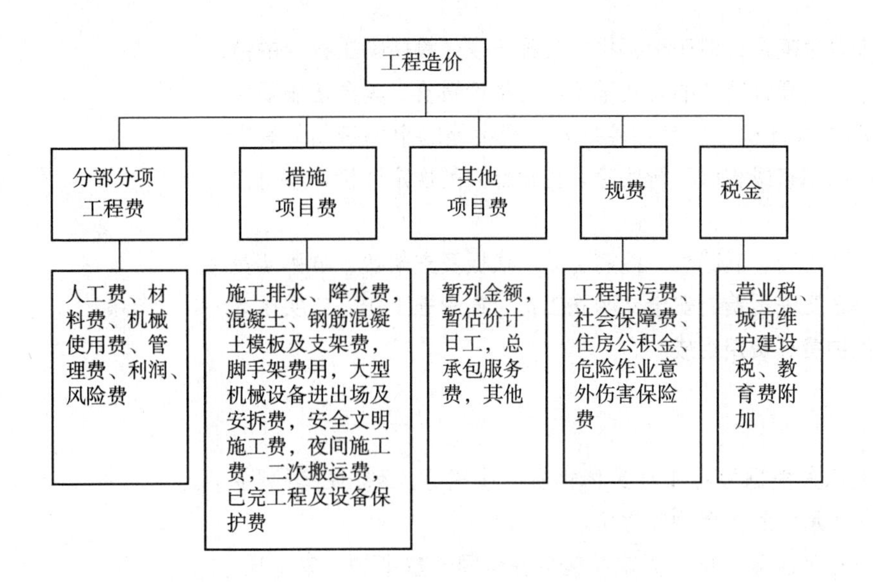

图 3-2　清单计价的园林工程费用组成

部分项项目所需的人工费、材料费、机械台班使用费、利润、企业管理费及一定范围内的风险费用。工程费用由分部分项工程费、措施项目费、其他项目费、规费、税金等组成。如图 3-2所示。

一、分部分项工程费

分部分项工程费是完成分部分项工程量清单项目所需人工费、材料费、机械使用费、企业管理费、利润，并包含完成相应项目所需的风险费用。

分部分项工程费应根据招标文件中分部分项工程量清单的项目特征描述、施工图纸、招标文件等要求以综合单价的形式计算，在综合单价中应包括招标文件约定需要投标人承担的相关风险费用。

综合单价，指完成一个规定计量单位的分部分项工程量清单项目所需的人工费、材料费、施工机械使用费、企业管理费、利润及一定范围的风险费用。

其中人工费、材料费、施工机械使用费为完成规定计量单位清单项目直接消耗的生产工人开支的费用、直接耗用构成分部分项工程实体的各项材料的费用、直接使用机械作业发生的各项费用；企业管理费和利润为完成规定计量单位工程量清单项目，由投标人根据工程特点和市场竞争实际情况确定应计取的管理费用和利润。

风险费用为投标人根据招标文件约定的风险分担要求，结合自身情况和所计价项目在施工过程中可能的人工、材料、机械台班价格上涨等不可预计因素，综合计算出由此产生的防范、化解和解决问题所需的费用。

二、措施项目费

措施项目费为完成工程项目施工，发生于该工程施工前和施工过程中的技术、生活、安全、环境保护等方面的非工程实体项目所需的费用。

措施项目费由投标人根据招标文件中的措施项目清单和投标人为投标工程

拟定的施工组织设计来自主确定，对于根据投标工程可以计算所需工程量的措施项目，应按照分部分项工程量清单的方式采用综合单价报价，其余措施项目可以以“项”为单位的方式计价，应包括除规费、税金外的全部费用。其中的安全文明施工费应按照国家或省级、行业建设主管部门的规定计价，不得作为竞争性费用。

具体由施工排水、降水费、混凝土、钢筋混凝土模板及支架费、脚手架费用、大型机械设备进出场及安拆费、安全文明施工费、夜间施工费、二次搬运费、已完工程及设备保护费等费用组成。

三、其他项目费

其他项目费应由投标人根据投标工程具体情况，按招标人列出的暂列金额、暂估价、计日工和总承包服务费列项报价。

暂列金额是招标人在工程量清单中暂定并包括在合同价款中的一笔款项。用于施工合同签订时尚未确定或者不可预见的所需材料、设备、服务的采购，施工合同中可能发生的工程变更、合同约定调整因素出现时的工程价款调整以及发生的索赔、现场签证确认等的费用。

暂估价包括材料暂估单价、专业工程暂估价，为招标人在招标时暂时不能确定价格的材料的单价和专业工程金额。对于招标人在其他项目清单中列有暂估材料单价的，投标人应按暂估价计入综合单价。其他项目清单列有专业工程暂估价的，报价时应按所列金额填写。

计日工由招标人在其他项目清单中列出预计的项目和数量，投标人根据工程特点自主确定综合单价并计算计日工费用。工程结束结算时，项目和数量按承包人实际的完成量计算，综合单价按中标时的所报单价结算。

总承包服务费是项目总承包人为配合协调发包人进行的工程分包、自行采购的设备材料等进行管理、服务以及施工现场管理、竣工资料汇总整理等服务所需的费用。总承包服务费应根据招标文件提出的要求和内容自主确定。

四、规费、税金

规费是根据省级政府或省级有关权力部门规定必须缴纳的，应计入工程造价的费用，如工程排污费、社会保障费、住房公积金等。

税金是根据国家税法规定的应计入工程造价的营业税、城市维护建设税和教育费附加。

第三节　园林预算费用的计算

一、在定额计价法模式下，园林预算费用的计算一般步骤

1. 准备工作

准备工作主要是熟悉图纸、招标文件、工程概况和现场相关情况。

在这个过程中，主要的是熟悉施工图纸，包括了解主要的设计意图，特别是景观设计的主题。熟悉图纸既有对整套图纸的通读也有对平面、节点（细部）的精读，要求预算人员充分掌握图纸内容，熟悉并检查图纸是否齐全、相关的尺寸是否清楚和一致，相应的做法要求是否明确，苗木种类、规格说明是否清楚等，为下一步的工程量计算作好技术准备。

对招标文件的熟悉包括了解招标范围、计价依据、报价内容、格式要求等。

2. 计算工程量

按照预算定额的工程量计算规则和项目设置，计算图纸工程量。计算工程量要注意列项、计量单位。对图纸内容对照预算定额确定合适的计算项目，然后按照定额计算规则计算，同时注意小数点的保留。

3. 汇总工程量，编制预算书

工程量计算完成并复核无误后，按照预算定额的章节顺序汇总。

汇总后套用预算定额相应子目计算出直接工程费和施工技术措施费。定额的人、材、机价格应为当地当时的市场价（或当地造价部门发布的信息价），也可以是在价外补差（具体根据当地造价部门规定）。

4. 计取各项费用

在计算好直接工程费和施工技术措施费后，根据当地造价部门规定的费用计算程序以人工费加机械费（或人工费）为基础计算组织措施费、管理费、利润，并在按规定计取规费、税金后汇总出工程造价。

5. 编制说明

在完成预算书编制后，就编制依据、列项情况等写编制说明。

如某省费用定额规定的定额计价下工程造价的计算程序，如表3-1所示。

人工费加机械费为计算基数的工程费用计算程序表（一）　　表3-1

序号	费用项目		计算方法
一	直接工程费		Σ分部分项工程量×工料单价
	其中	1. 人工费	
		2. 机械费	
二	施工技术措施费		Σ措施项目工程量×工料单价
	其中	3. 人工费	
		4. 机械费	
三	施工组织措施费		Σ[(1+2+3+4)×费率]
四	综合费用		(1+2+3+4)×费率
五	规费		(一+二+三+四)×相应费率
六	总承包服务费		分包项目工程造价×相应费率
七	税金		(一+二+三+四+五+六)×相应费率
八	工程造价		一+二+三+四+五+六+七

二、在清单计价法模式下，园林预算费用计算一般步骤

1. 分部分项工程量清单综合单价的确定

投标人根据招标人提供的工程量清单按照企业定额或建设行政主管部门发布的消耗量定额确定合理的综合单价，具体可以按照以下步骤进行：

（1）按照企业定额或建设行政主管部门发布的消耗量定额对需报价的工程量清单子目分析其项目特征和工程内容，结合工程具体的施工方案确定该清单子目可组合内容和相对应定额子目；

（2）确定可组合定额项目的工程量；

（3）采集、分析市场材料价格，根据企业情况确定合理的人工、材料、机械台班价格；

（4）根据企业自身情况、工程特点、投标竞争等情况，确定该清单子目合理的管理费和利润报价策略，按照本子目施工、材料、人工等因素考虑风险费用。

2. 计算汇总分部分项工程费

分部分项工程费 = 分部分项工程量清单数量 × 综合单价

3. 计算措施项目费

措施项目费应按照措施项目清单所列措施项目的项目名称和序号列项计算，计价时对于投标人认为不发生的措施项目，金额以“0”表示，而不应删除该项目。

1）可计算工程量的措施费

包括施工降水排水费、混凝土与钢筋混凝土模板及支架费、脚手架费、大型机械场外运输及安拆费等。

具体应先根据具体工程、施工方案和所用计价定额计算计价的工程量，然后按计价定额计算其综合单价。

计算公式为：相应措施项目的计价工程量 × 综合单价

2）无计价工程量的措施费

包括安全文明施工费、夜间施工费、二次搬运费、已完工程及设备保护费等。

该部分措施项目费的计取由投标人根据工程所在地建设行政主管部门的相关要求和相关计价费用定额的规定计算。一般按照分部分项工程量清单费和可计工程量措施费中的人工费、机械费之和（或仅人工费）为基数计算。

计算公式为：（人工费 + 机械费）× 相应组织措施费率

或：人工费 × 相应组织措施费率

4. 计算其他项目费

本费用有暂列金额、暂估价、计日工和总承包服务费等项目，具体要以招标文件规定执行。

5. 规费

规费为施工单位按政府有关部门规定必须交纳的费用，其计取按各地相应

费用定额规定。

6. 税金

按费用定额规定的税率计取营业税、城市维护建设税和教育费附加等。

如某省费用定额规定的清单计价下工程造价的计算程序，如表3–2所示。

人工费加机械费为计算基数的工程费用计算程序表（二）　　表3–2

<table>
<tr><th>序号</th><th colspan="2">费用项目</th><th>计算方法</th></tr>
<tr><td>一</td><td colspan="2">分部分项工程量清单项目费</td><td>Σ（分部分项工程量清单×综合单价）</td></tr>
<tr><td rowspan="2"></td><td rowspan="2">其中</td><td>1. 人工费</td><td></td></tr>
<tr><td>2. 机械费</td><td></td></tr>
<tr><td>二</td><td colspan="2">措施项目清单费</td><td>（一）＋（二）</td></tr>
<tr><td rowspan="4"></td><td colspan="2">（一）施工技术措施项目清单费</td><td>Σ（技术措施项目清单×综合单价）</td></tr>
<tr><td rowspan="2">其中</td><td>3. 人工费</td><td></td></tr>
<tr><td>4. 机械费</td><td></td></tr>
<tr><td colspan="2">（二）施工组织措施项目清单费</td><td>Σ［(1+2+3+4)×费率］</td></tr>
<tr><td>三</td><td colspan="2">其他项目清单费</td><td>按清单计价要求计算</td></tr>
<tr><td>四</td><td colspan="2">规费</td><td>(一+二)×相应费率</td></tr>
<tr><td>五</td><td colspan="2">税金</td><td>(一+二+三+四)×相应费率</td></tr>
<tr><td>六</td><td colspan="2">建设工程造价</td><td>一+二+三+四+五</td></tr>
</table>

三、取费计算案例

【例3–1】 某新建小区景观绿化工程，已知直接工程费为655.0031万元，其中人工费121.7578万元，机械费30.5032万元。试根据某省施工取费定额相关费率计算工程造价。

【解】 根据费用计算程序结合企业情况，计算造价如表3–3所示。

工程取费表　　表3–3

序号	费用名称	费用计算表达式	金额
一	直接工程费		6550031
1	其中人工费		1217578
2	其中机械费		305032
二	施工组织措施费	(1+2+3+…+8)	102015
	1. 环境保护费	(1+2)×0.2%	3045
	2. 文明施工费	(1+2)×1.55%	23600
	3. 安全施工费	(1+2)×0.65%	9897
	4. 临时设施费	(1+2)×4.2%	63950
	5. 夜间施工增加费	(1+2)×0	0

续表

序号	费用名称	费用计算表达式	金额
	6. 缩短工期增加费	(1+2)×0%	0
	7. 材料二次搬运费	(1+2)×0%	0
	8. 已完工程及设备保护费	(1+2)×0.1%	1523
三	综合费用	(1+2)	479622
	1. 企业管理费	(1+2)×19%	289296
	2. 利润	(1+2)×12.5%	190326
四	其他项目费	0	0
五	规费	(一+二+三)×5.85%	417203
六	税金	(一+二+三+四+五)×3.448%	260285
七	建设工程造价	一+二+三+四+五+六	7809156

复习思考与练习题

1. 试述定额计价模式下，造价组成。
2. 试述工程量清单计价模式下，造价组成。
3. 试述材料费组成内容。
4. 工程造价中的税金包含了哪些税?
5. 试述工程量清单计价模式下造价的计算方法。

第四章 工程量清单计价规范

学习目标：（1）掌握2008版工程量清单的特点、主要内容和优势；

（2）运用工程量清单计价规范进行园林绿化分部分项工程量清单编制；

（3）运用工程量清单计价规范进行清单计价标准表格填写。

教学重点：园林绿化分部分项工程量清单编制。

教学难点：（1）工程内容与项目特征的区别；

（2）清单项目特征的描述。

第一节　工程量清单概述

一、建设工程工程量清单计价规范

（一）工程量清单定义

《建设工程工程量清单计价规范》GB 50500—2008（以下简称《计价规范》）经住房和城乡建设部批准为国家标准，于2008年12月1日起正式实施。

该《计价规范》是在原《建设工程工程量清单计价规范》GB 50500—2003的基础上进行修订的。它不仅对工程招投标中的工程量清单计价进行详细阐述，而且对工程合同签订、工程量计量与价款支付、工程变更、工程价款调整、工程索赔和工程结算等工程实施阶段全过程中如何规范工程量清单计价行为进行指导。内容更加全面、更加系统，操作性更强，更加体现我国国情，它对推进和完善市场形成工程造价机制的改革目标实现，必将发挥十分重要的作用。

“工程量清单”是表现建设工程的分部分项工程项目、措施项目、其他项目名称和相应数量的明细清单。工程量清单是一个工程计价中反映工程量的特定内容的概念，根据不同阶段又可以分为“招标工程量清单”和“结算工程量清单”等。其中“招标工程量清单”是按照招标要求和施工设计图纸规定，将拟建招标工程的全部项目和内容，依据统一的工程量计算规则、统一的工程量清单项目编制规则要求，计算拟建招标工程的分部分项工程数量的表格。

（二）工程量清单计价定义

工程量清单计价是工程招投标中，按照国家统一的工程量清单计价规范，由招标人提供工程量数量，投标人自行报价，经评审低价中标的工程造价计价模式。

（三）《计价规范》定义

《计价规范》是根据《中华人民共和国建筑法》、《中华人民共和国合同法》、《中华人民共和国招投标法》和《建筑工程施工发包与承包计价管理办法》建设部令第107号，并遵循国家宏观调控、市场形成价格的原则，结合我国当前实际情况制定的。

《计价规范》是统一工程量清单编制，规范工程量清单计价的国家标准，是调整建设工程工程量清单计价活动中发包人与承包人各种关系的规范文件。

二、工程量清单计价与预算定额计价的比较

（一）工程量清单计价的特点和优势

工程量清单计价是市场形成工程造价的主要形式，它给企业自主报价提供了空间，实现了政府定价到市场定价的转变。清单计价法是一种既符合建筑市场竞争规则、经济发展需要，又符合国际惯例的计价办法。与原有定额计价模式相比，清单计价具有以下特点和优势。

1. 充分体现施工企业自主报价、市场竞争形成价格

工程量清单计价法完全突破了我国传统的定额计价管理方式，是一种全新的计价管理模式。它的主要特点是依据建设行政主管部门颁布的工程量计算规则，按照施工图纸、施工现场、招标文件的有关规定要求，由施工企业自己编制而成。计价依据不再套用政府编制的定额和单价，所有工程中人工、材料、机械费用价格都由市场价格来确定，真正体现了企业自主报价、市场竞争形成价格的崭新局面。

2. 搭建了一个平等竞争平台，满足充分竞争的需要

在工程招投标中，投标报价往往是决定是否中标的关键因素，而影响投标报价质量的是工程量计算的准确性。工程预算定额计价模式下，工程量由投标人各自测算，企业是否中标，很大程度上取决于预算编制人员素质，最后，工程招标投标，变成施工企业预算编制人员之间的竞争，而企业的施工技术、管理水平无法得以体现。实现工程量清单计价模式后，招标人提供工程量清单，对所有投标人都是一样的，不存在工程项目、工程数量方面的误差，有利于公平竞争。所有投标人根据招标人提供的统一的工程量清单，根据企业管理水平和技术能力，考虑各种风险因素，自主确定人工、材料、施工机械台班消耗量及相应价格，自主确定。

3. 促进施工企业整体素质提高，增强竞争能力

工程量清单计价反映的是施工企业个别成本，而不是社会的平均成本。投标人在报价时，必须通过对单位工程成本、利润进行分析，统筹兼顾，精心选择施工方案，并根据投标人自身的情况综合考虑人工、材料、施工机械等要素的投入与配置，优化组合，合理确定投标价，以提高投标竞争力。工程量清单报价体现了企业施工、技术管理水平等综合实力，这就要求投标人必须加强管理，改善施工条件，加快技术进步，提高劳动生产率，鼓励创新，从技术中要效率，从管理中要利润；注重市场信息的搜集和施工资料的积累，推动施工企业编制自己的消耗量定额，全面提升企业素质，增强综合竞争能力，才能在激烈的市场竞争中不断发展和壮大，立于不败之地。

4. 有利于招标人对投资的控制，提高投资效益

采用工程预算定额计价模式，发包人对设计变更等所引起的工程造价变化不敏感，往往等到竣工结算时才知道这些变更对项目投资的影响程度，但为时

已晚。而采用了工程量清单计价模式后，工程变更对工程造价的影响一目了然，这样发包人就能根据投资情况来决定是否变更或进行多方案比选，以决定最恰当的处理方法。同时工程量清单为招标人的期中付款提供了便利，用工程量清单计价，简单、明了，只要完成的工程数量与综合单价相乘，即可计算工程造价。

另一方面，采用工程量清单计价模式后，投标人没有以往工程预算定额计价模式下的约束，完全根据自身的技术装备、管理水平自主确定工、料、机消耗量及相应价格和各项管理费用，有利于降低工程造价，节约了资金，提高了资金使用效益。

5. 风险分配合理化，符合风险分配原则

建设工程一般都比较复杂，建设周期长，工程变更多，因而风险比较大，采用工程量清单计价模式后，招标人提供工程量清单，对工程数量的准确性负责，承担工程项目、工程数量误差风险；投标人自主确定项目单价，承担单价计算风险。这种格局符合风险合理分配与责权利关系对等的一般原则。合理的风险分配，可以充分发挥发承包双方的积极性，降低工程成本，提高投资效益，达到双赢的结果。

6. 有利于简化工程结算，正确处理工程索赔

施工过程发生的工程变更，包括发包人提出的工程设计变更、工程质量标准及其他实质性变更，工程量清单计价模式为确定工程变更造价提供了有利条件。工程量清单计价具有合同化的法定性，投标时的分项工程单价在工程设计变更计价、进度报表计价、竣工结算计价时是不能改变的，从而大大减少了双方在单价上的争议，简化了工程项目各个阶段的预结算编审工作。除了一些隐蔽工程或一些不可预测的因素外，工程量都可依据图纸或实测实量。因此，在结算时能够做到清晰、快捷。

（二）预算定额计价的特点和缺陷

现行的“定额计价”模式在建设工程招标投标中虽也起到了很大的推动作用，但与国际接轨还相距甚远。其特点和缺陷如下：

（1）定额项目是以国家规定的工序为划分原则，施工工艺、施工方法是根据大多数企业的施工方法综合取定的。

（2）工、料、机消耗量是根据“社会平均水平”综合测定的。取费标准是根据不同地区价格水平平均测算的。因此企业自主报价的空间太小，不能结合项目具体情况、自身技术管理水平和市场价格自主报价，从而做不到低价中标，缺乏市场竞争力，不能充分调动企业加强管理、降低工程造价的积极性。

（3）不能满足招标人对建筑产品质优价低的需求。业主总是希望工程工期短、质量好、价格低，而这需要施工企业加大投入。但是以“定额计价”确定的工程造价在投标中不包括此项投入，虽然政府部门允许双方在自愿的原则下商议工程的补偿费问题，但如协商不成，就容易造成业主以种种理由，拒绝或拖欠补偿费用，从而不能达到招标人和投标人双赢的目的。

（4）计价基础不统一，不利于招标工作的规范性。从理论上讲，一样的图纸计算的工程量是一致的，套用的定额是一样的，公布的信息价也是相同的，所得的结果应该是一样的。但是由于预算人员对定额理解不同、水平差异，往往得出的结果不能体现企业的综合实力和竞争能力，而是带有“碰运气”的色彩，使市场竞争机制在工程造价和招投标工作中得不到充分发挥。

（5）工程结算烦琐、时间长。在建筑工程完工后进行结算时，一般都会根据实际完成的工程量按合同约定的办法进行调整。“预算定额计价法”编制施工图预算，主要是采用了各地区、各部门统一编制的预算单价，便于造价管理部门统一管理。但在人工、材料、机械台班等市场价格波动较大的情况下，采用此方法计算的结果往往会偏离实际造价水平，这已成为工程结算争议的焦点之一。

（三）工程量清单计价与预算定额计价的区别和联系

1. 区别

1）适用范围不同

全部使用国有资金投资或国有资金投资为主的工程建设项目必须采用工程量清单计价。除此以外的建设工程，可以采用工程量清单计价模式。也可采用定额计价模式。

工程量清单计价模式应用于招标投标的建设工程。定额计价模式既可用于招标投标的建设工程，也可用于非招标投标的建设工程。

2）采用的计价方法不同

工程量清单采用综合单价方法计价。综合单价法是指项目单价采用全费用单价（规费、税金按规定程序另行计算）的一种计价方法。综合单价包括完成一个规定计量单位的分部分项工程量清单项目或措施清单项目所需要的人工费、材料费、施工机械使用费、企业管理费、利润以及一定范围的风险费用。

定额计价模式采用工料单价方法计价。工料单价法是指项目单价由人工费、材料费、施工机械使用费组成，措施费、企业管理费、利润、规费、税金、风险费用等按规定程序另行计算的一种计价方法。

3）项目划分不同

工程量清单项目，基本以一个“综合实体”考虑，一般一个项目包括多项工程内容。而定额计价的项目所含内容相对单一，一般一个项目只包括一项工程内容。

4）工程量计算规则不同

工程量清单计价模式中的工程量计算规则必须按照国家标准《计价规范》规定执行，实行全国统一。而定额计价模式下的工程量计算规则是由一个地区（省、自治区、直辖市）制定的，在本地区内统一，具有局限性。

5）采用的消耗量标准不同

工程量清单计价模式下，投标人计价时应采用投标人自己的企业定额。企业定额是施工企业根据本企业的施工技术和管理水平，以及有关工程造价资料制定的，并供本企业使用的人工、材料、机械台班消耗量。消耗量标准体现投标人个体水平，并且是动态的。

工程预算定额计价模式下，投标人计价时须统一采用消耗量定额。消耗量定额是指由建设行政主管部门根据合理的施工组织设计，按照正常条件制定的，生产一个规定计量单位工程合格产品所需人工、材料、机械台班等的社会平均消耗量，包括建筑工程预算定额、安装工程预算定额、施工取费定额等。消耗量水平反映的是社会平均水平，是静态的，不反映具体工程中千差万别的变化。

6）风险分担不同

工程量清单由招标人提供，一般情况下，各投标人无需再计算工程量，招标人承担工程量计算风险，投标人则承担单价风险；而定额计价模式下的招投标工程，工程数量由各投标人自行计算，工程量计算风险和单价风险均由投标人承担。

2. 联系

定额计价作为一种计价模式，在我国使用了多年，具有一定的科学性和实用性，今后将继续存在于工程发承包计价活动中，即使工程量清单计价方式占据主导地位，它仍是一种补充方式。由于目前是工程量清单计价模式的实施初期，大部分施工企业还不具备建立和拥有自己企业的定额体系，建设行政主管部门发布的定额，尤其是当地的消耗量定额，仍然是企业投标报价的主要依据。也就是说，工程量清单计价活动中，存在着部分定额计价的成分。应该看到，在我国建设市场逐步放开的改革过程当中，虽然已经制定并推广了工程量清单计价模式，但是，由于各地实际情况的差异，我国目前的工程造价计价模式又不可避免地出现工程预算定额计价与工程量清单计价两种模式双轨并行的局面。如全部使用国有资金投资或国有资金投资为主的建设工程必须实行工程量清单计价，而除此以外的建设工程，既可以采用工程量清单计价模式，也可采用工程预算定额计价模式。随着我国工程造价管理体制改革的不断深入和对国际管理的进一步深入、了解，工程量清单计价模式将逐渐占主导地位，最后实行单一的计价模式即工程量清单计价模式。

三、实行工程量清单计价的目的、意义

1. 实行工程量清单计价，是工程造价深化改革的产物

长期以来，我国发承包计价、定价以工程预算定额作为主要依据。1992年，为了适应建设市场改革的要求，针对工程预算定额编制和使用中存在的问题，提出了“控制量、指导价、竞争费”的改革措施，工程造价管理由静态管理模式逐步转变为动态管理模式。其中对工程预算定额改革的主要思路和原则是：将工程预算定额中的人工、材料、机械的消耗量和相应的单价分离，人、材、机的消耗量是国家根据有关规范、标准以及社会的平均水平来确定。控制量目的就是保证工程质量，指导价就是要逐步走向市场形成价格，这一措

施在我国实行社会主义市场经济初期起到了积极的作用。但随着建设市场化进程的发展，这种做法仍然难以改变工程预算定额中国家指令性的状况，难以满足招标投标和评标的要求。因为，控制的量是反映的社会平均消耗水平，不能准确地反映各个企业的实际消耗量，不能全面地体现企业技术装备水平、管理水平和劳动生产率，还不能充分体现市场公平竞争，工程量清单计价将改革以工程预算定额为计价依据的计价模式。

2. 实行工程量清单计价，是规范建设市场秩序，适应社会主义市场经济发展的需要

工程造价是工程建设的核心内容，也是建设市场运行的核心内容，建设市场上存在许多不规范行为，大多与工程造价有关。过去的工程预算定额在工程发包与承包工程计价中调节双方利益、反映市场价格等方面显得滞后，特别是在公开、公平、公正竞争方面，缺乏合理完善的机制，甚至出现了一些漏洞。实现建设市场的良性发展除了法律法规和行政监管以外，发挥市场规律中“竞争”和“价格”的作用是治本之策。工程量清单计价是市场形成工程造价的主要形式，工程量清单计价有利于发挥企业自主报价的能力，实现政府定价到市场定价的转变；有利于规范业主在招标中的行为，有效改变招标单位在招标中盲目压价的行为，从而真正体现公开、公平、公正的原则，反映市场经济规律。

3. 实行工程量清单计价，是为促进建设市场有序竞争和企业健康发展的需要

采用工程量清单计价模式招标投标，对发包单位，由于工程量清单是招标文件的组成部分，招标单位必须编制出准确的工程量清单，并承担相应的风险，促进招标单位提高管理水平。由于工程量清单是公开的，将避免工程招标中的弄虚作假、暗箱操作等不规范行为。对承包企业，采用工程量清单报价，必须对单位工程成本、利润进行分析，统筹考虑、精心选择施工方案，并根据企业的定额合理确定人工、材料、施工机械等要素的投入与配置，优化组合，合理控制现场费用和施工技术措施费用，确定投标价。改变过去过分依赖国家发布定额的状况，企业根据自身的条件编制出自己的企业定额。

工程量清单计价的实行，有利于规范建设市场计价行为，规范建设市场秩序，促进建设市场有序竞争；有利于控制建设项目投资，合理利用资源；有利于促进技术进步，提高劳动生产率；有利于提高造价工程师的素质，使其成为懂技术、懂经济、懂管理的全面发展的复合型人才。

4. 实行工程量清单计价，有利于我国工程造价管理政府职能的转变

按照政府部门真正履行起“经济调节、市场监管、社会管理和公共服务”职能的要求，政府对工程造价政府管理的模式要相应改变，将推行政府宏观调控、企业自主报价、市场竞争形成价格、社会全面监督的工程造价管理思路。实行工程量清单计价，将会有利于我国工程造价管理政府职能的转变，由过去政府控制的指令性定额转变为制定适应市场经济规律需要的工程量清单计价方

法，由过去行政直接干预转变为对工程造价依法监管，有效地强化政府对工程造价的宏观调控。

5. 实行工程量清单计价，是适应我国加入世界贸易组织（WTO），融入世界大市场的需要

随着我国改革开放的进一步加快，中国经济日益融入全球市场，特别是我国加入世界贸易组织（WTO）后，行业壁垒下降，建设市场将进一步对外开放。国外的企业以及投资的项目越来越多地进入国内市场，我国企业走出国门在海外投资和经营的项目也在增加。为了适应这种对外开放建设市场的形势，就必须与国际通行的计价方法相适应，为建设市场主体创造一个与国际惯例接轨的市场竞争环境。工程量清单计价是国际通行的计价做法，在我国实行工程量清单计价，有利于提高国内建设各方主体参与国际化竞争的能力，有利于提高工程建设的管理水平。

第二节　工程量清单计价规范

一、《计价规范》编制指导思想和原则

（一）《计价规范》编制的指导思想

《计价规范》编制的指导思想是：按照政府宏观控制，市场形成价格，创造公平、公正、公开竞争的环境，以建设全国统一的、有序的建筑市场，既要与国际惯例接轨，又考虑我国的实际现状。主要体现在以下两个方面。

1. 政府宏观调控

一是规定了全部使用国有资金或国有资金投资为主的大中型建设工程要严格执行《计价规范》的有关规定，与《招标投标法》规定的政府投资要进行公开招标是相适应的；二是《计价规范》统一了分部分项工程项目名称、统一了项目编码、统一了计量单位、统一了项目特征、统一了工程量计算规则，为建立全国统一建设市场和规范计价行为提供了依据；三是《计价规范》没有人、材、机的消耗量，必须促使企业提高管理水平，引导企业学会编制自己的消耗量定额，适应市场需要。

2. 市场竞争形成价格

由于《计价规范》不规定人工、材料、机械消耗量，为企业报价提供了自主空间，投标企业可以结合自身的生产效率、消耗水平和管理能力与已储备的本企业报价资料，按照《计价规范》规定的原则和方法，投标报价。工程造价的最终确定，由承发包双方在市场竞争中按价值规律通过合同确定。

（二）《计价规范》的编制原则

《计价规范》编制的主要原则有以下三点。

1. 政府宏观调控、企业自主报价、市场竞争形成价格

按照政府宏观调控、企业自主报价、市场竞争形成价格的指导思想，为规范发包方与承包方计价行为，确定工程量清单计价原则、方法和必须遵循的规

则，包括统一项目编码、项目名称、计量单位、工程量计算规则等。留给企业自主报价、参与市场竞争的空间，将属于企业性质的施工方法、施工措施和人工、材料、机械的消耗量水平、取费等交由企业来确定，给企业充分的权利，促进生产力的发展。

2. 与现实定额既有机地结合又有区别

由于现行预算是我国经过几十年长期实践总结出来的，有一定的科学性和实用性，从事工程造价管理工作的人员已经形成了运用预算定额的习惯，《计价规范》以现行的《全国统一工程预算定额》为基础，特别是项目划分、计量单位、工程量计算规则等方面，尽可能与定额衔接。与工程预算定额有所区别的原因：预算定额是按照计划经济的要求制定、发布贯彻执行的，其中有许多不适应《计价规范》编制指导思想的，主要表现在：①定额项目按国家规定以工序划分项目；②施工工艺、施工方法是根据大多数企业的施工方法综合取定的；③人工、材料、机械消耗量根据“社会平均水平”综合测定；④取费标准是根据不同地区平均测算的。因此，企业报价时就会表现为平均主义，企业不能结合项目具体情况、自身技术管理自主报价，不能充分调动企业加强管理的积极性。

3. 既考虑我国工程造价管理现状，又尽可能与国际惯例接轨

《计价规范》要根据我国当前工程建设市场发展的形势，逐步解决定额计价中与当前工程建设市场不相适应的因素，适应我国社会主义市场经济发展的需要，适应与国际接轨的需要，积极稳妥地推行工程量清单计价。因此，在编制中，既借鉴了世界银行、菲迪克（FIDIC）、英联邦国家以及我国香港地区等的一些做法和思路，同时，也结合了我国现阶段的具体情况。

二、《计价规范》的主要内容

《建设工程工程量清单计价规范》包括正文和附录两大部分，两者具有同等效力。正文共五章，包括总则、术语、工程量清单编制、工程量清单计价、工程量清单计价表格和附录等内容，分别就《计价规范》的适用范围、遵循的原则、编制工程量清单应遵循的规则、工程量清单计价活动的规则、工程量清单计价表格作了明确规定。

附录包括：

附录A：建筑工程工程量清单项目及计算规则，适用于工业与民用建筑物和构筑物工程。

附录B：装饰装修工程工程量清单项目及计算规则，适用于工业与民用建筑物和构筑物的装饰装修工程。

附录C：安装工程工程量清单项目及计算规则，适用于工业与民用安装工程。

附录D：市政工程工程量清单项目及计算规则，适用于城市市政建设工程。

附录E：园林绿化工程工程量清单项目及计算规则，适用于园林绿化

工程。

附录F：矿山工程工程量清单项目及计算规则，适用于矿山工程。

附录中包括项目编码、项目名称、项目特征、计量单位、工程量计算规则和工程内容，其中项目编码、项目名称、计量单位、工程量计算规则作为四统一的内容，要求招标人在编制工程量清单时必须执行。

三、《计价规范》的特点

1. 强制性

主要表现在，一般由建设行政主管部门按照强制性标准的要求批准颁发，规定全部使用国有资金或国有资金投资为主的大、中型建设工程按《计价规范》的规定执行。二是明确工程量清单是招标文件的部分，并规定了招标人在编制工程量清单时必须遵守的规则，做到了四统一，即统一项目编码、统一项目名称、统一计量单位、统一工程量计算规则。

2. 实用性

规范将附录A. B. C. D. E. F的项目定义为实体项目，其涵盖了建设工程中通用的常见的所有工程项目，子目划分清楚，内容明确，与实际工程内容相符，同时与项目对应的工程量计算规则说明通俗易懂，简明扼要，符合实际工程的需要，易于工程量清单的编制，易于实际工程的经济运作。

3. 竞争性

一是《计价规范》中的措施项目，在工程量清单中只列"措施项目"一栏，具体采用什么措施，如模板、脚手架、临时设施、施工排水等详细内容由投标人根据企业的施工组织设计，视具体情况报价，因为这些项目在各个企业间各有不同，是企业竞争项目，是留给企业竞争的空间。二是《计价规范》中人工、材料和施工机械没有具体的消耗量，投标企业可以依据企业的定额和市场价格信息，也可以参照建设行政主管部门发布的社会平均消耗量定额报价，《计价规范》将报价权交给企业。

4. 通用性

采用工程量清单计价将与国际惯例接轨，符合工程量清单计算方法标准化、工程量计算规则统一化、工程造价确定市场化的规定。

第三节　工程量清单编制

工程量清单是招标文件的组成部分，由有编制招标文件能力的招标人或受其委托具有相应资质的工程造价咨询机构、招标代理机构依据有关计价办法、招标文件的有关要求、设计文件和施工现场实际情况进行编制。

工程清单主要由分部分项工程清单、措施项目清单、其他项目清单、规费项目清单、税金项目清单组成。它的编制程序如图4-1所示。

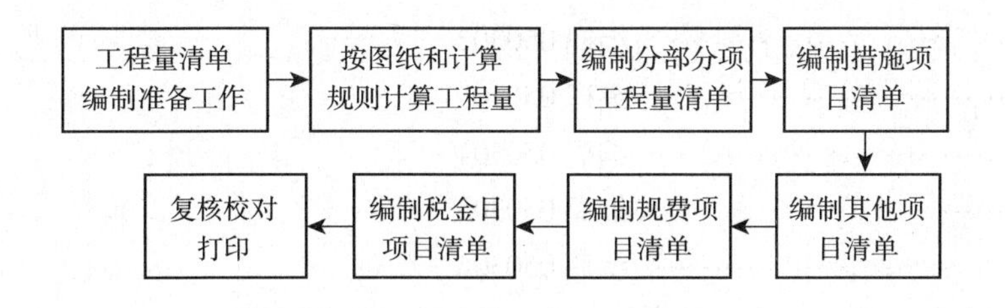

图4-1　工程量清单编制程序

一、分部分项工程量清单编制

（一）工程量清单的项目设置

工程量清单的项目设置规则是为了统一工程量清单项目名称、项目编码、计量单位、项目特征和工程量计算而制定的，是编制工程量清单的依据。

1. 项目编码

项目编码按《计价规范》规定，以五级编码设置，用12位阿拉伯数字表示。一、二、三、四级编码统一，第五级编码由工程量清单编制人员根据拟建工程的工程量清单项目名称设置，同一招标工程的项目编码不得有重码。

各级编码代表的含义如下：

（1）第一级表示分类码（第一、二位），即附录顺序码。

01——附录A　建筑工程编码

02——附录B　装饰装修工程编码

03——附录C　安装工程编码

04——附录D　市政工程编码

05——附录E　园林绿化工程编码

06——附录F　矿山工程编码

（2）第二级表示章顺序码（第三、四位），即专业顺序码。

园林绿化工程共分三项专业工程，相当于三章。

E.1　绿化工程……………………………………编码0501

E.2　园路、园桥、假山工程……………………编码0502

E.3　园林景观工程………………………………编码0503

（3）第三级表示顺序码（第五、六位），即分部工程顺序码。

绿化工程，共分三个分部。

E.1.1　绿地整理…………………………………编码050101

E.1.2　栽植花木…………………………………编码050102

E.1.3　绿地喷灌…………………………………编码050103

园路、园桥、假山工程，共分三个分部。

E.2.1　园路桥工程………………………………编码050201

E.2.2　堆塑假山…………………………………编码050202

E.2.3　驳岸………………………………………编码050203

园林景观工程，共分六个分部。

E.3.1　原木、竹物件……………………………编码050301

E. 3. 2　亭廊屋面……………………………………编码 050302
E. 3. 3　花架………………………………………编码 050303
E. 3. 4　园林桌椅…………………………………编码 050304
E. 3. 5　喷泉安装…………………………………编码 050305
E. 3. 6　杂项………………………………………编码 050306

(4) 第四级表示清单项目码（第七、八、九位），即分项工程项目名称顺序码。

以 E. 1 绿化工程分部为例：

伐树、挖树根……………………………………编码 050101001
砍挖灌木丛………………………………………编码 050101002
挖竹根……………………………………………编码 050101003
挖芦苇根…………………………………………编码 050101004
清除草皮…………………………………………编码 050101005
整理绿化用地……………………………………编码 050101006
屋顶花园基底处理………………………………编码 050101007

(5) 第五级表示具体清单项目编码（第十、十一、十二位），即清单项目名称顺序码。该编码由清单编制人在全国统一的九位编码基础上自行设置。

例如栽植木本花全国统一编码为 050102008 九位，按冠幅大小分 15cm 以内、25cm 以内、35cm 以内、35cm 以上可从十、十一、十二位分别编码，15cm 以内可由编制人设 001，25cm 以内可设 002，依次类推。

注意：当同一标段（或合同段）一份工程量清单中含有多个单项或单位工程且工程量清单是以单位工程为编制对象时，在编制工程量清单时应特别注意对项目编码十到十二位的设置不得有重码的规定。例如一个标段（或合同段）的工程量清单中含有两个单位工程，每一个单位工程都有特征相同的方整石板路面，垫层为 150 厚的 C10 混凝土工程量时，此时应以单位工程为编制对象，则第一个单位工程的方整石板路面的项目编码应为 050201001001，则第二个单位工程同样的项目编码不能相同，可编为 050201001002。

2. 项目名称

项目名称原则上以形成工程实体而命名。分部分项工程量清单项目名称的设置，应考虑以下三个因素：

(1) 是附录中的项目名称；

(2) 是附录中的项目特征；

(3) 是拟建工程的实际情况。

工程量清单编制时，以附录中的项目名称为主体，考虑该项目的规格、型号、材质等特征要求，结合拟建工程的实际情况，使其工程量清单项目名称具体化、细化，能够反映影响工程造价的主要因素。

项目名称如有缺项，招标人可按相应的原则，在工程量清单编制时进行补充。补充项目应填写在工程量清单相应分部项目之后，并在“项目编码”栏中以“补”字示之。

3. 计量单位

计量单位应按计价规范附录中规定计量单位确定。

计量单位应采用基本单位，除各专业另有特殊规定之外，均按以下单位计量：

（1）以质量计算的项目——吨或千克。

（2）以体积计算的项目——立方米。

（3）以面积计算的项目——平方米。

（4）以长度计算的项目——米。

（5）以自然计量单位计算的项目——个、株、丛、根、支、座、套、块、樘、组、台……

（6）没有具体数量的项目——系统、项……

注意：当计价规范中的计量单位有两个或两个以上时，应根据所编工程量清单项目的特征要求，选择最适宜表现该项目特征并方便计量的单位。

4. 项目特征

项目特征是对分部分项工程量清单项目的实质内容、项目本质特性进行准确描述。

项目特征应根据计价规范附录中有关项目特征的要求，结合技术规范、标准图集、施工图纸，结合工程结构、使用材质及规格或安装位置等，予以详细而准确的表述和说明。

项目特征是决定一个分部分项工程量清单项目价值大小的决定性因素，首先它是区分计价规范中统一清单条目下各个具体的清单项目的最重要依据；没有项目特征的准确描述，对于相同或相似的清单项目名称就无从区分。其次它是确定综合单价的必要前提；项目特征决定工程实质内容，而实质内容直接决定工程实体的自身价值。项目特征描述不翔实、不清楚、不明确都会直接影响项目综合单价。再次它是承发包双方履行该合同进行工程结算的基础。

项目特征描述的内容按计价规范附录规定的内容，项目特征的标注按拟建工程的实际要求，以满足综合单价组价需要为前提。项目特征对于准确确定清单项目综合单价具有决定性的作用。

例如绿化工程栽植乔木，按照计价规范“项目特征”栏的规定，就必须描述：①乔木种类：是带土球乔木还是裸根乔木；②乔木胸径：可根据实际图纸要求结合计价规范来描述；③养护期。由此可见，这些描述均不可少，因为其中任何一项都会影响栽植乔木项目的综合单价的确定。

（二）工程数量的计算

工程数量的计算主要根据设计图纸的尺寸和工程量计算规则计算得到。工程量计算规则是指对清单项目工程量的计算规定。除另有说明外，所有清单项目的工程量应以实体工程量为准，并以完成后的净值计算；投标人投标报价时，应在单价中考虑施工中的各种损耗和需要增加的工程量。

工程量的计算规则按主要专业划分。包括建筑工程、装饰装修工程、安装工程、市政工程和园林绿化工程五个专业部分，以园林绿化工程为例。

园林绿化工程工程量清单项目计算规则：

绿化工程

园路、园桥、假山工程

园林景观工程

工程数量的有效数应遵守下列规定：

（1）以“t”为单位，应保留小数点后三位数，第四位小数四舍五入。

（2）以“m^3”、“m^2”、“m”为单位，应保留两位小数，第三位小数四舍五入。

（3）以“个”、“项”等为单位，应取整数。

（三）分部分项工程量清单的编制程序

在进行分部分项工程量清单编制时，其编制程序如图 4-2所示。

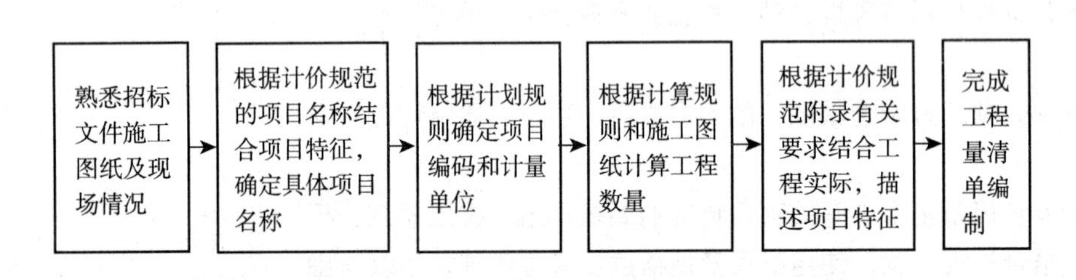

图 4-2　分部分项工程量清单编制程序

二、措施项目清单

措施项目清单是指为完成工程项目施工，发生于该工程施工前和施工过程中技术、生活、安全等方面的非工程实体项目的明细清单。

措施项目清单编制应考虑多种因素，除工程本身的因素外，还涉及水文、气象、环境、安全等和施工企业的实际情况，编制时力求全面。表 4-1中“通用项目”所列内容，是指各专业工程的“措施项目清单”中均可列的措施项目。

编制措施项目清单时应注意：

影响措施项目设置的因素太多，在编制工程量清单时，对出现表 4-1未列的措施项目可作补充。补充项目应列在清单项目最后，并在“序号”栏中以“补”字示之。

通用措施项目一览表　　**表 4-1**

序号	项目名称
1	安全文明施工（含环境保护、文明施工、安全施工、临时设施）
2	夜间施工
3	二次搬运
4	冬雨期施工
5	大型机械设备进出场及安拆

续表

序号	项目名称
6	施工排水
7	施工降水
8	地上地下设施、建筑物的临时保护设施
9	已完工程及设备保护

措施项目清单在编制时分为两类：一类是可以计算工程量的措施项目清单，则利用分项工程量清单的方式编制，列出项目编码、项目名称、项目特征、计量单位和工程量计算规则。例如混凝土浇捣的模板工程、脚手架工程等。另一类是不能计算出工程量的措施项目，则利用“项”为计量单位进行编制。例如安全文明施工费、二次搬运费、已完工程及设备保护费等。

三、其他项目清单

其他项目清单是指除分部分项工程量清单、措施项目清单外的，由于招标人的特殊要求而设置的项目清单。

其他项目清单的具体内容主要取决于工程建设标准的高低、工程的复杂程度、工程的工期长短、工程的组成内容、发包人对工程管理的要求等因素。

其他项目清单宜按照下列内容列项。

（一）暂列金额

它是指招标人在工程量清单中暂定并包括在合同价款中的一笔款项。在实际工程结算中只有按照合同约定程序实际发生后，才能成为中标人的应得金额，纳入合同结算价款中，如没有发生或有余额均归招标人所有。

（二）暂估价

它是指招标阶段直至签订合同协议时，招标人在招标文件中提供的用于支付必然要发生但暂时不能确定价格的材料以及需另行发包的专业工程金额。包括材料暂估单价和专业工程暂估价两部分。

（三）计日工

它是指为了解现场发生的零星工程的计价而设立的。计日工以完成零星工作所消耗的人工工时、材料数量、机械台班进行计量，并按照计日工表中填报的适用项目的单价进行支付。

（四）总包服务费

它是指招标人按国家有关规定允许条件，系对专业工程进行分包及自行供应材料、设备时，要求总承包人对发包人和分包方进行协调管理、服务、资料归档工作时，向总承包人支付的费用。

四、规费项目清单

规费项目清单应按照下列内容列项：

（1）工程排污费；
（2）工程定额测定费；
（3）社会保障费：包括养老保险费、失业保险费、医疗保险费；
（4）住房公积金；
（5）危险作业意外伤害保险；
（6）各省市有关权力部门规定需补充的费用。

第四节　工程量清单报价

一、工程量清单报价的概念

工程量清单报价是在建设工程招投标工作中，以招标人提供的工程量清单为平台，投标人根据自身的技术、财务、营业能力进行投标报价，招标人根据具体的评标细则进行优选的工程造价计价模式。

二、工程量清单报价的标准格式

工程量清单计价应采用统一格式。工程量清单计价格式应随招标文件发至投标人，由投标人填写。工程量清单计价格式由下列内容组成。

（一）封面

封面见表4-2，由投标人按规定的内容填写、签字、盖章。

封　　面　　　　**表4-2**

＿＿＿＿＿＿＿＿工程

工程量清单

招标人：＿＿＿＿＿＿＿＿＿＿＿＿＿＿＿＿
（单位盖章）

工程造价咨询人：＿＿＿＿＿＿＿＿＿＿＿＿＿＿＿＿
（单位资质专用章）

法定代表人或其授权人：＿＿＿＿＿＿＿＿＿＿＿＿＿＿＿＿
（签字或盖章）

法定代表人或其授权人：＿＿＿＿＿＿＿＿＿＿＿＿＿＿＿＿
（签字或盖章）

编制人：＿＿＿＿＿＿＿＿＿＿＿＿＿＿＿＿
（造价人员签字盖专用章）

复核人：＿＿＿＿＿＿＿＿＿＿＿＿＿＿＿＿
（造价工程师签字盖专用章）

编制时间：　　年　　月　　日
复核时间：　　年　　月　　日

（二）编制总说明（表4-3）

总说明 **表4-3**

工程名称： 第 页共 页

编制说明应包括下列内容： （1）工程量清单报价文件包括的内容。 （2）工程量清单报价编制依据。 （3）工程质量等级、投标工期。 （4）优越于招标文件中技术标准的备选方案的说明。 （5）对招标文件中的某些问题有异议的说明。 （6）其他需要说明的问题。

（三）投标总价

投标总价见表4-4，应按工程项目总价表合计金额填写。

投标总价 **表4-4**

投标总价

招 标 人：________________

工程名称：________________

投标总价（大写）：________________

（小写）：________________

投 标 人：________________

（单位盖章）

法定代表人

或其授权人：________________

（签字盖章）

编 制 人：________________

（造价人员签字盖专用章）

编制时间： 年 月 日

（四）分部分项工程量清单计价表（表4-5）

分部分项工程量清单计价表 **表4-5**

工程名称： 标段： 第 页共 页

序号	项目编号	项目特征描述	计量单位	工程量	金额（元）		
					综合单价	合价	其中：暂估价
本页小计							
合　计							

注：根据前建设部、财政部发布的《建筑安装工程费用组成》（建标［2003］206号）的规定，为记取规费等的使用，可在表中增设："直接费"、"人工费"或"人工费+机械费"。

（五）工程量清单综合单价分析表（表4-6）

工程量清单综合单价分析表　　表4-6

工程名称：　　　　　　　　　　　　标段：　　　　　　　　　　　　第　页共　页

项目编码				项目名称				计量单位			
清单综合单价组成明细											
定额编号	定额名称	定额单位	数量	单价				合价			
				人工费	材料费	机械费	管理费和利润	人工费	材料费	机械费	管理费和利润
人工单价	小计										
元/工日	未计价材料费										
清单项目综合单价											
材料费明细	主要材料名称、规格、型号					单位	数量	单价（元）	合价（元）	暂估单价（元）	暂估合价（元）
	其他材料费							—		—	
	材料费小计							—		—	

注：1. 如不使用省级或行业建设主管部门发布的计价依据，可不填定额项目、编号等。
　　2. 招标文件提供了暂估单价的材料，按暂估的单价填入表内“暂估单价”栏及“暂估合价”栏。

（六）措施项目清单与计价表（表4-7、表4-8）

措施项目清单与计价表（一） **表4-7**

工程名称：　　　　　　　　　　标段：　　　　　　　　　　第　页共　页

序号	项目名称	计算基础	费率（%）	金额（元）
1	安全文明施工费			
2	夜间施工费			
3	二次搬运费			
4	冬雨季施工			
5	大型机械设备进出场及安拆费			
6	施工排水			
7	施工降水			
8	地上、地下设施、建筑物的临时保护设施			
9	已完工程及设备保护			
10	各专业工程的措施项目			
11				
12				
	合计			

注：1. 本表适用于以"项"计价的措施项目。
2. 根据前建设部、财政部发布的《建筑安装工程费用组成》（建标［2003］206号）的规定，"计算基础"可为"直接费"、"人工费"或"人工费+机械费"。

措施项目清单与计价表（二） **表4-8**

工程名称：　　　　　　　　　　标段：　　　　　　　　　　第　页共　页

序号	项目编码	项目名称	项目特征描述	计量单位	工程量	金额（元）	
						综合单价	合价
本页小计							
合计							

注：本表适用于以综合单价形式计价的措施项目。

（七）其他项目清单与计价汇总表（表4-9）

其他项目清单与计价汇总表 表4-9

工程名称： 标段： 第 页共 页

序号	项目名称	计量单位	金额（元）	备注
1	暂列金额			
2	暂估价			
2.1	材料暂估价			
2.2	专业工程暂估价			
3	计日工			
4	总承包服务费			
5				
合　　计				

注：材料暂估价进入清单项目综合单价，此处不汇总。

（八）暂列金额明细表（表4-10）

暂列金额明细表 表4-10

工程名称： 标段： 第 页共 页

序号	项目名称	计量单位	暂定金额（元）	备注
合　　计				—

注：此表由招标人填写，如不能详列，也可只列暂定金额总额，投标人应将上述金额计入投标总价中。

（九）材料暂估单价表（表4-11）

材料暂估单价表 表4-11

工程名称： 标段： 第 页共 页

序号	材料名称、规格、型号	计量单位	单价（元）	备注
合　　计				—

注：1. 此表由招标人填写，并在备注栏说明暂估价的材料拟用在哪些清单项目上，投标人应将上述材料暂估价计入工程量清单综合单价报价中。
2. 材料包括原材料、燃料、构配件以及按规定应计入建筑安装工程造价的设备。

（十）专业工程暂估价表（表4-12）

专业工程暂估价表 **表4-12**

工程名称： 标段： 第 页共 页

序号	工程名称	工程内容	金额（元）	备注
合 计				—

注：此表由招标人填写，投标人应将上述专业工程暂估价计入投标总价中。

（十一）计日工表（表4-13）

计日工表 **表4-13**

工程名称： 标段： 第 页共 页

编号	项目名称	单位	暂定数量	综合单价	合价
一	人工				
1					
2					
3					
4					
人工小计					
二	材料				
1					
2					
3					
4					
5					
6					
材料小计					
三	施工机械				
1					
2					
3					
4					
施工机械小计					
总 计					

注：此表项目名称、数量由招标人填写，编制招标控制价时，单价由招标人按有关计价规定确定；投标时，单价由投标人自主报价，计入投标总价中。

（十二）总承包服务费计价表（表 4-14）

总承包服务费计价表　　　　表 4-14

工程名称：　　　　　　　　　　　　标段：　　　　　　　　　　　第　　页共　　页

序号	项目名称	项目价值（元）	服务内容	费率（%）	金额（元）
1	发包人发包专业工程				
2	发包人供应材料				
合　计					

（十三）规费、税金项目清单与计价表（表 4-15）

规费、税金项目清单与计价表　　　　表 4-15

工程名称：　　　　　　　　　　　　标段：　　　　　　　　　　　第　　页共　　页

序号	项目名称	计算基础	费率（%）	金额（元）
1	规费			
1.1	工程排污费			
1.2	社会保险费			
（1）	养老保险费			
（2）	失业保险费			
（3）	医疗保险费			
1.3	住房公积金			
1.4	危险作业意外伤害保险			
1.5	工程定额测定费			
2	税金	分部分项工程费＋措施项目费＋其他项目费＋规费		
合　计				

注：根据建设部、财政部发布的《建筑安装工程费用组成》（建标［2003］206 号）的规定，“计算基础”可为“直接费”、“人工费”或“人工费＋机械费”。

（十四）费用索赔申请（核准）表（表4-16）

费用索赔申请（核准）表 **表4-16**

工程名称： 标段： 第 页共 页

<table>
<tr><td colspan="2">致：______________________________（发包人全称）
根据施工合同条款第______条的约定，由于____________原因，我方要求索赔（大写）________，（小写）________，请予核准。
附：1. 费用索赔的详细理由和依据；
2. 索赔金额的计算；
3. 证明材料。

承包人（章）
承包人代表______
日 期______</td></tr>
<tr><td>复核意见：
根据施工合同条款第______条的约定，你方提出的费用索赔申请经复核：
□不同意此项索赔，具体意见见附件。
□同意此项索赔，索赔金额的计算，由造价工程师复核。

监理工程师________
日 期________</td><td>复核意见：
根据施工合同条款第______条的约定，你方提出的费用索赔申请经复核，索赔金额为（大写）__________________，（小写）__________________。

造价工程师________
日 期________</td></tr>
<tr><td colspan="2">审核意见：
□ 不同意此项索赔，具体意见见附件。
□ 同意此项索赔，与本期进度款同期支付。

发包方（章）
发包人代表______
日 期______</td></tr>
</table>

注：1. 在选择栏中的“□”内作标志“√”。

2. 本表一式四份，由承包人填报，发包人、监理人、造价咨询人、承包人各存一份。

三、工程量清单报价编制

工程量清单计价的工程造价由分部分项工程费、措施项目费、其他项目费、规费和税金组成。即

工程造价 = 分部分项工程量清单计价表合计 + 措施项目清单计价表合计 + 其他项目清单计价表合计 + 规费 + 税金

(一) 分部分项工程费

分部分项工程费是指完成分部分项工程量清单项目所需的费用。分部分项工程量清单计价应采用综合单价计价。

分部分项工程量清单的综合单价

1) 综合单价定义

综合单价包括完成一个规定计量单位的分部分项工程量清单项目或措施清单项目所需的人工费、材料费、施工机械使用费、企业管理费、利润以及一定范围的风险费用。工程量清单计价法是一种国际上通行的计价方式，所利用的就是分部分项工程的完全单价。

2) 综合单价的组成

综合单价 = 规定计量单位项目人工费 + 规定计量单位项目材料费 + 规定计量单位项目机械使用费 + 取费基数 × (企业管理费率 + 利润率) + 风险费用

式中 规定计量单位项目人工费 = Σ (人工消耗量 × 价格)

规定计量单位项目材料费 = Σ (材料消耗量 × 价格)

规定计量单位项目机械使用费 = Σ (施工机械台班消耗量 × 价格)

取费基数为规定计量单位项目人工费和机械使用费之和或仅为人工费。

3) 综合单价计算步骤

(1) 根据工程量清单项目名称和拟建工程的具体情况，按照投标人的企业定额或参照本指引，分析确定该清单项目的各项可组合的主要工程内容，并据此选择对应的定额子目。

(2) 计算一个规定计量单位清单项目所对应定额子目的工程量。

(3) 根据投标人的企业定额或参照本省“计价依据”，并结合工程实际情况，确定各对应定额子目的人工、材料、施工机械台班消耗量。

(4) 依据投标人自行采集的市场价格或参照省、市工程造价管理机构发布的价格信息，结合工程实际分析确定人工、材料、施工机械台班价格。

(5) 根据投标人的企业定额或参照本省“计价依据”，并结合工程实际、市场竞争情况，分析确定企业管理费率、利润率。

(6) 风险费用。

按照工程施工招标文件(包括主要合同条款)约定的风险分担原则，结合自身实际情况，投标人防范、化解、处理应由其承担的、施工过程中可能出现的人工、材料和施工机械台班价格上涨、人员伤亡、质量缺陷、工期拖延等

不利事件所需的费用。

4）分部分项工程费

$$分部分项工程费 = \sum 分部分项工程数量 \times 综合单价$$

（二）措施项目费

1. 措施项目表中的序号、项目名称应按“措施项目清单”中的相应内容填写

投标人可根据自己编制的施工组织设计增加措施项目，但不得删除不发生的措施项目。投标人增加的措施项目，应填写在相应的措施项目之后，并在“措施项目清单计价表”序号栏中以“增××”示之，“××”为增加的措施序号，自01起顺序编制。

2. 金额

（1）可计算工程量的措施清单项目金额。可计算工程量的措施清单项目金额包括混凝土与钢筋混凝土模板及支架费、脚手架费等，可按分部分项工程量清单项目的综合单价计算方法确定。计算公式如下：

$$措施项目清单费 = \sum（技术措施项目清单工程量 \times 综合单价）$$

（2）其余的措施清单项目金额。其余措施清单项目金额包括安全文明施工费、大型机械设备进场及安拆费、夜间施工增加费、缩短工期增加费、二次搬运费、已定工程及设备保护费等，按以“项”为单位的方式计价。

其中安全文明施工费应按照国家或省级行业建设主管部门的规定计价，不得作为竞争费用，其余项目可按施工组织方案结合企业实际进行报价。

（3）措施项目计价时，对于不发生的措施项目，金额一律以“0”计价。

（三）其他项目费

其他项目清单根据拟建工程的具体情况列项。其他项目一般包括以下几项。

1. 暂列金额

由招标人根据工程规模、结构负责程度、工期长短等因素确定列入。

2. 暂估价

包括材料暂估价和专业工程暂估价，可由招标人按估算金额确定。

3. 总承包服务费

以根据招标人提出要求所发生的费用为基数，按一定费率来计取。一般总承包服务费费率取1%～3%。

4. 零星工作项目费

应根据“零星工作项目计价表”确定，其中综合单价应参照计价规范规定的综合单价组成填写。

（四）规费

规费在工程计价时，必须按国家或省级行业建设主管部门的有关规定计取，不得作为竞争性费用。

（五）税金

税金中的营业税、城市维护建设税、教育费附加应按国家或省级行业建设

主管部门的有关规定计取，不得作为竞争性费用。

复习思考与练习题

1. 什么叫工程量清单？什么叫工程量清单计价？

2. 工程清单计价与定额计价相比，其特点和优势主要体现在哪些方面？

3. 试述工程量清单计价与定额计价的区别与联系。

4. 《工程量清单计价规范》GB50500—2008 什么时候正式实施？其编制指导思想主要体现在哪些方面？它有哪些特点？

5. 工程量清单有哪些部分组成？其编制程序如何？

6. 分部分项工程量清单规定由哪五个要件组成？

7. 分部分项工程量清单中的项目编码如何设置？

8. 分部分项工程量清单项目名单设置应考虑哪些因素？

9. 分部分项工程量清单计量单位如何取定？

10. 什么叫项目特征？工程量清单项目特征的准确描述有哪些重要意义？

11. 什么叫措施项目清单？措施项目清单在编制时一般分几类？它如何进行编制？

12. 什么叫其他项目清单？其具体内容主要取决于哪些因素？它一般按哪些内容列项目？

13. 规费项目清单应按照哪些内容列项目？

14. 工程量清单计价的工程造价由哪些部分组成？简述各组成部分计价方法。

第五章　建筑面积计算

学习目标：（1）运用《建筑工程建筑面积计算规范》GB/T 50353—2005会熟练进行一般建筑物建筑面积的计算；

（2）运用仿古建筑面积计算规定能熟练进行一般仿古建筑物建筑面积的计算。

教学重点：建筑物和仿古建筑物建筑面积的计算范围。

教学难点：建筑物和仿古建筑物的有关专业名词与构造部位。

第一节　建筑面积计算规范

一、概述

建筑面积是建筑物外墙勒脚以上各层结构外围水平面积之和。结构外围是指不包括外墙装饰抹灰层的厚度，因此建筑面积应按施工图纸尺寸计算，而不能在现场量取。

建筑面积由有效面积（具有生产和生活使用效益的面积）和结构面积（承重构件所占的面积，如墙、柱所占的面积）组成。

建筑面积是以平方米反映房屋建筑建设规模的实物量指标。建筑面积的计算在造价管理方面有着非常重要的作用，它以平方米反映工程技术经济指标，如平方米造价指标、平方米工料耗用指标等，是分析评价工程经济效果的重要依据，建筑面积也用作定额计价计算工程量的基数，如浙江省建筑工程预算定额中房屋工程建筑物超高增加费等都是按建筑面积计算的。原建设部于2005年4月以国家标准的形式发布了《建筑工程建筑面积计算规范》GB/T 50353—2005。

二、建筑面积全国统一计算规定

（一）计算建筑面积的范围

（1）单层建筑物。

①单层建筑物不论其高度如何，均按一层计算建筑面积，高度在2.2m及以上者应计算全面积，高度不及2.2m者应计算1/2面积。其建筑面积按建筑物外墙勒脚以上结构外围水平计算面积。

如图5-1所示，建筑面积为$S=AB$，如有局部楼层，则另加楼层部分的ab。

图5-1　局部楼层

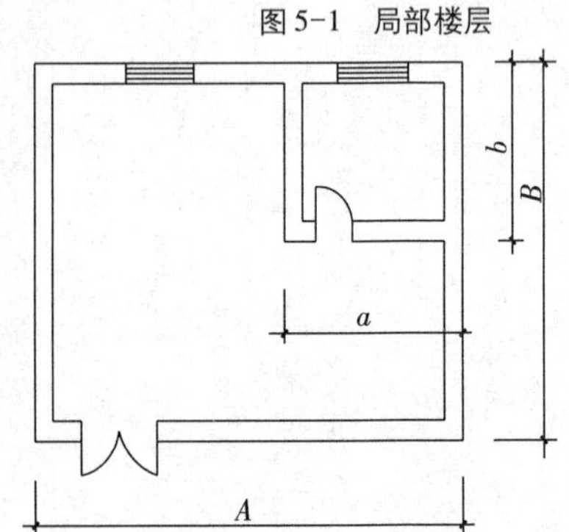

②利用坡屋顶内空间时，板顶下面至楼面的净高度超过2.1m的部位应计算全面积；净高在1.20～2.10m的部位应计算1/2面积；净高不足1.20m的部位不应计算面积。

③单层建筑物内设有楼层者，首层建筑面积已包括在单层建筑物内，二层及二层以上有围护结构的应按其围护结构外围水平面积计算，无围护结构的应按其结构底板水平面积计算。

层高在 2.20m 及以上者应计算全面积；层高不足 2.20m 者应计算 1/2 面积，围护结构是指围和建筑空间四周的墙体、门、窗等。

④高低联跨的单层建筑物，需分别计算建筑面积时，应以结构外边线为界分别计算，高低跨内部连通时，其变形缝应计算在低跨面积内。

（2）多层建筑物建筑面积，按各层建筑面积之和计算。其首层建筑面积按外墙勒脚以上结构外围水平面积计算，二层及二层以上按外墙结构外围水平面积计算。层高在 2.20m 及以上者应计算全面积，层高不足 2.20m 者应计算 1/2 面积。

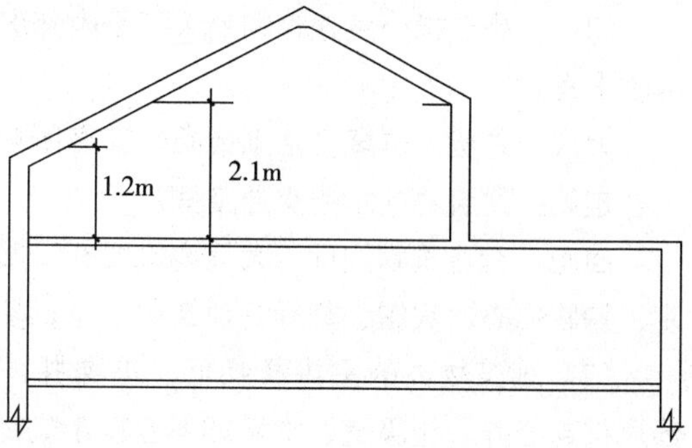

图 5-2　坡屋顶内空间

（3）多层建筑物坡屋顶和场馆看台下，当设计加以利用时净高超过 2.10m 的部位应计算全面积，净高在 1.2～2.1m 的部位应计算 1/2 面积，当设计不利用或室内净高不足 1.2m 时不应计算面积。如图 5-2所示。

（4）地下室、半地下室、地下车间、仓库、商店、车站、地下指挥部等及相应的出入口建筑面积，按其上口外墙（不包括采光井、防潮层及其保护墙）外围水平面积计算。层高在 2.2m 及以上者应计算全面积，层高不足 2.2m 者应计算 l/2 面积。

地下室：指室内地坪低于室外地坪 1/2 层高以上的建筑工程。

半地下室：指室内地坪低于室外地坪 1m 以上，小于 1/2 层高的建筑工程。

（5）坡地的建筑物吊脚架空层、深基础架空层设计加以利用并有围护结构的，层高在 2.20m 及以上的部位应计算全面积；层高不足 2.20m 的部位应计算 1/2 面积。设计加以利用，无围护结构的建筑吊脚架空层，应按其利用部位水平面积的 l/2 计算；设计不利用的深基础架空层、坡地吊脚架空层、多层建筑坡屋顶内、场馆看台下的空间不应计算面积。

架空层：指建筑物深基础或坡地建筑吊脚架空部位不回填土石方形成的建筑空间。如图 5-3所示。

（6）建筑物内的门厅、大厅，不论其高度如何均按一层计算面积。门厅、大厅内设有回廊时，应按其结构底板水平面积计算。回廊层高在 2.20m 及以上者应计算全面积；层高不足 2.20m 者应计算 1/2 面积。

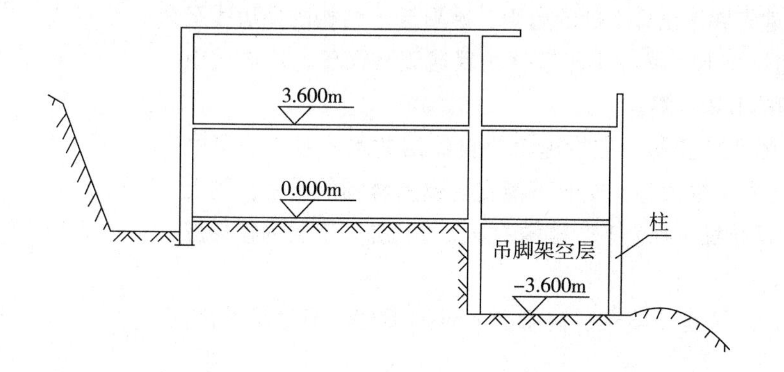

图 5-3　坡地的建筑物吊脚架空层

门厅：是专指公共建筑物的大门至内部房间或通道的连接空间。可兼作门房收发室。

大厅：是指人群聚会活动或招待宾客所用的大房间。如餐厅、舞厅等。

走廊：建筑物的水平交通空间。

回廊：在建筑物门厅、大厅内设置在二层或二层以上的走廊。一般在影剧院、购物中心、宾馆、舞厅等建筑中多见，多沿大厅四周布置。

（7）建筑物内的室内楼梯间、电梯井、观光电梯井、提物井、管道井、通风排起竖井、垃圾道、附墙烟囱应按建筑物的自然层（楼层）计算。

（8）立体书库、立体仓库、立体车库无结构层的应按一层计算，有结构层的应按其结构层面积分别计算。层高在 2. 20m 及以上者应计算全面积；层高不足 2. 20m 者应计算 1/2 面积。

（9）有围护结构的舞台灯光控制室，按其围护结构外围水平面积乘以层数计算，层高在 2. 20m 及以上者应计算全面积，层高不足 2. 20m 者应计算 1/2 面积。

（10）建筑物外围有围护结构的落地橱窗、门斗、挑廊、走廊、檐廊，应按其围护结构外围水平面积计算，层高在 2. 20m 及以上者应计算全面积；层高不足 2. 20m 者应计算 1/2 面积。有永久性顶盖无围护结构的应按其结构底板水平面积的 1/2 计算。

（11）有永久性顶盖无围护结构的场馆看台应按其顶盖水平投影面积的1/2计算。场馆实质上是指（如：足球场、网球场等）看台上有永久性顶盖部分。“馆”应是有永久性顶盖和围护结构的，应按单层或多层建筑相关规定计算面积。

（12）建筑物顶部有围护结构的楼梯间、水箱间、电梯机房等，层高在 2. 20m 及以上者应计算全面积；层高不足 2. 20m 者应计算 1/2 面积。

（13）设有围护结构不垂直于水平面而超出底板外沿的建筑物，应按其底板面的外围水平面积计算，层高在 2. 20m 及以上者应计算全面积；层高不足 2. 20m 者应计算 1/2 面积。

（14）建筑物间有围护结构的架空走廊，应按其围护结构外围水平面积计算，层高在 2. 20m 及以上者应计算全面积；层高不足 2. 20m 者应计算 1/2 面积。有永久性顶盖无围护结构的应按其结构底板水平面积的 1/2 计算。

（15）雨篷（设置在建筑物进出口上部的遮雨、遮阳篷）结构的外边线至外墙结构外边线的宽度超过 2. 10m 者，不论有柱雨篷或无柱雨篷，均应按雨篷结构板的水平投影面积的 1/2 计算。

（16）有永久性顶盖的室外楼梯，应按建筑物自然层的水平投影面积的1/2计算。若最上层楼梯无永久性顶盖，或有不能完全遮盖楼梯的雨篷，则上层楼梯不计算面积，但上层楼梯可视为下层楼梯的永久性顶盖，下层的楼梯应计算面积。

（17）建筑物的阳台，不论是凹阳台、挑阳台、封闭阳台、不封闭阳台，均应按其水平投影面积的1/2计算。供人们远眺或观察周围情况的眺望间，设置在建筑物顶层的，按建筑物有关规定计算面积；若挑出楼层房间的应按其水平投影面积的1/2计算。

（18）有永久性顶盖无围护结构的车棚、货棚、站台、加油站、收费站等，应按其顶盖水平投影面积的1/2计算。

（19）以幕墙作为围护结构的建筑物，应按幕墙外边线计算建筑面积。

（20）建筑物外墙外侧有保温隔热层的，应按保温隔热层外边线计算建筑面积。

（21）建筑物内的变缝（伸缩缝、沉降缝、防震缝），应按其自然层合并在建筑物面积内计算。

（二）不计算建筑面积的范围

（1）建筑物通道（骑楼、过街楼的底层）。

（2）建筑物内的设备管道夹层。

（3）建筑物内分隔的单层房间，舞台及后台悬挂幕布、布景的天桥、挑台等。

（4）屋顶水箱、花架、凉棚、露台、露天游泳池。

（5）建筑物内的操作平台、上料平台、安装箱和罐体的平台。

（6）勒脚、附墙柱、垛、台阶、墙面抹灰、装饰面、镶贴块料面层、装饰性幕墙、空调机外机搁板（箱）、飘窗、构件、配件、宽度在2.10m及以内的雨篷以及与建筑物内不相连通的装饰性阳台、挑廊。

（7）无永久性顶盖的架空走廊、室外楼梯和用于检修、消防等的室外钢楼梯、爬梯。

（8）自动扶梯、自动人行道。

（9）独立烟囱、烟道、地沟、油（水）罐、气柜、水塔、贮油（水）池、贮仓、栈桥、地下人防通道、地铁隧道。

三、仿古建筑面积计算规定

（一）计算建筑面积的范围

（1）单层建筑不论其出檐层数及高度如何，均按一层计算面积。

单层的仿古建筑不论是单檐还是重檐均按一层计算建筑面积。具体计算又根据是否有台明而不同，台明是中国古建筑中显露的台基，即用砖或石砌成的平台。

①有台明者按台明外围水平面积计算建筑面积。

②无台明者有围护结构的按围护结构水平面积计算建筑面积。

a. 围护结构：围合建筑空间四周的墙体、门、窗等。

b. 围护结构外有檐廊柱的，按檐廊柱外边线水平面积计算。

c. 围护结构外边线未及构架柱外边线的，按构架柱外边线计算建筑面积。也就是构架柱外边线位于围护结构外边线之外的情况，其建筑面积应按照构架柱外边线计算。如图5-4所示。

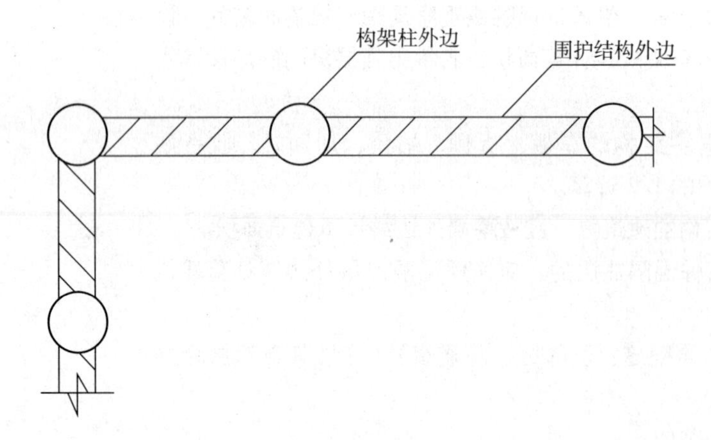

图 5-4　围护结构

（2）有楼层分界的两层或多层建筑，不论其出檐如何，按自然结构楼层的分层水平面积总和计算建筑面积。即按自然层各层面积之和计算。

①首层的建筑面积根据有无台明情况按照单层建筑物的建筑面积计算规定计算。

②二层及二层以上各层建筑面积按单层无台明建筑的建筑面积计算规定计算。

（3）在单层建筑中或多层建筑的两自然结构楼层间局部有楼层者，局部楼层部分的建筑面积按其水平投影面积计算。

（4）碉楼式建筑物的建筑面积计算规定为：

①单层碉台及多层碉台的首层有台明的按台明外围水平面积计算，无台明的按围护结构底面外围水平面积计算。

②多层碉台的二层及以上均按各层围护结构底面外围水平面积计算。

③碉台内无楼层分界的按一层计算建筑面积，碉台内有楼层分界的按楼层分层累计计算建筑面积。

（5）两层或多层建筑构架柱外，有围护装修或围栏的挑台部分，按构架柱外边线至挑台外围线间水平投影面积的一半计算建筑面积。

（6）坡地建筑、临水建筑或跨越水面的首层构架柱外有围栏的挑台部分，按构架柱外边线至挑台外围线间的水平投影面积的一半计算建筑面积。

（二）不计算建筑面积的范围

（1）单层或多层建筑的无柱门罩、窗罩、雨篷、挑檐、无围护的挑台、台阶等。

（2）无台明建筑或多层建筑的二层或二层以上突出墙面或构架柱外边线以外的部分，如墀头、垛、窗罩等。

（3）牌楼、实心或半实心的砖、石塔。

（4）构筑物：如月台、环丘台、城台、院墙及随门、花架等。

（5）碉台的平台。

第二节　建筑面积应用

【例5-1】 某二层综合楼如图5-5、图5-6所示，请按照建筑面积国家标准规范计算建筑面积。

【解】 一层建筑面积：

$$S=(21+0.24)\times(13.8+0.24)=298.21\text{m}^2$$

二层建筑面积：

$$S=(21+0.24)\times(13.8+0.24)=298.21\text{m}^2$$

室外楼梯：(没有顶盖室外楼梯)

$$S=0\text{m}^2$$

总建筑面积：$S=298.21\times2=596.42\text{m}^2$

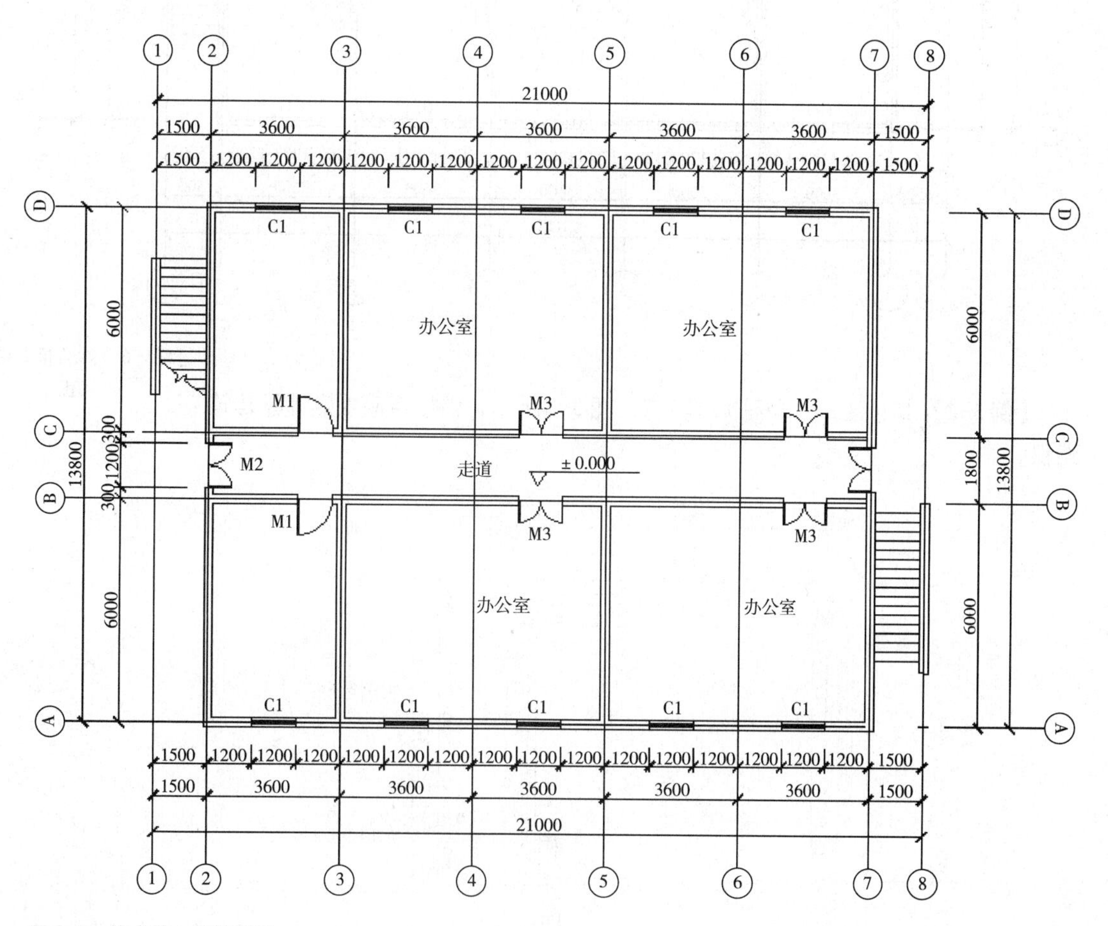

图5-5　综合楼一层平面图

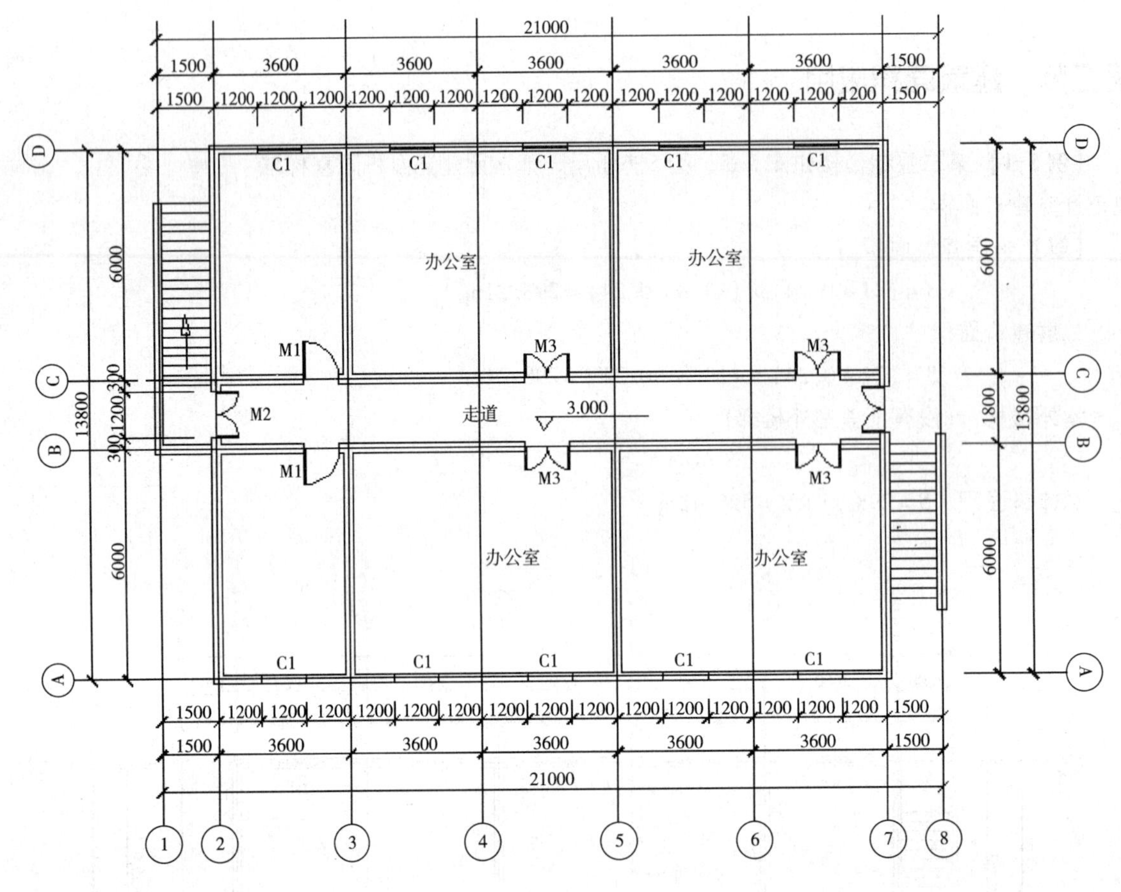

图 5-6　综合楼二层平面图

【例 5-2】某小区一八角亭如图 5-7、图 5-8所示，请按定额规定计算建筑面积。

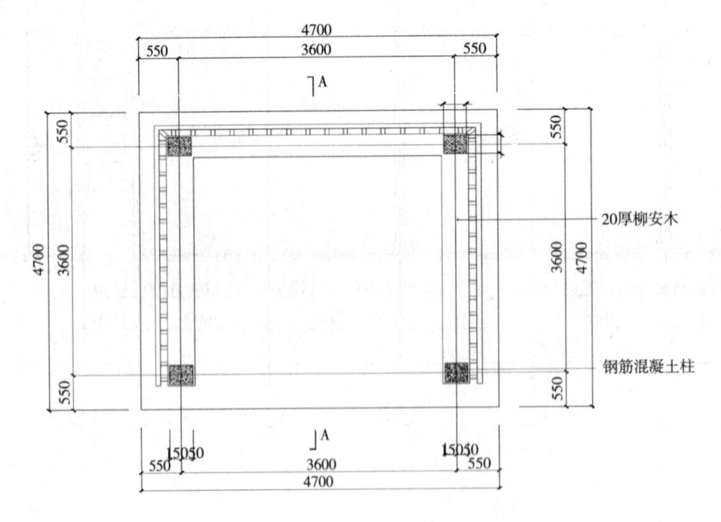

图 5-7　八角亭平面图

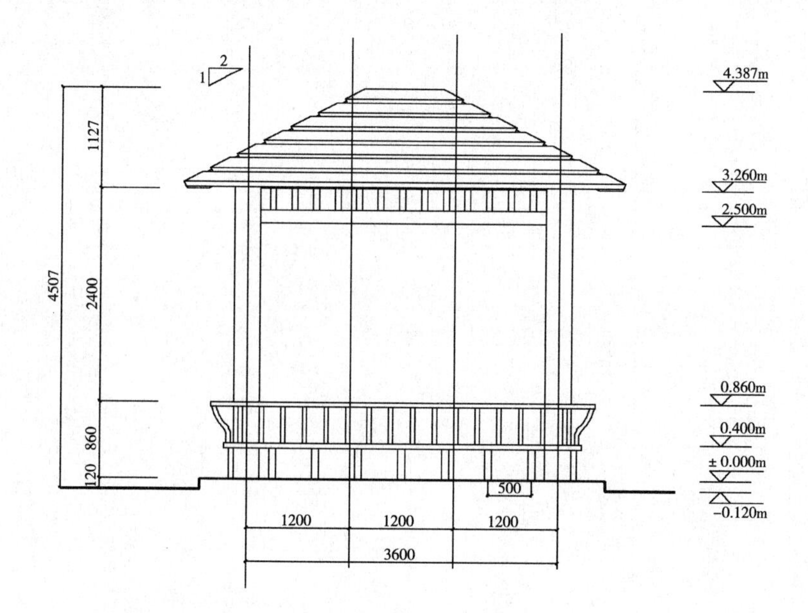

图 5-8　八角亭立面图

【解】$S=(3.6+0.15\times2)\times(3.6+0.15\times2)=15.21\text{m}^2$

复习思考与练习题

1. 试述建筑面积概念，分类。
2. 建筑面积计算规则中有哪些面积是计算 1/2 的？
3. 不计算建筑面积的有哪些？

第六章　园林绿化工程计量与计价

学习目标：（1）掌握园林绿化工程计量与计价；

（2）运用工程量清单计价规范能熟练进行园林绿化工程量计算；

（3）运用定额、价格与费用会进行园林绿化项目的综合单价确定。

教学重点：园林绿化工程量计算和相应综合单价的确定。

教学难点：（1）各种绿化工程图纸的识读；

（2）绿化项目综合单价的确定。

园林绿化是为人们提供一个良好的休息、文化娱乐、亲近大自然、满足人们回归自然愿望的场所，能保护生态环境、改善城市生活环境、起到悦目怡人的作用。主要是指对绿化植物按规划要求，所进行的栽植和养护工作。

第一节　基础认知

园林绿化工程是建设风景园林绿地的工程。园林绿地可分为：公共绿地、专用绿地、保护绿地、道路绿化和其他绿地。公共绿地又可分为：一般绿地、公园、综合公园、文化休息公园、森林公园、儿童公园、街头公园、体育公园、名胜古迹公园、居住区公园、滨水绿地、植物园、动物园、植物观赏园、游乐园等；专用绿地可分为：一般专用绿地、住宅组团绿地、楼间绿地、公共建筑绿化、工厂绿地和苗圃绿地等；保护绿地可分为：一般保护绿地、防风林带、海岸防护林、水土保持绿化带、固沙林带等；道路绿化可分为：一般道路绿化、行道树、林荫道、分车带绿化、交通岛绿化和交通枢纽绿化等；其他绿地可分为：国家公园、风景名胜区和保护区。

一、与植物相关的知识

植物根据种类可分为：乔木、灌木、藤本植物、竹类、绿篱、花卉、草皮等七大类。根据其叶形及叶的变化树木又可分为针叶树与阔叶树、常绿与落叶。

（1）针叶树：叶针形或近似针形树木。常见的有雪松、白皮松、水杉、云杉、龙柏等。

（2）阔叶树：叶形宽大，不呈针形、鳞形、线形、钻形的树木。常见的有广玉兰、碧桃、合欢、石榴等。

（3）常绿树：四季常绿的树木，它们的树叶是在新叶长开之后老叶才逐渐脱落，常见的有松、杉、黄杨、柏、苏铁等。

（4）落叶树：春季发芽，冬季落叶的树。包括的树种很多，常见的有银杏、红枫、白玉兰、无患子、合欢等。

（5）乔木是指有明显主干的高大树木，如：香樟、银杏、雪松、杜英、广玉兰、白玉兰、重阳木、悬铃木、栾树、无患子、合欢、红枫、鸡爪槭、柳杉、池杉、黑松、马尾松等。

(6) 灌木是指无明显主干，树体矮小的树木，如：金叶女贞、海桐、蜡梅、绣线菊、紫荆、寿星桃、倭海棠、月季、茶梅、龟甲冬青、八角金盘、桃叶珊瑚、十大功劳、红花继木、木槿、丁香、小蘖等。

(7) 藤本植物即攀缘植物，是指植物茎叶有钩刺附生物，可以攀缘峭壁或缠绕附着物生长的藤科植物。按攀缘方式可分为缠绕式、卷曲式、吸附式、攀附式。常见的植物有：葡萄、紫藤、凌霄、七姐妹、蔷薇、常春藤、络石藤、黄木香等。

(8) 绿篱是指密植种植的园林植物经过修剪整形而形成的篱垣，所采用的树木有大叶黄杨、瓜子黄杨、雀舌黄杨、水腊、珊瑚、金叶女贞等。

(9) 草坪是指栽植或撒播人工选育的草种、草籽，作为矮生密集型植被，经过修剪养护，形成整齐均匀状如地毯，起到绿化保洁和美化环境的草本植物。按种植类型分：有单纯型草坪、混合型草坪；按品种分：有冷季型草坪、暖季型草坪。

(10) 露地花卉：凡生长与发育等生命活动能在露地条件下完成的花卉。根据植物的种类和要求不同，分为草本花、木本花、球块根类、彩纹图案花坛、立体花坛、五色草一般图案花坛、五色草彩纹图案花坛、五色草立体花坛等。草本花如：菊花、鸡冠花、金鱼草、君子兰等；木本花如：茶花、茉莉、月季花、八仙花等；球块根类如：水仙花、百合花、郁金香、马蹄莲等。

(11) 竹类植物是指禾本科竹亚科植物，如：毛竹、刚竹、四季竹、紫竹、慈孝竹、凤尾竹、箬竹、水竹等。

(12) 水生植物是指生长在湿地和水面的植物，如：鸢尾、荷花、睡莲、菖蒲、水葱、水芹菜、菱、浮萍、水葫芦等。

二、树木栽植前准备

(一) 地形整理

园林绿化工程在施工前，一般都应对场地进行清理、挖填找平、旧土翻晒等工作，所以对施工场地要作全面的了解，地面上的建筑垃圾、杂草、树根等残留物应全部清除，化工、汽修地块应清运酸、碱、盐渍土类和油污土类，换上种植土。针对现行城市绿化中普遍存在的建筑、生活垃圾处理问题，在对树木生长影响不大的情况下，可采取就地掩埋和改良利用的办法，但要防止转嫁和形成二次污染。根据设计标高，进行翻整土地，整理地形，加填客土，完成后的场地一般不应有低洼积水。有关地上物的处理要求和地下管线的分布情况，应及时向有关部门或单位了解，合理地进行处理。

(二) 栽植地

树木、花卉栽植应选择肥沃、疏松、透气、排水良好的土壤，树木栽植的土层厚度一般要求：浅根乔木不小于80cm；深根乔木不小于120cm；小灌木、小藤本植物不小于40cm；大灌木、大藤本植物不小于60cm。栽植土的pH值应控制在6.5～7.5之间，对喜酸性的植物pH值应控制在5～6.5之间。然而，城市绿地土壤的物质来源比较杂，破坏程度较大，因而，缺乏比较完整的层次和较高的土壤有机质的含量。因此，在园林绿化设计和施工中，我们必须重视土壤的改良，采取深翻熟化、增施有机肥料及其他技术措施等手段改良原有土壤，提高园林植物的移栽成活率，使植株保持良好的生长势态。

（三）树木质量、选形要求

根据《浙江省园林绿化技术规程》DB33/T 1009—2001，树木质量、选形应分别符合表6-1～表6-4的要求。

乔木的质量要求　　表6-1

栽植地方	质量、选型要求			
	树干	树冠	根系	病虫害
主干道、广场、公园、单位附属绿地主干道（含中心绿地）等绿地	主干挺直或按设计要求	枝叶茂密、层次分明、冠形匀称	土球符合要求，根系完整	无病虫害
次干道及上述绿地和林地以外的其他绿地	主干不应有明显弯曲或按设计要求	冠形匀称、无明显损伤	土球符合要求，根系完整	无明显病虫害
林地	主干弯曲不超过一次或按设计要求	树冠无严重损伤	土球符合要求，根系完整	无明显病虫害

灌木的质量要求　　表6-2

株　形	要　求
自然式	植株姿态自然、优美，丛生灌木分枝不少于5根，且生长均匀、无明显病虫害，树龄一般以三年左右为宜
整形式	冠形呈规则式，根系完好，土球符合要求，无明显病虫害

藤本的质量要求　　表6-3

地　径	要　求
0.5cm以上	树干已具有攀缘性，根系发达，枝叶茂密，无明显病虫害，树龄一般以2～3年生为宜

绿篱的质量要求　　表6-4

冠　径	要　求
40cm	生长旺盛，具有一定冠形，根系完好，无明显病虫害，不脱脚叶

（四）树木的起掘包扎

对原植土中的树木，将其根部按球形要求挖起出塘、草绳绑扎土球所进行的工作，即树木起掘包扎。

（1）树木的起掘时间：落叶树木应在发芽前或落叶后土壤冰冻前进行；常绿树木应在春季土壤解冻后发芽前或秋季新梢停止生长后降霜前进行；个别特殊树种或非正常季节种植的苗木应参照有关资料进行起掘。

（2）起掘树木的土球或根盘直径大小：乔木（带土球）土球直径一般按胸径的6~8倍或按地径的5~7倍计算，灌木或亚乔木（如丛生状的桂花等）可按其冠幅的1/3计算。胸径指离地1.2m处的树干直径，地径指离地0.3m处的树干直径，冠幅指展开枝条幅度的水平直径。裸根树木的根盘大小：乔木按胸径的6~10倍或按地径的5~8倍计算，灌木或亚乔木（如丛生状的桂花等）按其冠幅的1/3计算。带土球及裸根树木如图6-1所示。

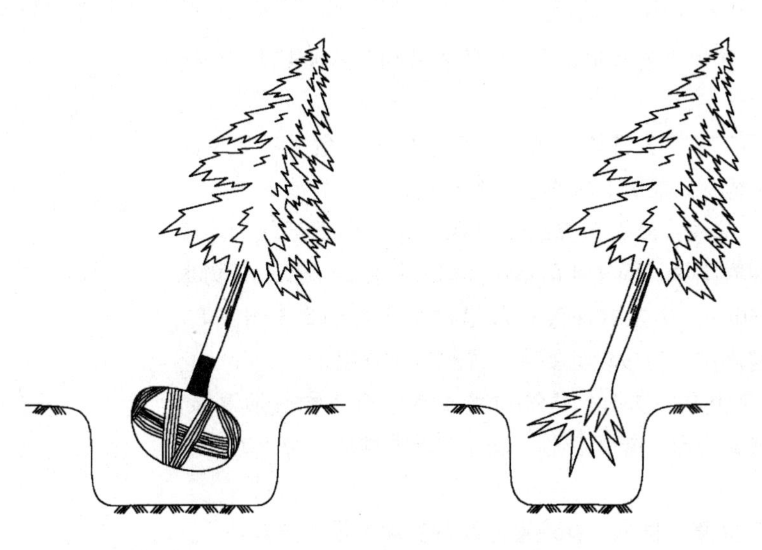

图6-1　带土球及裸根

（3）带土球起掘树木的包扎：树木带土球不得掘破土球，原则上土球破损的树木不得出圃。包扎土球的绳索要粗细适宜、质地结实，以草麻绳为宜。土球包扎形式应根据树种的规格、土壤的质地、运输的距离等因素来选定，应保证包扎的牢固，严防土球破碎。土球的包扎可分为橘子包、井子包和五角包三种形式，一般以五角包为主，如图6-2所示。如土质松散，也可采用两种形式混合包扎。

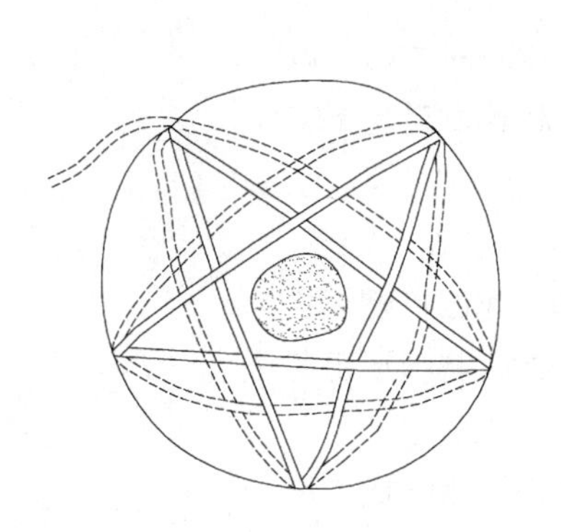

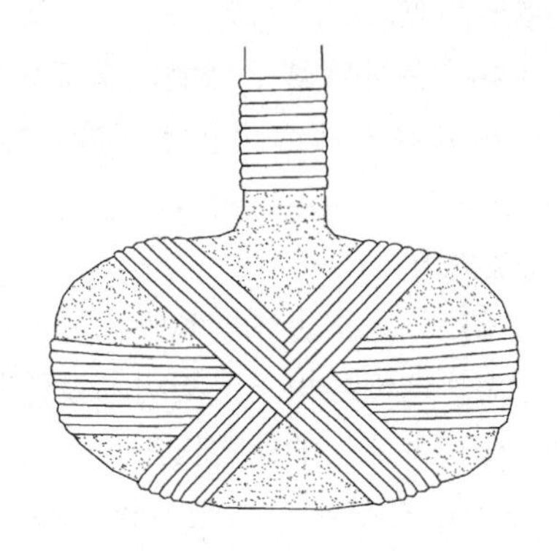

图6-2　五角包

（五）树木的装卸和运输

（1）装运树木时应做到：轻抬、轻装、轻卸、轻放，不拖、不拉，使树木土球不破损碎裂，根盘不擦伤、撕裂，不伤枝秆。对有些树冠展开较大的树木应用绳索绑扎树冠。

（2）装运带土球或根盘的大树，其根部必须放置在车头部位，树冠倒向车尾，叠放整齐，过重苗木不宜重叠，树身与车板接触处应用软物衬垫固定。

（3）树木运输最好选择在夜间，同时做好防晒、防风、保湿、防雨、防盗等工作，必要时应洒水喷淋树根、树干。做到随起、随装、随运、随种。

三、树木的栽植

（一）树木栽植

根据树木的栽植季节（参树木的起掘时间），各项栽植工序应密切衔接，做到随挖、随运、随种、随养护。

（1）树木起掘后，若遇气温骤升骤降、大风大雨等特殊天气并不能及时栽植完，应暂停，并采取临时保护措施，如覆盖、假植等。

（2）树穴规格的大小、深浅，应按植株的根盘或土球直径适当放大，使根盘能充分舒展。高燥地树穴稍深，低洼地可稍浅。树穴的直径一般大于树木的土球或根盘直径的 20～40cm；树穴的深度一般是树木穴径的 2/3 倍左右。如穴底需要施堆肥或设置滤水层，应按设计要求加深树穴的深度。

（3）挖掘树穴时，遇夹土层、块石、建筑垃圾及其他有害物必须清除，并换上种植土。树穴应挖成直筒形，非锅底形。表土应单独堆放，覆土时先放入槽穴。

（4）栽植时应选择丰满完整的植株，并注意主要观赏面的摆放方向。

（5）带土球树木的栽植，应先将植株放在栽植槽穴内，定好方向，填土至土球深度的 2/3 时，浇足第一次水，经渗透后继续填土至与地表持平时，再浇第二次水，以不再向下渗透为宜。

（6）裸根树木的栽植，应先在穴内填一层种植土，再将植株放在树穴内，扶正立直，定好方位后，按根盘情况先填适当厚度的栽植土，将根系舒展，均匀填土，稍作上下抖动使根系与土密接，然后继续边填边捣实，待与地表平时，浇透水直至不再向下渗透为宜。

（7）树木栽植后，应沿树穴的外缘覆土保墒，高度约 10～20 cm 左右，以便灌溉，防止水土流失。同时应在三日内再复水一次，复水后若发现泥土下沉，应在根部补充种植土。

（二）树枝支撑、草绳绕树干

树枝支撑是指在树木栽植后，为防止风雨倾倒，采用在树木周围打桩绑扎斜撑，将树干固撑起来的措施。草绳绕树干是指树木栽种完成后，将树干用草绳缠绕包裹起来，以减少水分蒸发流失的保湿措施。

（1）支撑根据其材料分为树棍桩和毛竹桩两类。树棍桩是指用树枝砍制成地桩和斜撑；毛竹桩是用毛竹劈制成片桩，用竹梢作斜撑。乔木和珍贵树木栽植后一般均需作支撑。支撑依绑扎方式分为四脚桩、三脚桩、扁担桩（一字桩）、长单桩、短单桩、铁丝吊桩等，如图6-3所示。支撑桩的埋设深度，可按树种规格和土质定，严禁打穿土球或损伤根盘。支撑高度一般是在植株高度的1/2以上。

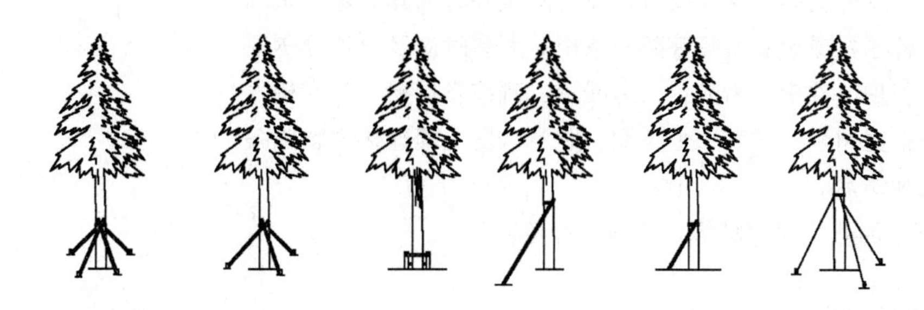

图6-3 支撑示意图

（2）树木干径5cm以上的乔木和珍贵树木栽植后，在主干与接近主干的主枝部分，应用草绳或麻绳等包扎物，绕主干和接近主干的主枝部分密密地缠绕起来，以保护主干和接近主干的主枝不易受伤和水分蒸发。

（三）树木的修剪

树木栽植后为确保植株成活，必须修剪，修剪要结合树冠形状，将枯死枝及损伤枝剪除，剪口必须平整，稍倾斜，必要时剪口应采取封口措施以减少植株水分蒸发。常绿植株初剪后，须摘除部分叶片（约1/2）。

（四）树木非适宜季节栽植

因特殊原因，树木在非适宜季节栽植时，各类树木必须带好土球，应根据树种和气候等具体情况，采取相关的技术措施，如：进行较强修剪，但至少保留枝条1/3；摘去大部分树叶，但不能损伤幼芽；经常浇水、喷雾（夏季应早、晚进行）；卷杆保护，必要时应予遮阴，冬季栽植注意防寒、防冻。

四、树木养护

（1）灌溉与排水：树木栽植后应根据不同的树种和当地的水文、气候情况，进行适时适量的灌溉，以保持土壤中的有效水分。生长在气候条件较差的地方并对水分和空气温湿度要求较高的树种，还应适当地进行叶面喷水、喷雾。夏季浇水以早晚为宜，冬季浇水以中午为宜。如发现雨后积水应立即排除。

（2）中耕除草、施肥：新栽树木长势较弱，应及时清除影响其生长的杂草，并给因浇水而板结的土壤及时松土。除草可结合中耕进行，中耕深度以不影响根系为宜。同时应按树木的生长情况和观赏要求适当施肥。

（3）整形修剪：新栽树木可在原有树形或造型基础上进行适度修剪。通过修剪，调整树形，促进树木生长；新栽观花或观果树木，应适当疏蕾摘果。主梢明显的乔木类，应保护顶芽。孤植树应保留下枝，保持树冠丰满。花灌木的修剪，应有利于促进短枝和花芽形成，促其枝叶繁茂、分布匀称。修剪应遵循“先上后下，先内后外，去弱留强，去老留新”的原则。藤本攀缘类木本植物为促进其分枝，宜适度修剪，并设攀缘设施。新栽绿篱按设计要求适当修剪整形，促其枝叶茂盛。

（4）保护措施：如遇持续高温干旱，除及时浇水灌溉外，应根据新栽树木的抗旱能力，适当疏去部分枝叶。对新栽珍贵树木，必要时应遮阴及叶面喷水、喷雾。对新栽树木的原有支撑应经常检查，发现问题及时加固。寒冬来临前应做好根际培土、主杆包扎或设立风障等防寒措施。大雪时应及时清除树冠积雪。新栽珍贵树木在养护过程中，为防止人为践踏、碰撞及折损，可在树木周围设置护栏。树木应根据树种、树龄、生长期、肥源以及土壤理化性状等条件进行施肥，进行病虫害防治。

（5）补植：新栽树木因死亡发生缺株，应适时补植。

第二节　工程量清单编制

一、绿化工程量清单编制规则

（一）工程量清单计算规则

（1）乔木：起挖、栽植乔木的工程量，按“株”计算。

（2）灌木：起挖、栽植灌木的工程量，按“株”计算。

（3）竹类：起挖、栽植竹类的工程量，按“株（丛）”计算。

（4）绿篱：单排绿篱、双排绿篱均按栽种长度以“m”计算，片植绿篱按设计图示尺寸以“m^2”计算。

（5）攀缘植物：按设计图示数量以“株”计算。

（6）花卉：按花卉种类以“株”或“m^2”计算。

（7）草皮：按种植面积以“m^2”计算。

（8）水生植物：栽植水生植物按设计图数量以“丛”或按面积以“m^2”计算。

（9）整理绿化用地工程量根据设计图示尺寸按面积以“m^2”计算。

（10）树木支撑均按绿化工程施工及验收规范规定以“株”计算。

（11）挖土、运土及人工换种植土，均按天然密实体积以“立方米”计算。

（二）工程量计算注意点

（1）整理绿化地指的是对绿地内的土壤平面，进行30cm以下的挖、填找平等的平整工作，不包括清除建筑垃圾及其他障碍物。超过30cm以上的挖填，应按“土方工程”定额章节规则计算。

（2）伐树、挖树根项目应注明树干胸径。

（3）砍挖灌木丛项目应注明丛高。

（4）整理绿化用地项目应注明土壤类别、土质要求、取土运距、回填厚度、弃渣运距。

(5）屋顶花园基底处理应注明找平层厚度、砂浆种类、强度等级，防水层种类、做法，排水层厚度、材质，过滤层厚度、材质，回填轻质土厚度、种类，屋顶高度，垂直运输方式。

(6）栽植乔木项目应注明乔木种类、乔木胸径（苗高)、养护期。

(7）栽植竹类项目应注明竹种类、竹胸径（根盘丛径)、养护期。

(8）栽植灌木项目应注明灌木种类、冠丛高（冠径或苗高)、养护期。

(9）栽植绿篱项目应注明绿篱种类、篱高，行数、株距，养护期。

(10）栽植攀缘植物项目应注明植物种类、养护期。

(11）栽植色带项目应注明苗木种类，苗木株高、株距，养护期。

(12）栽植花卉项目应注明花卉种类、株距，养护期。

(13）栽植水生植物项目应注明植物种类、养护期。

(14）铺种草皮项目应注明草皮种类、铺种方式、养护期。

(15）喷播植草项目应注明草籽种类、养护期。

(16）大树迁移项目应注明大树种类、大树胸径（苗高)、起挖方式、运输方式、养护期等。

(17）养护期应为招标文件中要求苗木栽植后承包人负责养护的时间。

二、绿化工程量清单编制实践

【例 6-1】某桥头公园一区块如图 6-4所示，绿地面积为 265m²，土质为二类土，苗木养护期为一年，植物平面布置图及苗木统计如表 6-5所示，编制该项目绿化工程分部分项工程量清单。

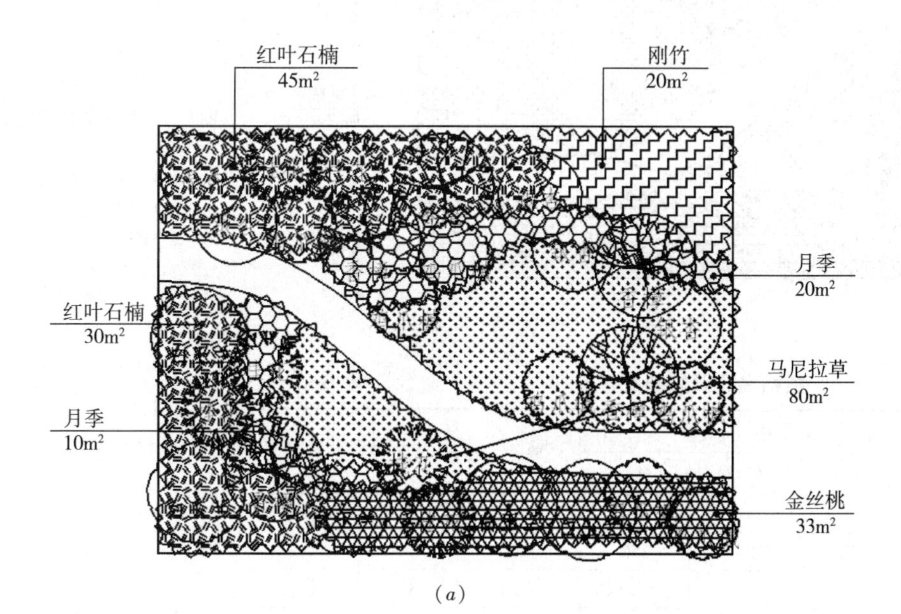

(a)

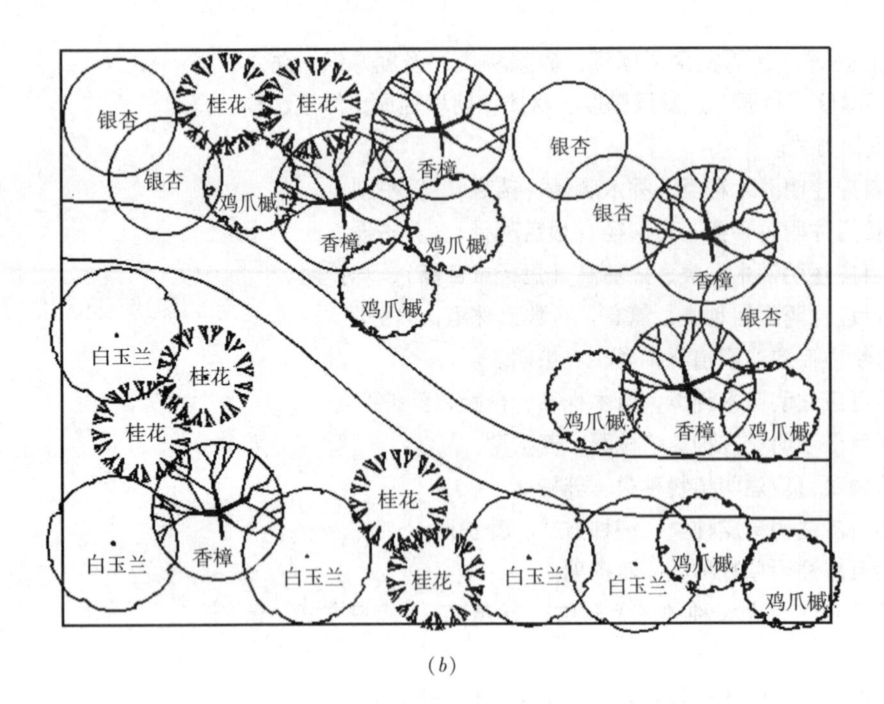

(b)

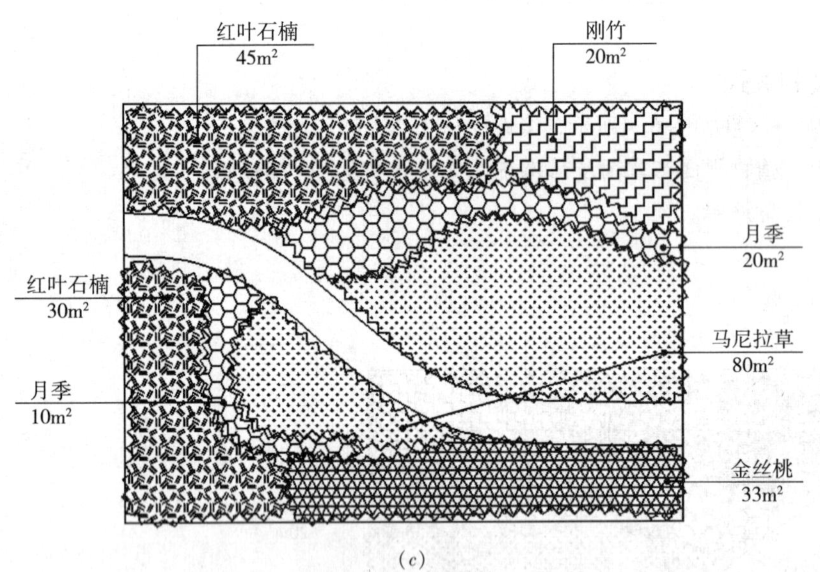

(c)

图 6-4 某桥头公园绿化工程（二）
(a) 总平面图；(b) 上层木平面布置图；(c) 下层木平面布置图

植物名称及数量统计表 **表 6-5**

序号	植物名称	规格（cm）			单位	数量	备注
		胸径	冠幅	高度			
1	香樟	11～13	300	400	株	5	全冠
2	桂花		300	350	株	6	
3	银杏	12		>400	株	5	全冠
4	白玉兰	12～15		>300	株	5	全冠
5	鸡爪槭	8			株	7	

续表

序号	植物名称	规格（cm）			单位	数量	备注
		胸径	冠幅	高度			
6	刚竹	杆径 $\phi 5$			m^2	20	5 株/m^2
7	金丝桃		35	40	m^2	33	20 株/m^2
8	月季		50	60	m^2	30	15 株/m^2
9	红叶石楠		35	40	m^2	75	25 株/m^2
10	马尼拉草				m^2	80	满铺

【解】1. 确定绿化植物的清单项目

1）以工程图纸为依据确定项目内容

根据植物平面图及植物数量统计表，可以确定绿化植物的项目有：整理绿化用地、栽植乔木、栽植灌木、栽植花卉、铺草皮等。

这里需要提出的是，树木的起挖不需计入项目内容，2003 版《浙江省园林绿化及仿古建筑工程预算定额》设有“苗木起挖”章节子目，该节子目是作为同一施工场地内苗木就地迁移而设置的。绿化种植工程中，如工程苗木，均为工地外采购苗木，其苗木挖掘费用已包括在苗木价格内，不另行计算其起挖费用。

2）根据《计价规范》附录确定项目编码和项目名称

国家标准《建设工程工程量清单计价规范》GB 50500—2008 经住房和城乡建设部第 63 号公告批准颁布，于 2008 年 12 月 1 日起实施。根据《计价规范》附录 E. 1，依上述项目，选列为：

项目编码：050101006。项目名称：整理绿化用地。

项目编码：050102001。项目名称：栽植乔木。项目特征：香樟、桂花、银杏、白玉兰、鸡爪槭。

项目编码：050102002。项目名称：栽植竹类。项目特征：刚竹。

项目编码：050102004。项目名称：栽植灌木。项目特征：金丝桃、红叶石楠。

项目编码：050102008。项目名称：栽植花卉。项目特征：月季。

项目编码：050102010。项目名称：栽植草皮。项目特征：马尼拉草。

2. 绿化植物项目的工程量计算

1）树木的工程量计算

在园林绿化工程中，一般设计图纸列有绿化植物种类统计表，如本题的植物数量统计表所示，其工程量可以按表进行统计。但如果没有统计表，应直接在设计平面图上，进行逐个类别统计。

2）草皮的工程量计算

草皮按铺种面积以“平方米”计算，如果没有列出植物统计表时，应根据图示比例尺寸进行计算。

3. 填写绿化工程“分部分项工程量清单”表

根据上述选定的项目编码、项目名称及《计价规范》规定的“分部分项工程量清单”的格式进行填写，具体如表6-6所示。

分部分项工程量清单　　表6-6

工程名称：某桥头公园绿化工程　　第1页共1页

序号	项目编码	项目名称	项目特征描述	计量单位	工程量
1	050101006001	整理绿化用地	二类土	m^2	265
2	050102001001	栽植乔木	香樟，全冠，胸径11～13cm，冠幅300cm，高度400cm，养护期一年	株	5
3	050102001002	栽植乔木	桂花，冠幅300cm，高度350cm，养护期一年	株	6
4	050102001003	栽植乔木	银杏，全冠，胸径12cm，高度大于400cm，养护期一年	株	5
5	050102001004	栽植乔木	白玉兰，全冠，胸径12～15cm，高度大于300cm，养护期一年	株	5
6	050102001005	栽植乔木	鸡爪槭，胸径8cm，养护期一年	株	7
7	050102002001	栽植竹类	刚竹，秆径$\phi 5$，养护期一年	株	100
8	050102004001	栽植灌木	金丝桃，冠幅35cm，高度40cm，养护期一年	株	660
9	050102004002	栽植灌木	红叶石楠，冠幅35cm，高度40cm，养护期一年	株	1875
10	050102008001	栽植花卉	月季，冠幅50cm，高度60cm，养护期一年	株	450
11	050102010001	栽植草皮	马尼拉草，满铺，养护期一年	m^2	80

第三节　工程量清单计价

一、与计价相关说明

（1）注意区分整理绿化用地与平整场地。整理绿化地指绿化种植工程中绿地整理，平整场地指园林建筑工程施工场地的平整，二者不得重复计取。

（2）整理绿化地不包括建筑垃圾及其他障碍物清除，发生应另行计算。

（3）栽植乔木是指挖掘植树土塘、扶正回土、浇水保墒、整形清理等工作内容，根据土球的大小（带土球乔木）或胸径的大小（裸根乔木）选用相应的定额子目。土球超过160cm或胸径超过26cm的应另行按实计算。

（4）栽植灌木、藤本类是指挖掘植树土塘、扶正回土、浇水保墒、整形清理等工作内容，根据土球的大小（带土球）或冠丛高度（裸根）选用相应的定额子目。土球超过180cm或高度超过250cm的应另行按实计算。

（5）起挖或栽植树木均以一、二类土为计算标准，如为三类土，人工乘以系数1.34，四类土人工乘以系数1.76，冻土人工乘以系数2.20。

（6）关于苗木非适宜季节种植：因建设单位各种需要常有发生。非种植季节苗木种植势必要对苗木包装、挖掘质量、养护及各种技术措施的加强等，对施工企业带来较大的非正常性开支，非种植季节费用的增加按实结算。也可以按绿化种植工程定额费用或按苗木材料为基础，增加一定量的百分比方法计取。一般在每年的6月、7月、8月、12月、1月、2月种植，视作非适宜季节种植。

（7）关于树木养护问题：可参照当地城市绿地养护质量标准，确定相关费用。浙江省2003版《浙江省园林绿化及仿古建筑工程预算定额》包括绿化养护一年的定额子目，实际养护期非一年的，按比例换算。

（8）古树名木及超规格大树的栽植、养护按实际发生计算。

（9）大树迁移发生的运输费按实计算。

（10）绿化地堆土造型、微地形处理等发生的费用可按实另计。

二、绿化工程量清单计价编制实践

【例6-2】根据**【例6-1】**某桥头公园一区块的分部分项工程量清单（选列部分苗木，如表6-7所示），参照2003版《浙江省园林绿化及仿古建筑工程预算定额》，编制各苗木综合单价分析表及分部分项工程量清单计价表。（假设植物的价格如表6-8所示，养护期按一年考虑，乔木支撑均按毛竹桩三脚桩，竹类支撑按毛竹桩短单桩计，企业管理费率20%，利润率15%，以人工费与机械费之和为计费基数，风险费不考虑，其余单价均按定额价取定）

分部分项工程量清单（选列部分苗木） 表6-7

工程名称：某桥头公园绿化工程 第1页共1页

序号	项目编码	项目名称	项目特征描述	计量单位	工程量
1	050101006001	整理绿化用地	二类土	m^2	265
2	050102001001	栽植乔木	香樟，全冠，胸径11～13cm，冠幅300cm，高度400cm，养护期一年	株	5
3	050102001002	栽植乔木	桂花，冠幅300cm，高度350cm，养护期一年	株	6
4	050102001003	栽植乔木	银杏，全冠，胸径12cm，高度大于400cm，养护期一年	株	5
5	050102002001	栽植竹类	刚竹，杆径$\phi5$，养护期一年	株	100
6	050102004002	栽植灌木	红叶石楠，冠幅35cm，高度40cm，养护期一年	株	1875
7	050102008001	栽植花卉	月季，冠幅50cm，高度60cm，养护期一年	株	450
8	050102010001	栽植草皮	马尼拉草，满铺，养护期一年	m^2	80

植物价格表 **表 6-8**

序号	植物名称	规格（cm）			单位	价格（元）
		胸径	冠幅	高度		
1	香樟	11 ~ 13	300	400	株	280
2	桂花		300	350	株	900
3	银杏	12		>400	株	800
4	刚竹	杆径 $\phi5$			株	8
5	月季		50	60	株	4
6	红叶石楠		35	40	株	3.5
7	马尼拉草坪				m^2	5

备注：以上苗木价格是指到工地价。

【解】1. 编制绿化工程“综合单价分析表”

根据表 6 – 7 绿化清单总共列有 8 个项目，现举例分述如下。

1）“整理绿化地”的综合单价分析

整理绿化地，直接套用定额 1 – 188，则

$$人工费 = 12 元/10m^2$$

$$材料费 = 0$$

$$机械费 = 0$$

$$企业管理费 = 12 \times 20\% = 2.4 元/10m^2$$

$$利润 = 12 \times 15\% = 1.8 元/10m^2$$

$$综合单价 = 12 + 2.4 + 1.8 = 16.2 元/10m^2 = 1.62 元/m^2$$

2）栽植“香樟”的综合单价分析

栽植香樟包括：栽植、支撑、草绳绕树干、养护等工作内容（苗木价指的是到工地价，所以不考虑起挖及运输）。

栽植：

计算土球直径：香樟胸径为 11 ~ 13cm，土球为胸径的 8 倍，即土球为 100cm。

套定额 1 – 56，但在该定额内未包括树木本身价格，应在材料费中加入树木单价，根据植物价格表，香樟 280 元/株，则

$$人工费 = 220.48 元/10 株$$

$$材料费 = 5.85 + 2800 = 2805.85 元/10 株$$

$$机械费 = 142.62 元/10 株$$

$$企业管理费 = (220.48 + 142.62) \times 20\% = 72.62 元/10 株$$

$$利润 = (220.48 + 142.62) \times 15\% = 54.47 元/10 株$$

$$合价 = 220.48 + 2805.85 + 142.62 + 72.62 + 54.47 = 3296.04 元/10 株$$

支撑：

毛竹桩三脚桩，直接套定额 1 – 176，则

$$人工费 = 12.48 元/10 株$$

材料费 = 245.15 元/10 株

机械费 = 0

企业管理费 = (12.48 + 0) × 20% = 2.5 元/10 株

利润 = (12.48 + 0) × 15% = 1.87 元/10 株

合价 = 12.48 + 245.15 + 0 + 2.5 + 1.87 = 262 元/10 株

草绳绕树干：

草绳长度按实际以"米"计算，根据香樟的高度暂估2m/株，直接套定额1-181，则

人工费 = 10.4 元/10m

材料费 = 30.9 元/10m

机械费 = 0

企业管理费 = 10.4 × 20% = 2.08 元/10m

利润 = 10.4 × 15% = 1.56 元/10m

合价 = (10.4 + 30.9 + 0 + 2.08 + 1.56) 元/10m × 2m/株

= 44.94 元/10m × 2m/株 = 89.9 元/10 株

养护：

香樟属于常绿乔木养护，直接套定额1-219，则

人工费 = 196.46 元/10 株

材料费 = 28.69 元/10 株

机械费 = 27.13 元/10 株

企业管理费 = (196.46 + 27.13) × 20% = 44.72 元/10 株

利润 = (196.46 + 27.13) × 15% = 33.54 元/10 株

合价 = 196.46 + 28.69 + 27.13 + 44.72 + 33.54 = 330.54 元/10 株

综上，香樟综合单价 = 3296.04 + 262 + 89.9 + 330.54 = 3978.5 元/10 株

= 397.85 元/株

根据以上内容，填写工程量清单综合单价分析表（参 GB 50500—2008《计价规范》的表格形式，表格内的材料费明细本题省略不列），如表6-9所示。

工程量清单综合单价分析表 **表6-9**

工程名称：某桥头公园绿化工程 第1页共7页

项目编码	050102001001	项目名称	香樟		计量单位	株					
清单综合单价组成明细											
定额编号	定额名称	定额单位	数量	单价				合价			
				人工费	材料费	机械费	管理费和利润	人工费	材料费	机械费	管理费和利润
1-56	栽植香樟	10 株	0.1	220.48	2805.85	142.62	127.09	22.048	280.59	14.26	12.71
1-176	毛竹三脚桩支撑	10 株	0.1	12.48	245.15	0	4.37	1.248	24.515	0	0.437

续表

定额编号	定额名称	定额单位	数量	单价				合价			
				人工费	材料费	机械费	管理费和利润	人工费	材料费	机械费	管理费和利润
1-181	草绳绕树干	10m	0.2	10.4	30.9	0	3.64	2.08	6.18	0	0.728
1-219	养护一年	10株	0.1	196.46	28.69	27.13	78.26	19.646	2.869	2.713	7.826
人工单价		小计						45.02	314.15	16.97	21.71
26元/工日		未计价材料费									
清单项目综合单价								397.85			

综合单价 = 45.02 + 314.15 + 16.97 + 21.71 = 397.85 元/株

参照香樟的综合单价分析，银杏、桂花列表如表6-10、表6-11所示（具体不详分析）。

土球直径计算：桂花冠幅为300cm，土球按1/3冠幅计算，即300 ÷ 3 = 100cm；银杏胸径为12cm，即土球为100cm。

草绳绕树干工程量计算：桂花绕草绳工程量暂估1m/株计算，银杏绕草绳工程量暂估2m/株计算。

工程量清单综合单价分析表 **表6-10**

工程名称：某桥头公园绿化工程 第2页共7页

项目编码	050102001002	项目名称	桂花	计量单位	株

定额编号	定额名称	定额单位	数量	单价				合价			
清单综合单价组成明细											
				人工费	材料费	机械费	管理费和利润	人工费	材料费	机械费	管理费和利润
1-56	栽植桂花	10株	0.1	220.48	9005.85	142.62	127.09	22.05	900.59	14.26	12.71
1-176	毛竹三脚桩支撑	10株	0.1	12.48	245.15	0	4.37	1.25	24.52	0	0.44
1-181	草绳绕树干	10m	0.1	10.4	30.9	0	3.64	1.04	3.09	0	0.36
1-219	养护一年	10株	0.1	196.46	28.69	27.13	78.26	19.65	2.87	2.71	7.83
人工单价		小计						43.99	931.07	16.97	21.34
26元/工日		未计价材料费									
清单项目综合单价								1013.37			

综合单价 = 43.99 + 931.07 + 16.97 + 21.34 = 1013.37 元/株

工程量清单综合单价分析表 表6-11

工程名称：某桥头公园绿化工程 第3页共7页

项目编码	050102001003		项目名称	银杏			计量单位	株			
清单综合单价组成明细											
定额编号	定额名称	定额单位	数量	单价				合价			
				人工费	材料费	机械费	管理费和利润	人工费	材料费	机械费	管理费和利润
1-56	栽植银杏	10株	0.1	220.48	8005.85	142.62	127.09	22.05	800.59	14.26	12.71
1-176	毛竹三脚桩支撑	10株	0.1	12.48	245.15	0	4.37	1.25	24.52	0	0.44
1-181	草绳绕树干	10m	0.2	10.4	30.9	0	3.64	2.08	6.18	0	0.728
1-225	养护一年	10株	0.1	216.11	30.12	31.65	86.71	21.61	3.01	3.17	8.67
人工单价		小计						46.99	834.3	17.43	22.55
26元/工日		未计价材料费									
清单项目综合单价								921.27			

综合单价 =46.99 +834.3 +17.43 +22.55 =921.27 元/株

刚竹：栽植套用1-117定额子目散生竹类胸径6cm以内；支撑按毛竹桩短单桩1-173套用；草绳无，不计；竹类养护按高度4m以内套用。见表6-12所示。

工程量清单综合单价分析表 表6-12

工程名称：某桥头公园绿化工程 第4页共7页

项目编码	050102002001		项目名称	刚竹			计量单位	株			
清单综合单价组成明细											
定额编号	定额名称	定额单位	数量	单价				合价			
				人工费	材料费	机械费	管理费和利润	人工费	材料费	机械费	管理费和利润
1-117	栽植刚竹	10株	0.1	18.72	80.98	0	6.55	1.87	8.1	0	0.66
1-173	毛竹短单桩支撑	10株	0.1	4.16	85.15	0	1.45	0.42	8.52	0	0.15
1-279	养护一年	10株	0.1	17.34	6.98	4.27	7.56	1.73	0.7	0.43	0.76
人工单价		小计						4.02	17.32	0.43	1.57
26元/工日		未计价材料费									
清单项目综合单价								23.34			

综合单价 =4.02 +17.32 +0.43 +1.57 =23.34 元/株

红叶石楠、月季、马尼拉草：主要包括栽植与养护两项工作内容。具体如表6-13～表6-15所示。

工程量清单综合单价分析表 **表 6-13**

工程名称：某桥头公园绿化工程 第 5 页共 7 页

项目编码		050102004002		项目名称		红叶石楠		计量单位		株	
清单综合单价组成明细											
定额编号	定额名称	定额单位	数量	单价				合价			
				人工费	材料费	机械费	管理费和利润	人工费	材料费	机械费	管理费和利润
1-72	栽植红叶石楠	10株	0.1	10.4	35.49	0	3.64	1.04	3.55	0	0.36
1-249	养护一年	10株	0.1	2.6	16.23	14.32	5.92	0.26	1.62	1.43	0.59
人工单价		小计						1.3	5.17	1.43	0.95
26元/工日		未计价材料费									
清单项目综合单价								8.85			

综合单价 = 1.3 + 5.17 + 1.43 + 0.95 = 8.85 元/株

工程量清单综合单价分析表 **表 6-14**

工程名称：某桥头公园绿化工程 第 6 页共 7 页

项目编码		050102008001		项目名称		月季		计量单位		株	
清单综合单价组成明细											
定额编号	定额名称	定额单位	数量	单价				合价			
				人工费	材料费	机械费	管理费和利润	人工费	材料费	机械费	管理费和利润
1-112	栽植月季	100株	0.01	18.2	401.72	0	6.37	0.18	4.02	0	0.06
1-255	养护一年	10株	0.1	7.23	18.31	18.59	2.53	0.72	1.83	1.86	0.25
人工单价		小计						0.9	5.85	1.86	0.31
26元/工日		未计价材料费									
清单项目综合单价								8.92			

综合单价 = 0.9 + 5.85 + 1.86 + 0.31 = 8.92 元/株

工程量清单综合单价分析表 **表 6-15**

工程名称：某桥头公园绿化工程 第 7 页共 7 页

项目编码		050102010001		项目名称		马尼拉草		计量单位		m^2	
清单综合单价组成明细											
定额编号	定额名称	定额单位	数量	单价				合价			
				人工费	材料费	机械费	管理费和利润	人工费	材料费	机械费	管理费和利润
1-105	草皮满铺	$100m^2$	0.01	384.8	509.75	0	134.68	3.85	5.1	0	1.35
1-255	养护一年	$10m^2$	0.1	13.23	4.21	7.54	7.27	1.32	0.42	0.75	0.73
人工单价		小计						5.17	5.52	0.75	2.08
26元/工日		未计价材料费									
清单项目综合单价								13.52			

综合单价 = 5.17 + 5.52 + 0.75 + 2.08 = 13.52 元/m^2

2. 编制绿化工程“分部分项工程量清单与计价表”

将以上分析表所得数据，填写到“分部分项工程量清单与计价表”内，得如表6-16所示结果。

分部分项工程量清单与计价表 表6-16

工程名称：某桥头公园绿化工程 第1页共1页

序号	项目编码	项目名称	项目特征描述	计量单位	工程量	金额（元）		
						综合单价	合价	其中：暂估价
1	050101006001	整理绿化用地	二类土	m^2	265	1.62	429.3	
2	050102001001	栽植乔木	香樟，全冠，胸径11~13cm，冠幅300cm，高度400cm，养护期一年	株	5	397.85	1989	
3	050102001002	栽植乔木	桂花，冠幅300cm，高度350cm，养护期一年	株	6	1013.37	6080.2	
4	050102001003	栽植乔木	银杏，全冠，胸径12cm，高度大于400cm，养护期一年	株	5	921.27	4606.35	
5	050102002001	栽植竹类	刚竹，杆径$\phi 5$，养护期一年	株	100	23.34	2334	
6	050102004002	栽植灌木	红叶石楠，冠幅35cm，高度40cm，养护期一年	株	1875	8.85	16593.75	
7	050102008001	栽植花卉	月季，冠幅50cm，高度60cm，养护期一年	株	450	8.92	4014	
8	050102010001	栽植草皮	马尼拉草，满铺，养护期一年	m^2	80	13.52	1081.6	
		合计					37128.2	

复习思考与练习题

1. 乔木与灌木二者区别？常绿乔木、落叶乔木常见树种有哪些（可根据生活中了解的树种举例说明）？

2. 胸径和地径各指的是树木的哪个部位？树木的土球大小如何计算？

3. 树木的支撑根据其材料不同可分为哪几类？根据其绑扎方式不同又如何划分？

4. 树木如何养护？针对施工项目要求养护二年，该费用如何计算？

5. 绿化施工图上的苗木工程量如何计算？

6. 绿化工程量清单项目特征描述应考虑哪些因素？

7. 同一施工场地内发生的原有乔木迁移主要包括哪些工作内容？

8. 清单编制和清单计价在工程量上有什么不同？规则不同时，怎样进行计价？

9. 根据例2的计算方法，计算例1绿化分部分项工程量清单表内其他苗木综合单价分析表及分部分项工程量清单与计价表（假设白玉兰1400元/株，鸡爪槭1500元/株，金丝桃1.5元/株）。

第七章 园路、园桥、假山工程计量与计价

学习目标：（1）掌握园路、园桥、假山有关专业名词；

（2）运用工程量清单计价规范会熟练进行园路、园桥、假山等工程量计算；

（3）运用预算定额与价格、费用会进行园路、园桥、假山等综合单价确定。

教学重点：园路、园桥、假山工程量计算及相应综合单价确定。

教学难点：（1）园桥的立项和项目计量与计价；

（2）园路的综合单价确定。

在中国造园艺术中，将植物配置在有限的空间范围内，模拟大自然中的美景，经过人为的加工、提炼和创造，形成赏心悦目、富于变幻园林美景；同时，也在造园设计中添加进园路、园桥、假山等造园要素，使整个造园艺术更富于变幻，更形似自然而超于自然，更能满足人们游玩、欣赏的需求，形成“可望、可行、可游”的整体环境。

第一节　基础认知

一、园路

园路：是指园林范围内为提供交通行走，所铺装的狭长带形地面。具有引导游览，分散人流的功能。一般分为：主干道、次干道和游步道。

甬路：是指通向厅堂、走廊和主要建筑物的道路，在园林景观中多用砖、石砌成，笔直的或蜿蜒、起伏的小路。为增加其视觉效果，可用彩色卵石或青步石作面材。

园路在我国古典园林造园中，有着悠久的历史。它的主要作用是与地形、地貌、水体、植物、建筑物、构筑物、铺装地坪以及其他设施有机地结合起来，形成完整的园林景观。

在我国古代园林建设中，园路多以石材或砖、瓦、卵石、碎瓷片等材料铺成，并在施工过程中拼成各种各样的图案。随着历史的变迁，在现代园林施工中，除了继承古代传统的铺路工艺，许多园林景观设计师将国外的新材料、新工艺引入国内，与国内原有的园路铺筑材料、工艺糅合起来，使园林景观道路在使用功能和视觉感观上更趋完美。

园路工程包括：整理路床、基础垫层、路牙铺设、面层铺筑等。

（一）整理路床

整理路床是指对路基土层，按设计要求进行挖填找平、夯实整理等的施工工作。工作内容包括：30cm内的挖土、填土、找平、夯实、修整、弃土2m外等。

（二）基础垫层

基础垫层是指将路面荷重，经传递过渡到路床上的扩散层。铺筑垫层的工作内容包括：筛土、浇水、拌合、铺筑、找平、灌浆、振实、养护等所应进行的工作。

基础垫层根据其材料分为：砂垫层、石屑垫层、碎石垫层、混凝土垫层等。

（三）路面面层

路面铺筑包括：放线、修整路槽、夯实、修平垫层、调浆、铺面层、嵌缝、清扫等所应进行的工作。根据面层材料不同分为：卵石面层、混凝土面层、石材面层、砖瓦面层及其他面层。

1. 卵石面层

卵石面层是指用鹅卵石与水泥砂浆铺筑而成的面层。分为：满铺卵石拼花面、素色卵石面彩色镶边。前者是指在素卵石面中镶有色卵石简单拼花图案，后者是指在素卵石两边镶嵌彩色卵石边，如图7-1（*a*）、（*b*）所示。

2. 混凝土面层

混凝土面层分为捣制混凝土面层和预制混凝土块面层。捣制混凝土面层是指在施工现场用混凝土浇筑而成的路面，分为：纹形混凝土面、水刷混凝土面。前者是指在浇筑时，做有波纹防滑线的路面；后者是指将表面用水刷出面浆露出石子的路面。预制混凝土块面层是指在基础垫层上，铺一层黄砂后用预制混凝土块铺筑而成的路面。按混凝土块的形式分为：方格块混凝土面、异形块混凝土面、大预制块面、假冰梅混凝土面。如图7-1（*c*）～（*h*）所示。

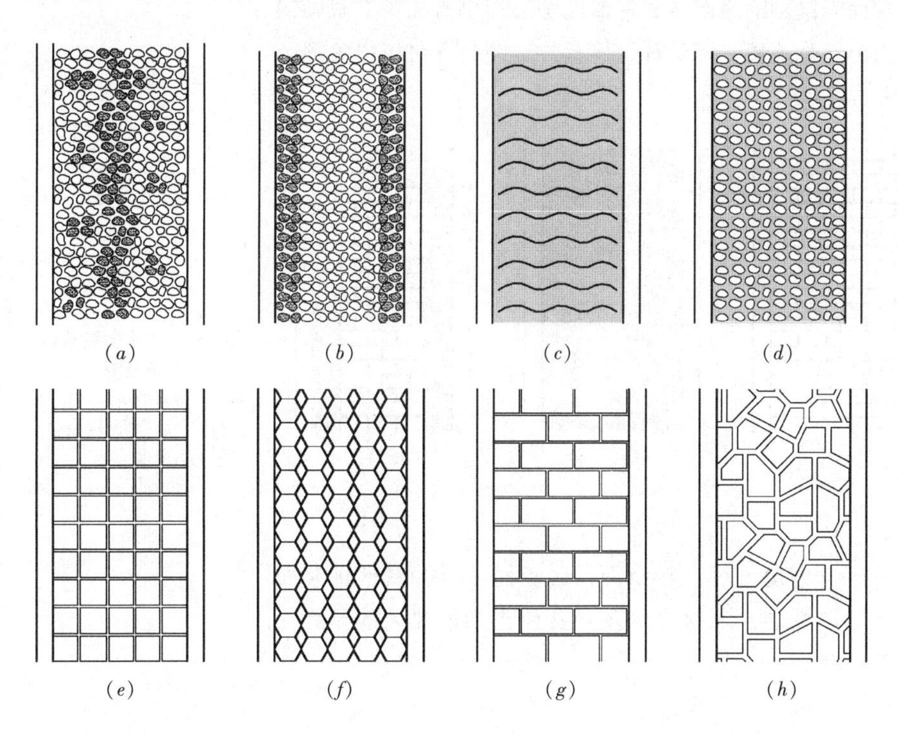

图7-1　卵石、混凝土面式样示意图

（*a*）卵石拼花；（*b*）卵石素面镶边；（*c*）纹形面；（*d*）水刷面；（*e*）方块混凝土面；（*f*）异形混凝土面；（*g*）大预制块面；（*h*）假冰梅面

3. 石材面层

石材面层是指用加工石料所铺筑的面层。分为方整石板面、乱铺冰片石面、石板冰梅面、六角板、弹石、花岗石碎石面等。其中方整石板面是指将料石加工成厚度10～20cm的矩形截面的石板；冰片石是指石板的边角废料；石板冰梅面、六角板、弹石面是指用加工成异形、六角形的小方块石铺砌而成的面层。如图7-2所示。

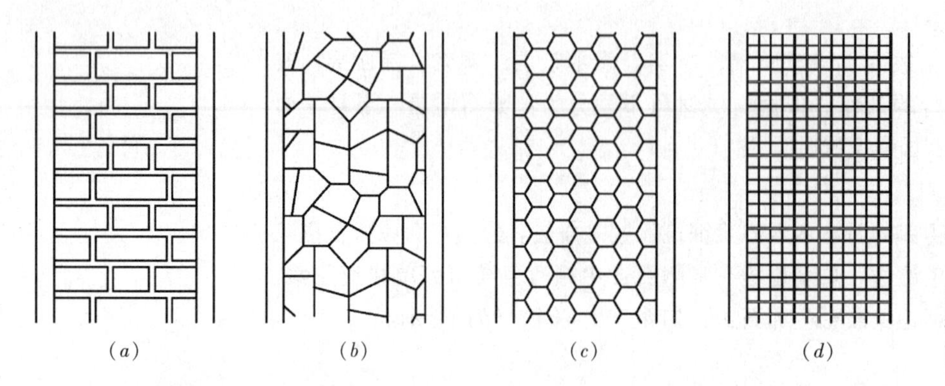

图7-2 石材面层式样示意图
(a) 方整石板；(b) 石板冰梅面；(c) 六角板面；(d) 弹石面

石材面层的加工方法很多，目前常用的加工方法有：火烧、剁斧、凿面、磨光等，在园路工程中，除大理石碎片面层外，一般不宜采用磨光面。

4. 砖瓦面层

砖瓦面层用于游人休闲小路的路面，分为砖面层、瓦片面层、混合铺装面层等。其中砖面层指京砖（又称金砖）、皇道砖（土青砖）、八五砖、标准砖等按席纹侧铺、平铺、侧铺等铺砌的路面；瓦片面层是指用小青瓦侧立栽砌的路面；混合铺装面层是用小青瓦、砖、碎缸片、碎石片、卵石等材料组合镶嵌铺设的路面。如图7-3所示。

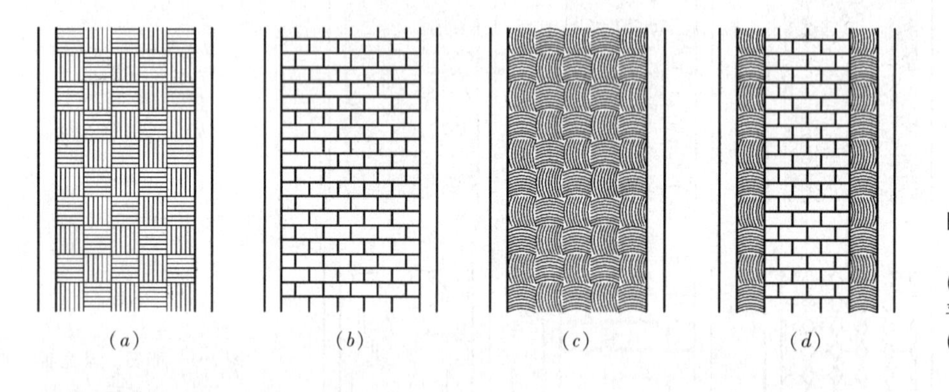

图7-3 砖瓦面层式样示意图
(a) 砖席纹侧铺；(b) 砖平铺；(c) 瓦席纹侧铺；(d) 砖瓦混铺

5. 其他面层

其他面层是指除卵石面、混凝土面、石材面、砖瓦面以外的其他铺装面层。包括嵌草砖面层、广场砖面层、木材面层及特殊使用功能要求的园路面层，如健身道、盲人道等。

（四）路牙

路牙：是指长条形材料铺设在道路边缘，起到保护路面作用。包括：清理、垫层铺设、调浆、砌筑、铺设、嵌缝、清扫等所进行的工作内容。根据用材的不同，主要有混凝土路牙、条石路牙、砖路牙等。如图7-4所示。

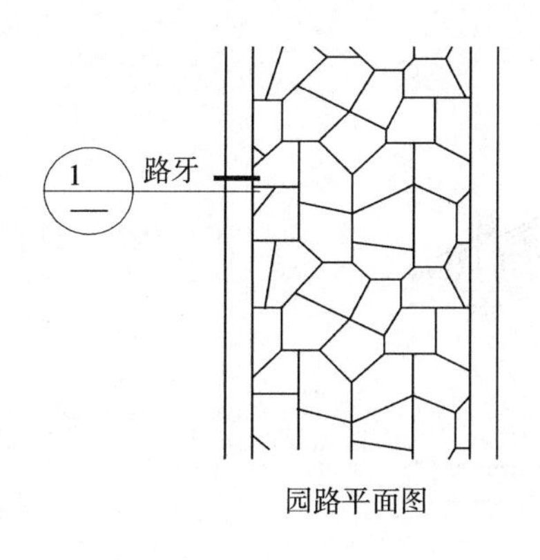

园路平面图

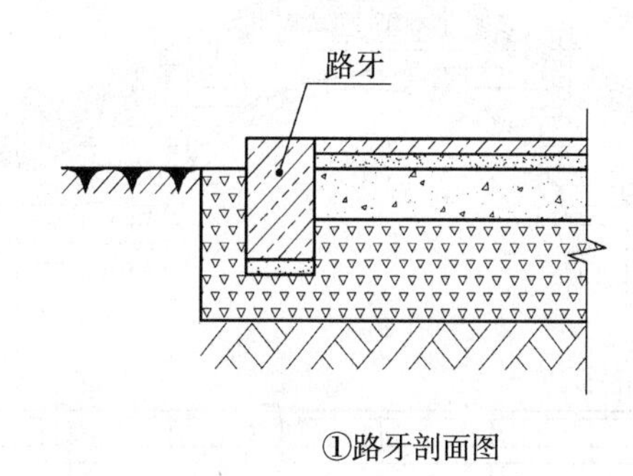

①路牙剖面图

图 7-4　路牙示意图

二、园桥

（一）概况

桥是人工美的建筑物，是水中的路，造型设计精美的桥能成为自然水景中的重要点缀和园中主景。园林中的桥与路一样起着联系景点、景区，组织浏览路线的作用，与路不同的是桥为了使其跨度尽可能小，常选择水面和溪谷较狭窄的地方，并设计成曲折的形式。园林中的桥常采用：拱桥、亭桥、廊桥、平桥等多种类型。

（1）拱桥：一般用钢筋混凝土或石条、砖等材料砌筑成圆形券洞，券数以水面宽度而定，有单孔、双孔、三孔、五孔、七孔、九孔，以至数十孔不等。有半圆形券、双圆形券、弧形券等，如图 7-5（*a*）所示。

（2）亭桥：是在桥上置亭，除了纳凉避雨、驻足休息、凭栏瞭望外，还使桥的形象更为丰富多彩。

（3）廊桥：由于桥体一般较长，桥上再架以廊，在组织园景方面既分隔了空间，又增加了水面的层次和进深。

（4）平桥：分单跨平桥和折线形平桥。单跨平桥，简洁、轻快、小巧，由于跨度较小，多用在水面较浅的溪谷，桥的墩座常用天然块石砌筑，可不设栏。折线形平桥是为了克服平桥长而直的单调感，取得更多的变化，使人行其上，情趣横生，增加游赏趣味，它一般用于较大的水面之上。杭州西湖的三潭印月的九曲桥，不仅曲折多变，并在桥的中间及转折的宽阔处，布置了四方亭和三角亭各一座，游人可随桥面的转折与起伏不断变换观赏角度，丰富景观效果，如图 7-5（b）所示。

（5）园林中的水面上还常采用汀步作为水中的路，它的作用类似桥，但比桥更贴近水面，使游人与水的距离感更小，行走其上，能有平水而过之感，它在平面布局上，更显现造型美和图案美，使其成为点缀水面的一种常用的造园手法，如图 7-5（*c*）所示。

（二）桥项目识别

园桥工程的项目包括桥基、桥身、桥面、栏杆及护坡等。

1. 桥基

桥基有毛石基础和混凝土基础，是指桥台、桥墩下面的基础，用毛石和水泥砂浆砌筑而成或用混凝土浇捣而成，如图 7-6所示。

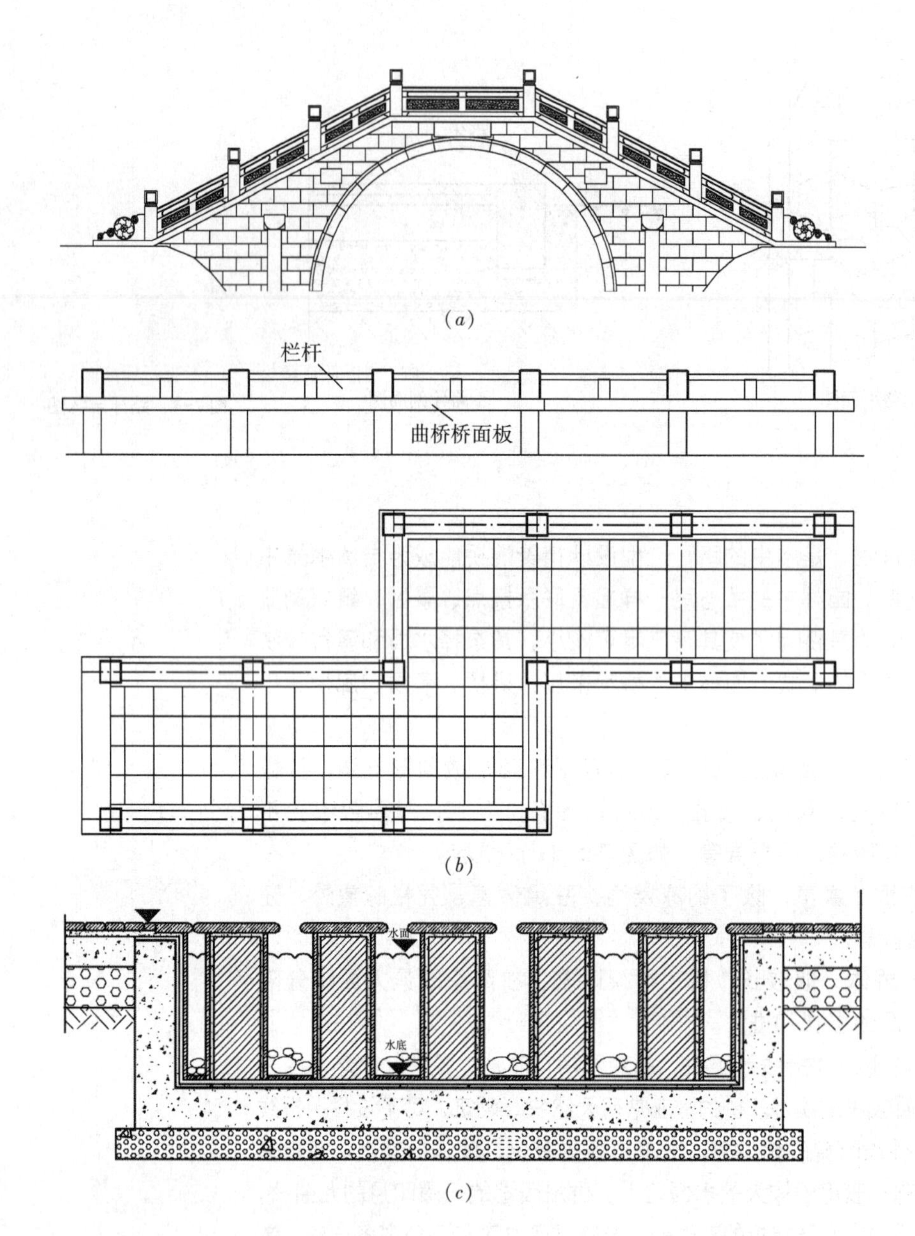

图7-5　园桥示意图
(a) 拱桥；(b) 折线形平桥；(c) 汀步

2. 桥身

在我国园林建筑工程中，多以明清时期的石券桥为常见，其桥身从立面上看，由下而上分为：桥墩（桥台）、桥拱、桥身侧面墙（也称撞券石）、桥面及栏杆。下面以石拱桥为例对桥身各项目做介绍。

1）桥墩（桥台）

桥墩是指桥梁中段部分的支承脚墩，它是支承桥梁跨越水面的支柱体，如图7-6所示。其作用是将上部结构传来的荷载可靠而有效地传给基础。有些桥在拱券脚下砌垂直承重墙，此承重墙称"金刚墙"，也即现代的桥墩，又叫"平水墙"。

桥台是指桥梁两头的支承脚墩，它是护岸墙与桥头墩的组合体，如图7-6所示。其功能除传递桥梁上部结构的荷载到基础外，还具有抵挡台后的填土压力、稳定桥头路基、使桥头线路和桥上线路可靠而平稳地连接的作用。

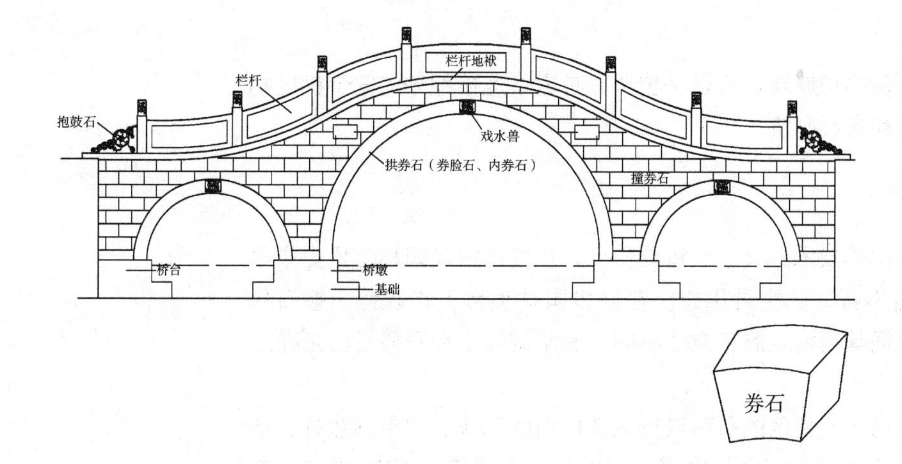

图 7-6　桥构造

2）桥身石券

石券是指用于通水洞（桥洞）的石砌圆弧形拱券。从石券一边的拱脚，券到另一边拱脚，所形成的券石为一路单券券石，一个石券由若干路单券券石所组成。石券最外端的一圈券石叫“券脸石”，券洞内的叫“内券石”。石券正中的一块券脸石常称为“龙口石”，也有叫“龙门石”的，龙门石上若雕凿有兽面者叫“兽面石”，俗称“戏水兽”、“吸水兽”或“喷水兽”，如图 7-6所示。

撞券石：即桥身的两侧面墙。

3. 桥面

桥面是指桥梁拱券顶部，衔接道路通行交通的顶面，它是在桥身拱券填平后所铺砌的路面面层，一般采用耐磨性好的条石。

4. 栏杆

栏杆是桥梁或建筑物的楼、台、廊、梯等边沿处的围护构件，具有防护功能，兼起装饰作用。有实体式与局部镂空式。常用材料有石料、钢筋混凝土、铁、砖、木等。园林中石材栏杆很常见，石栏板的板件一般是将扶手和绦环板用整块石板剔凿镂雕而成。通常在栏杆下面设地袱，即栏杆下的特制条状基石，条石上面凿有嵌立栏杆的凹槽和嵌立栏杆柱的方档，并按要求凿有排水孔。桥栏板的两端封头通常设有“抱鼓石”，“抱鼓石”它有一个犹如抱鼓形态的石雕承托于石基座上，一般位于宅门入口、由形似圆鼓的两块人工雕琢的石制构件构成，有稳固与装饰作用。石桥的上下入口形似宅门入口，故常设有此构件。如图 7-7所示。

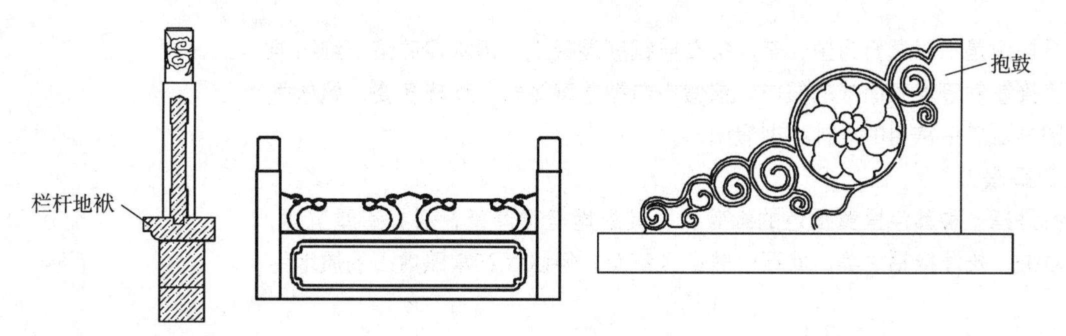

图 7-7　地袱、栏杆、抱鼓

5. 护坡

护坡是指桥台两侧的护岸墙，它是保护桥头与道路连接部分的安全稳定构件。分为：毛石砌筑和条石砌筑。

三、假山

假山叠石是中国园林技术的又一个重要特点，在我国古代园林艺术史中早有“无园不山，无园不石”的主导思想。在许多园林项目上均以假山叠石作为一个观赏景点。根据其用材及施工方法不同，有堆砌假山和塑假石山工程。

（一）堆砌假山

堆砌假山是指采用一定特色的石料进行人造假山的工作。它包括放样、选石、运石、调制运混凝土（砂浆）、堆砌、搭拆简单脚手架、塞垫嵌缝、清理、养护等工作内容。

根据所用石料不同，分为：湖石假山、黄石假山、整块湖石峰、人造湖（黄）石峰、石笋、布置石景、土山点石、自然式护岸等。

1. 湖石假山

湖石是指产于湖崖中，由石灰岩经水长年溶蚀所形成的一种岩石。此石颜色一般为浅灰泛白，色调丰润柔和，质地清脆易损。该石的特点是经水常年溶蚀形成大小不一的洞窝和环沟，具有圆润柔曲、嵌空婉转、玲珑剔透之外形，扣之有声。以产于苏州太湖洞庭山的太湖石为最优，浙江省的湖州、长兴、桐庐等地均有出产，但品质次之，如图7-8所示。

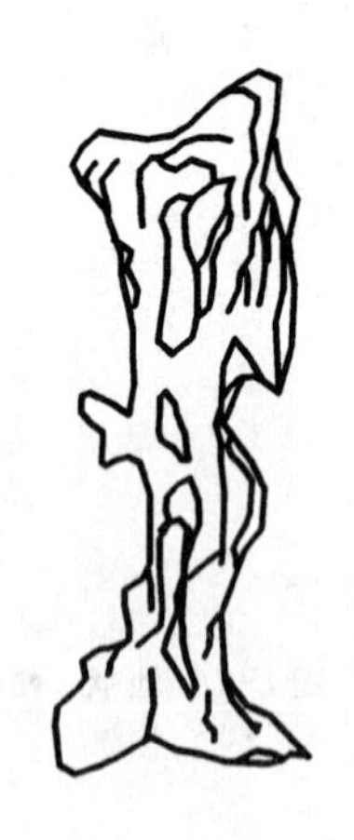

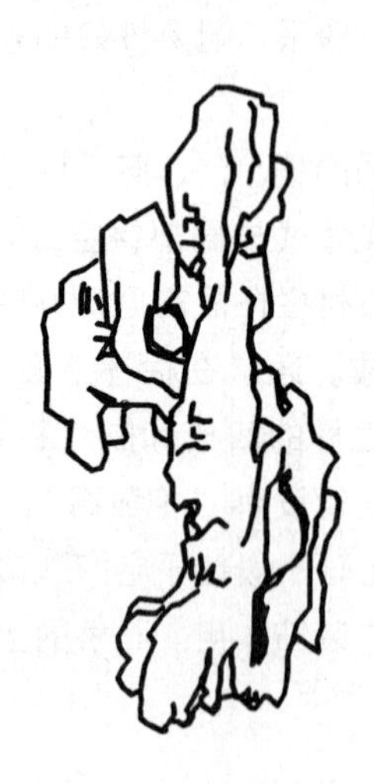

图7-8　湖石

湖石假山是指以湖石为主，辅以条石或钢筋混凝土，用水泥砂浆、细石混凝土和连接铁件等堆砌而成的假山，该假山造型丰富多彩、玲珑多姿、婉转秀丽，是园林造景中常用的一种小型假山。

2. 黄石假山

黄石是指一种颜色呈黄褐色的细砂岩，其质地坚硬厚重，形态浑厚沉实，具拙重顽夯、雄浑挺括之美。此石一般山区都有，但以江苏常熟虞山的质地为最好。如图 7-9所示。

图 7-9　黄石

黄石假山是指以黄石为主，辅以条石或钢筋混凝土，用水泥砂浆、细石混凝土和连接铁件等堆砌而成的假山，该假山造型憨厚朴实、气势雄伟、古朴大气，是园林造景艺术中堆砌大型假山时常选用的一种假山。

3. 石峰、石笋

石峰：有整块湖石峰和人造湖（黄）石峰。整块湖石峰是一种形态独特的孤峰状的自然石景，具有较高的观赏价值，一般可用作独立石景，又称孤赏石或独峰石。人造湖（黄）石峰是指多块大小不等、外形较佳的湖（黄）石，由人工组合成造型自然、优美的石峰，如图 7-10 所示。

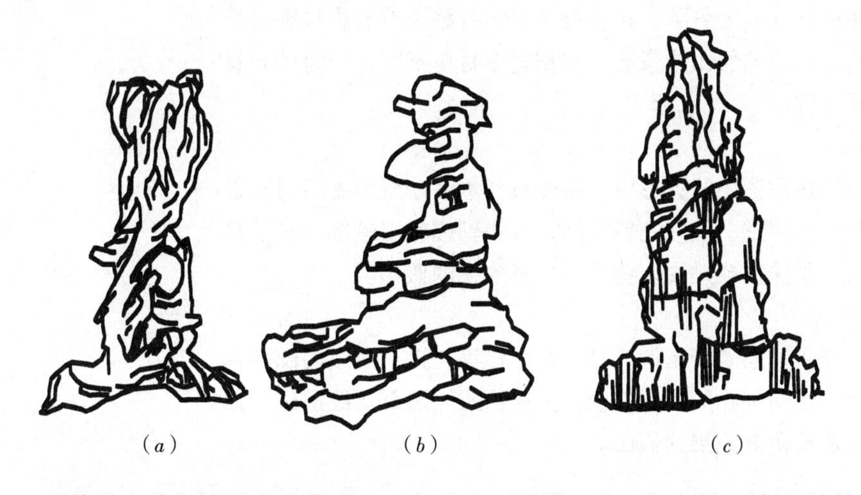

图 7-10　石峰
(a) 整块湖石峰；(b) 人造湖石峰；(c) 人造黄石峰

石笋是一种条状形水成岩石，一般称为“石笋石”，直立放置有似竹笋，如图 7-11 所示，它是园林小品中常用的点缀石景。

4. 土山点石、布置景石

土山点石是指在需要作为景点的矮坡形土山上、草皮上和大树根旁，用少量石块为点缀景致而布置的石景；布置景石是指除堆砌假山之外，用各种奇形怪状的独立石进行造景的手法，如特置的各种形状的单峰石、象形石、石供石、花坛石等石景以及院门、道路两旁的对称石等，如图 7-12 所示。

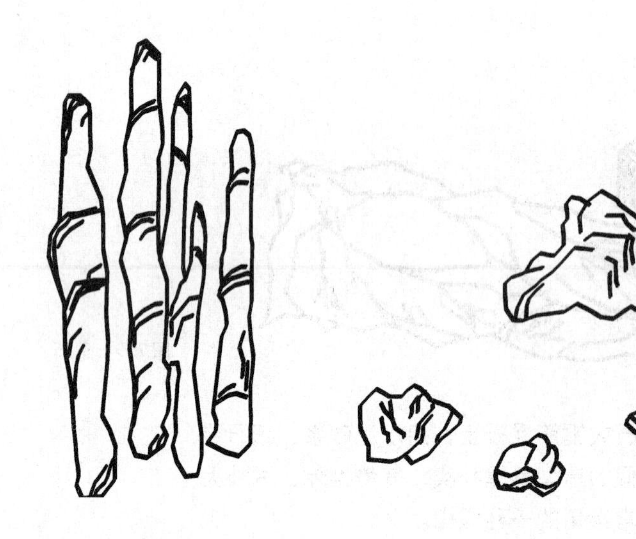

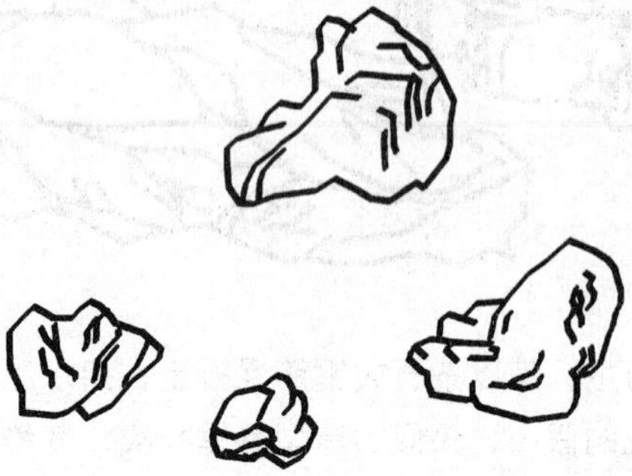

图 7-11　石笋（左）
图 7-12　点石（右）

5. 自然式护岸

自然式护岸是指沿河、湖、池、溪流岸线，用景石自然式堆砌护岸；一般在常水位以下部位用混凝土现浇或块石砌筑成墙，常水位以上部位用景石布置，以作挡土造景的堤岸。

（二）塑假石山

塑假石山是指以砖或钢丝网为骨架，用混凝土塑仿各种天然石质纹理进行抹灰或贴面，塑造出仿真效果的假山或景石，根据塑造材料不同，分为砖石骨架塑假山、钢骨架钢网塑假山。

1. 砖石骨架塑假山

砖石骨架塑假山是指按照假山设计形体，用砖石和水泥砂浆为主要材料进行砌筑，将内部构成洞室、穿道、通气孔等空间，其外砌成假山轮廓，然后再仿照天然石质纹理进行面层抹灰或贴面，塑造出仿真效果的假山。

2. 钢骨架钢网塑假山

钢骨架钢网塑假山指用钢筋混凝土做成柱、梁、板等支撑，形成内部各种空间，再按设计造型用钢丝网绑扎成外形轮廓，最后仿照天然石质纹理进行面层抹灰或贴面，从而塑造出仿真效果的假山。

第二节　工程量清单编制

一、园路

（一）与园路相关项目工程量计算规则

（1）整理路床：按设计图示尺寸，两边各放宽 5cm 以“m^2”计算。

（2）基础垫层：按设计图示尺寸，两边各放宽 5cm 以“m^3”计算。

（3）园路面层：按设计图示尺寸，以“m^2”计算，不包括路牙。

（4）路牙：按设计图示尺寸，以“m”计算。

（二）工程量清单项目设置

园路清单项目及相关内容 **表 7-1**

项目编号	项目名称	项目特征描述	计量单位	工程量计算规则	工程内容
050201001	园路	1. 垫层厚度、宽度、材料种类 2. 路面厚度、宽度、材料种类 3. 混凝土强度等级 4. 砂浆强度等级	m^2	按设计图示尺寸以面积计算，不包括路牙	1. 园路路基、路床整理 2. 垫层铺筑 3. 路面铺筑 4. 路面养护
050201002	路牙铺设	1. 垫层厚度、材料种类 2. 路牙材料种类、规格 3. 混凝土强度等级 4. 砂浆强度等级	m	按设计图示尺寸以长度计算	1. 基层清理 2. 垫层铺设 3. 路牙铺设
050201003	树池围牙、盖板	1. 围牙材料种类、规格 2. 铺设方式 3. 盖板材料种类、规格			1. 基层清理 2. 围牙、盖板运输 3. 围牙、盖板铺设
050201004	嵌草砖铺装	1. 垫层厚度 2. 铺设方式 3. 嵌草砖品种、规格、颜色 4. 漏空部分填土要求	m^2	按设计图示尺寸以面积计算	1. 原土夯实 2. 垫层铺设 3. 铺砖 4. 填土

根据《建设工程工程量清单计价规范》GB 50500—2008 附录 E. 2 园路、园桥、假山工程，园路工程分四个清单项目，即：园路，路牙铺设，树池围牙、盖板，嵌草砖铺装。项目编码为 050201001 ~ 050201004，其项目名称、特征描述、计量单位、工程量计算规则及工程内容如表 7-1所示。

（三）工程量清单编制要求

工程量清单编制时，应根据工程设计内容，按照规范要求，结合有关计价定额的使用规则，完整、明确地描述清单项目特征。

（四）工程量清单编制实践

【例 7-1】某休息平台，长6000mm，宽3600mm，具体做法如图 7-13 所示，依《计价规范》附录 E. 2（本题可参表 7-1园路清单项目及相关内容）计算其项目工程量清单。

【解】（1）计算平台工程量如下：

铺装面积 S = 长 × 宽 = 6 × 3. 6 = 21. 6m^2

（2）依《计价规范》附录 E. 2（参表 7-2），项目编码为 050201001，列表 7-2。

分部分项工程量清单 **表 7-2**

工程名称：某休息平台

序号	项目编码	项目名称	项目特征描述	计量单位	工程量
1	050201001001	平台铺装	600 × 300 × 50 厚荔枝面灰色花岗石席纹铺地、50 厚 600 宽小青砖镶边横铺面层；30 厚 1∶2 水泥砂浆结合层；100 厚 C15 素混凝土垫层；150 厚碎石垫层；素土夯实	m^2	21. 6

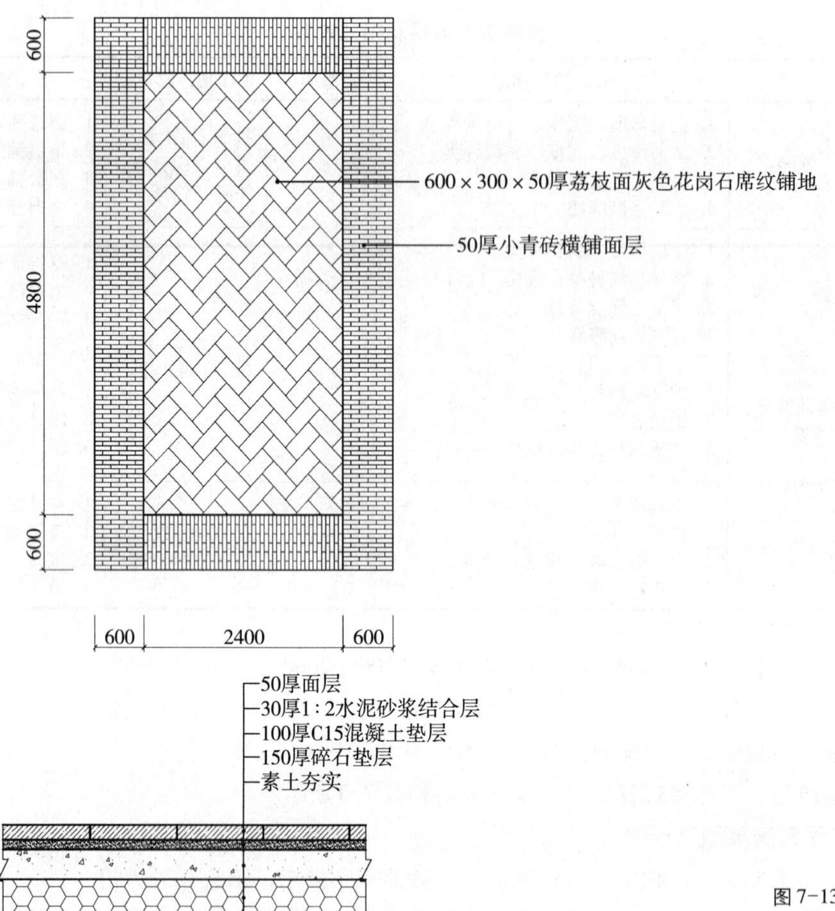

图 7-13　平台平面图、剖面图

【例 7-2】 某 2m 宽的园路，总长为 55m，具体做法如图 7-14 所示，计算各分项工程量并依《计价规范》附录 E.2（参表 7-1 园路清单项目及相关内容）计算其项目清单。

【解】 1. 计算各分项工程量

1）素土夯实

$$S = 长 \times 宽 = (55 + 0.05 \times 2) \times (2 + 0.05 \times 2) = 115.71\mathrm{m}^2$$

2）150 厚碎石垫层

$$V = 长 \times 宽 \times 厚度 = (55 + 0.05 \times 2) \times (2 + 0.05 \times 2) \times 0.15 = 17.36\mathrm{m}^3$$

3）100 厚 C15 素混凝土垫层

$$V = 长 \times 宽 \times 厚度 = (55 + 0.05 \times 2) \times (2 + 0.05 \times 2) \times 0.1 = 11.57\mathrm{m}^3$$

4）400×900×30 厚青石板面层，30 厚 1∶3 水泥砂浆粘结层

$$S = 长 \times 宽 = 55 \times 0.9 = 49.5\mathrm{m}^2$$

5）180×300×30 厚浅灰色蘑菇石面料石，30 厚 1∶3 水泥砂浆粘结层

$$S = 长 \times 宽 = 55 \times 0.3 \times 2 = 33\mathrm{m}^2$$

6）180×170×30 厚浅灰色蘑菇石面料石，30 厚 1∶3 水泥砂浆粘结层

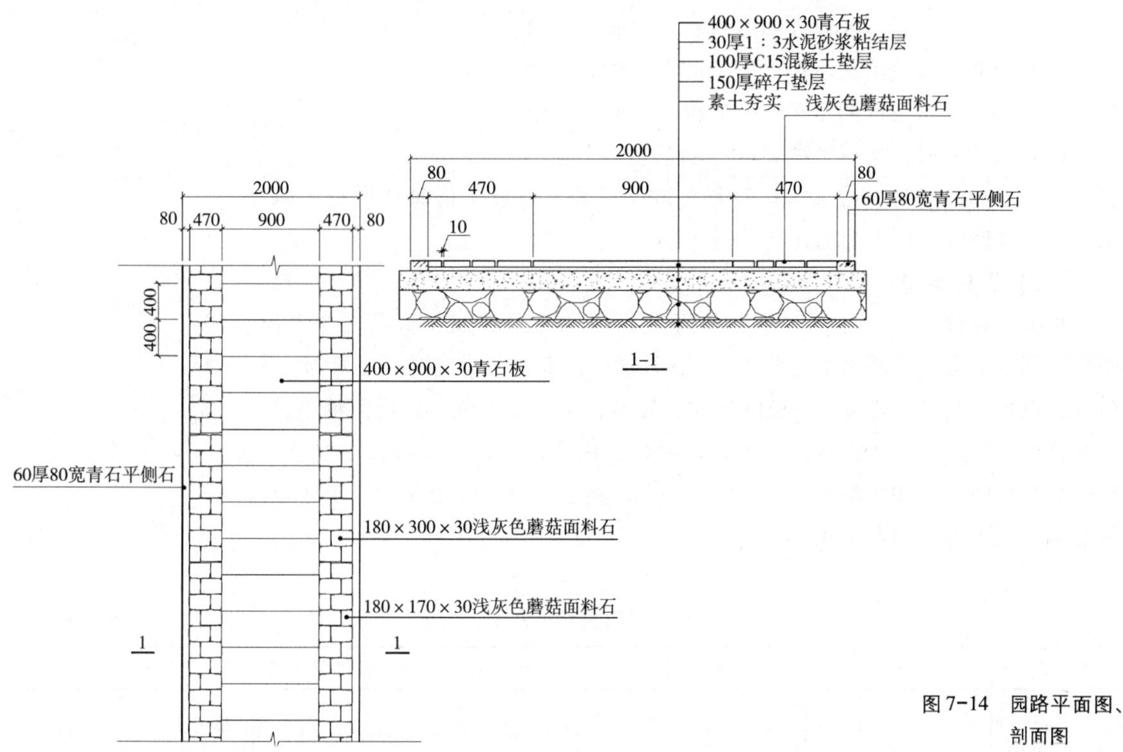

图 7-14　园路平面图、剖面图

$$S = 长 \times 宽 = 55 \times 0.17 \times 2 = 18.7\text{m}^2$$

7）60 厚 80 宽青石平侧石

$$L = 55 \times 2 = 110\text{m}$$

2. 计算园路项目工程量清单

园路面层：$S = 55 \times 1.84 = 101.2\text{m}^2$ 或 $S = 49.5 + 33 + 18.7 = 101.2\text{m}^2$

路牙铺设：$L = 55 \times 2 = 110\text{m}$

根据以上计算内容，得分部分项工程量清单如表 7-3所示。

分部分项工程量清单　　　　表 7-3

工程名称：某园路

序号	项目编码	项目名称	项目特征描述	计量单位	工程量
1	050201001001	园路	面层材料为 400×900×30 厚青石板，180×300×30、180×170×30 浅灰色蘑菇石面料石，30 厚 1:3 水泥砂浆粘结层；100 厚 C15 素混凝土垫层；150 厚碎石垫层；素土夯实	m^2	101.2
2	050201002001	路牙铺设	60 厚 80 宽青石路牙	m	110

备注：路牙铺设垫层利用园路垫层，工程量计入园路中，路牙项目内不计。

二、园桥

（一）与园桥相关项目工程量计算规则

（1）桥基础：按设计图示尺寸以“m^3”计算。

（2）桥台、桥墩：按设计图示尺寸以“m^3”计算。

（3）桥面：按设计图示尺寸以“m^2”计算。

（4）护岸：按设计图示尺寸的体积以“m^3”计算。

（5）木制步桥、木栈道按“m^2”计算。

（6）土石方工程、柱梁板等钢筋混凝土工程、打桩工程等与桥相关的项目可根据其他章节相应计算规则进行计算。

（二）工程量清单项目设置

根据《建设工程工程量清单计价规范》GB 50500—2008 附录 E.2 园路、园桥、假山工程，按桥的组成分 12 个清单项目，即：石桥基础，石桥墩、石桥台，拱旋石制作、安装，石旋脸制作、安装，金刚墙砌筑，石桥面铺筑，石桥面檐板，仰天石、地伏石，石望柱，栏杆、扶手，栏板、撑鼓，木制步桥，编码为 050201005 ~ 050201016，其项目名称、特征描述、计量单位、工程量计算规则及工程内容如表 7-4所示。

园桥清单项目特征及相关内容 表 7-4

<table>
<tr><th>项目编号</th><th>项目名称</th><th>项目特征描述</th><th>计量单位</th><th>工程量计算规则</th><th>工程内容</th></tr>
<tr><td>050201005</td><td>石桥基础</td><td>1. 基础类型
2. 石料种类、规格
3. 混凝土强度等级
4. 砂浆强度等级</td><td rowspan="3">m^3</td><td rowspan="3">按设计图示尺寸以体积计算</td><td>1. 垫层铺筑
2. 基层砌筑、浇筑
3. 砌石</td></tr>
<tr><td>050201006</td><td>石桥墩、石桥台</td><td>1. 石料种类、规格
2. 勾缝要求
3. 砂浆强度等级、配合比</td><td rowspan="2">1. 石料加工
2. 起重架搭、拆
3. 墩、台、旋石、旋脸、砌筑
4. 勾缝</td></tr>
<tr><td>050201007</td><td>拱旋石制作、安装</td><td>1. 石料种类、规格
2. 旋脸雕刻要求
3. 勾缝要求
4. 砂浆强度等级、配合比</td></tr>
<tr><td>050201008</td><td>石旋脸制作、安装</td><td rowspan="2">1. 石料种类、规格
2. 旋脸雕刻要求
3. 勾缝要求
4. 砂浆强度等级、配合比</td><td>m^2</td><td>按设计图示尺寸以面积计算</td><td>1. 原土夯实
2. 垫层铺设
3. 铺砖
4. 填土</td></tr>
<tr><td>050201009</td><td>金刚墙砌筑</td><td>m^3</td><td>按设计图示尺寸以体积计算</td><td>1. 石料加工
2. 起重架搭、拆
3. 砌石
4. 填土夯实</td></tr>
<tr><td>050201010</td><td>石桥面铺筑</td><td>1. 石料种类、规格
2. 找平层厚度、材料种类
3. 勾缝要求
4. 混凝土强度等级
5. 砂浆强度等级</td><td>m^2</td><td>按设计图示尺寸以面积计算</td><td>1. 石材加工
2. 抹找平层
3. 起重架搭、拆
4. 桥面、桥面踏步铺设
5. 勾缝</td></tr>
</table>

续表

项目编号	项目名称	项目特征描述	计量单位	工程量计算规则	工程内容
050201011	石桥面檐板	1. 石料种类、规格 2. 勾缝要求 3. 砂浆强度等级、配合比	m^2	按设计图示尺寸以面积计算	1. 石材加工 2. 檐板、仰天石、地伏石铺设 3. 铁锔、银锭安装 4. 勾缝
050201012	仰天石、地伏石		m/m^3	按设计图示尺寸以长度计算	
050201013	石望柱	1. 石料种类、规格 2. 柱高、截面 3. 柱身雕刻要求 4. 柱头雕刻要求 5. 勾缝要求 6. 砂浆配合比	根	按设计图示以数量计算	1. 石料加工 2. 柱身、柱头雕刻 3. 望柱安装 4. 勾缝
050201014	栏杆、扶手	1. 石料种类、规格 2. 栏杆、扶手截面 3. 勾缝要求 4. 砂浆配合比	m	按设计图示尺寸以长度计算	1. 石料加工 2. 栏杆、扶手安装 3. 铁锔、银锭安装 4. 勾缝
050201015	栏板、撑鼓	1. 石料种类、规格 2. 栏板、撑鼓雕刻要求 3. 勾缝要求 4. 砂浆配合比	块/m^2	按设计图示以数量计算	1. 石料加工 2. 栏板、撑鼓雕刻 3. 栏板、撑鼓安装 4. 勾缝
050201016	木制步桥	1. 桥宽度 2. 桥长度 3. 木材种类 4. 各部件截面长度 5. 防护材料种类	m^2	按设计图示尺寸以桥面板长乘以桥面板宽以面积计算	1. 木桩加工 2. 打木桩基础 3. 木梁、木桥板、木桥栏杆、木扶手制作安装 4. 连接铁件、螺栓安装 5. 刷防护材料

（三）工程量清单编制要求

工程量清单编制时，应根据工程设计内容，按照规范要求，结合有关计价定额的使用规则，完整、明确地描述清单项目特征。

（四）工程量清单编制实践

【例7-3】 如图7-15所示平桥，长度为9000mm，宽度为2400mm，常水位标高为0.800m，河底标高为0.300m，土壤类别为三类土，具体做法见详图，依《计价规范》附录E.2（参表7-4园桥清单项目特征及相关内容表）及其他相应章节，计算各子目工程量并列表。

【解】 1. 挖地槽土方

$V=\text{宽}\times\text{厚}\times\text{长}$

$=1.6\times(0.4+0.1)\times[(2.4+0.3\times2)+(2.3-0.8+0.3)\times2]\times2$

$=10.56m^3$

2. C15素混凝土垫层

$V=\text{宽}\times\text{厚}\times\text{长}$

$=1.6\times0.1\times[(2.4+0.3\times2)+(2.3-0.8+0.3)\times2]\times2$

$=2.11m^3$

3. C25混凝土基础

$$V = 宽 \times 厚 \times 长$$
$$= 1.4 \times 0.4 \times [(2.4 + 0.2 \times 2) + (2.3 - 0.7 + 0.2) \times 2)] \times 2$$
$$= 7.17\text{m}^3$$

4. M7.5 水泥砂浆砌毛石桥墩

$$V1 = 宽 \times 高 \times 长$$
$$= \frac{1}{2} \times (1 + 0.45) \times (2.2 - 0.25 - 0.3) \times 2.4 \times 2 = 5.74\text{m}^3$$
$$V2 = 宽 \times 高 \times 长$$
$$= \frac{1}{2} \times (1 + 0.45) \times (2.45 - 0.12 - 0.3) \times \left(2.3 - \frac{1 + 0.45}{2}\right) \times 2 \times 2$$
$$= 9.27\text{m}^3$$
$$V = V1 + V2 = 5.74 + 9.27 = 15.01\text{m}^3$$

5. 250 × 450 × 3000 浅灰色粗凿面花岗石压顶

$$L = 3 \times 2 = 6\text{m}$$

6. 120 × 450 × 1000 浅灰色粗凿面花岗石地袱

$$L = 2.3 \times 2 \times 2 = 9.2\text{m}$$

7. 250 × 600 × 4400 浅灰色粗凿面花岗石桥面板

$$S = 长 \times 宽 = 4.4 \times 0.6 \times 4 = 10.56\text{m}^2$$

8. 地面铺装：600 × 300 × 30 厚浅灰色粗凿面花岗石，20 厚 1∶3 水泥砂浆，100 厚 C15 混凝土垫层，150 厚碎石垫层，素土夯实

$$S = 长 \times 宽 = 1.2 \times 2.3 \times 2 = 5.52\text{m}^2$$

9. 250 × 250 × 1000 浅灰色粗凿面花岗石栏杆柱：8 根

10. 100 × 500 × 2000 浅灰色粗凿面花岗石栏板：6 块

11. 150 × 500 × 1025 浅灰色粗凿面花岗石抱鼓：4 块

12. 600 × 300 × 20 厚浅灰色粗凿面花岗石贴面，20 厚 1∶3 水泥砂浆粘结

$$S1 = (2.2 - 0.3 - 0.25) \times 2.4 \times 2 = 8.4\text{m}^2$$
$$S2 = \frac{1}{2} \times (0.5 + 2.5) \times (2.45 - 0.12 - 0.3) \times 4 = 12.18\text{m}^2$$

扣除 $S3 = 0.25 \times 0.45 \times 4 + 0.2 \times 0.25 \times 4 = 0.65\text{m}^2$

$$S = S1 + S2 - S3 = 8.4 + 12.18 - 0.65 = 19.93\text{m}^2$$

根据以上计算内容，得工程量清单如表 7-5所示。

分部分项工程量清单 表 7-5

工程名称：× × ×平桥

序号	项目编码	项目名称	项目特征描述	计量单位	工程量
1	010101002001	挖土方	土壤类别：三类土；挖土平均厚度为 500mm；弃土运距：无	m^3	10.56
2	050201005001	桥基础	100 厚 C15 素混凝土垫层；C25 现浇现拌混凝土基础	m^3	7.17
3	050201006001	桥墩	毛石，M7.5 水泥砂浆砌筑	m^3	15.01

续表

序号	项目编码	项目名称	项目特征描述	计量单位	工程量
4	050201012001	石压顶	250×450×3000浅灰色粗凿面花岗石，20厚1:3水泥砂浆粘结	m	6.00
5	050201012002	石地袱	120×450×1000浅灰色粗凿面花岗石	m	9.2
6	050201010001	桥面板	250×600×4400浅灰色粗凿面整块花岗石	m^2	10.56
7	050201010002	桥面铺装	600×300×30厚浅灰色粗凿面花岗石面层，20厚1:3水泥砂浆粘结，100厚C15混凝土垫层，150厚碎石垫层，素土夯实	m^2	5.52
8	050201013001	栏杆柱	250×250×1000浅灰色粗凿面花岗石柱，柱头制作简单线条	根	8
9	050201015001	栏板	100×500×2000浅灰色粗凿面花岗石光板栏板	块	6
10	050201015002	抱鼓	150×500×1025浅灰色粗凿面花岗石光板抱鼓	块	4
11	020204001001	石材贴面	600×300×20厚浅灰色粗凿面花岗石贴面，20厚1:3水泥砂浆粘结	m^2	19.93

备注：

1. 附录E.2无相应清单项的参其他附录有关子目编码，挖土方编码为010101002，花岗石贴面编码为020204001。
2. 土方开挖后就地处理，不考虑弃土外运。
3. 桥基础清单列项包括垫层，C15混凝土垫层不单独列清单项。
4. 250×450×3000浅灰色粗凿面花岗石压顶参地袱石列项，编码为050201012。

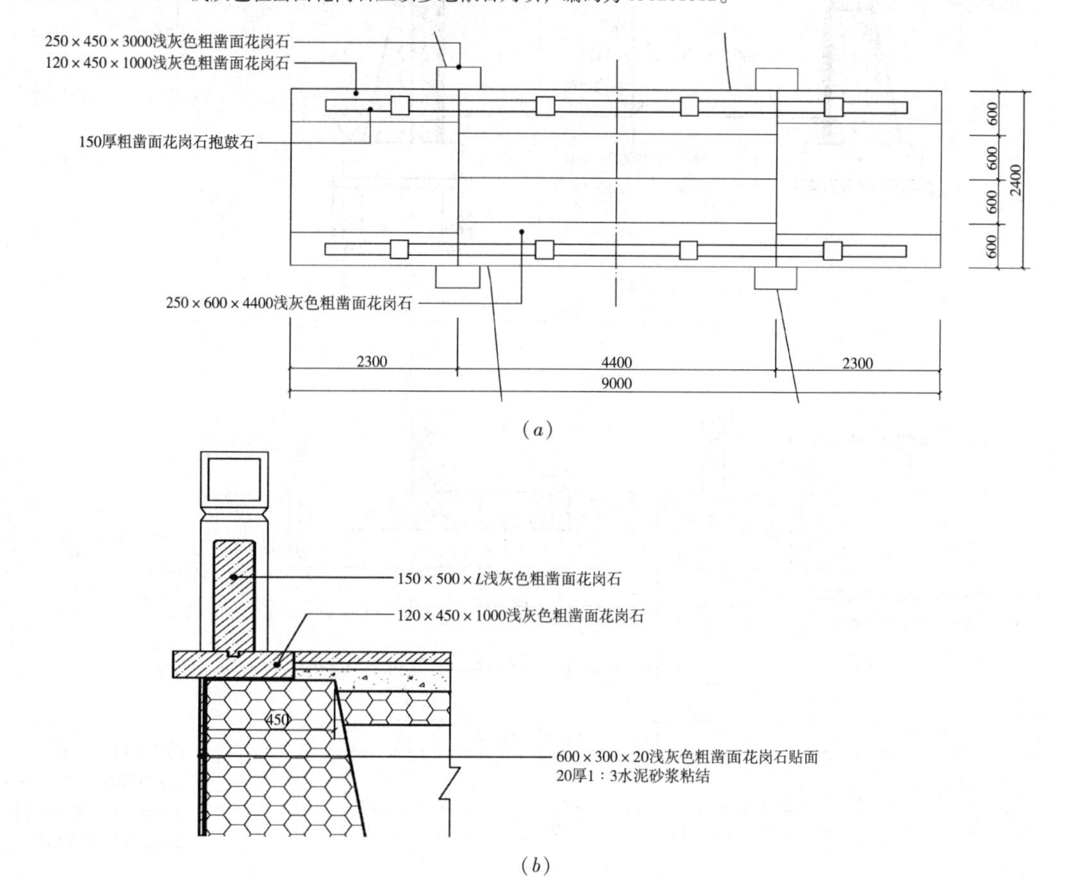

(a)

(b)

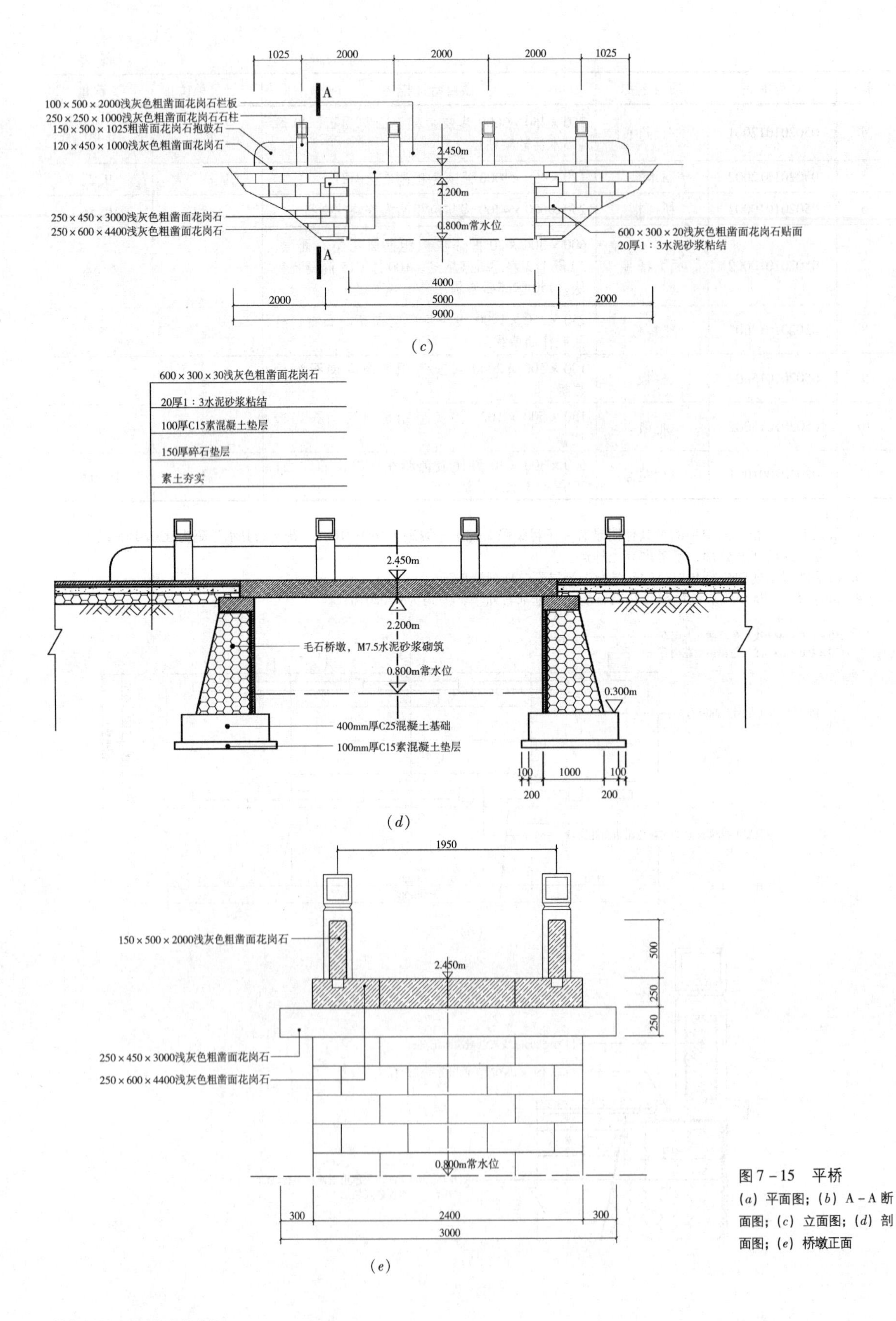

图7－15　平桥
(a) 平面图；(b) A－A断面图；(c) 立面图；(d) 剖面图；(e) 桥墩正面

三、假山

（一）与假山相关项目工程量计算规则

（1）假山工程量按实际堆砌的石料以"t"计算。

堆砌假山工程量(t) = 进料验收的数量 - 进料剩余数量

当没有进料验收的数量时，叠成后的假山可按下述方法计算：

①假山体积计算

$$V_{体} = A_{矩} \times H$$

式中 $A_{矩}$——假山不规则平面轮廓的水平投影面积的最大外接矩形面积（m^2）；

H——假山石着地点至最高顶点的垂直距离（m）；

$V_{体}$——叠成后的假山计算体积（m^3）。

②假山质量计算

$$W_{质} = 表观密度 \times V_{体} \times Kn$$

式中 $W_{质}$——假山石质量（t）；

表观密度——即石料实际密度（t/m^3），石料用材不同实际密度各不相同；

Kn——高度系数。当 $H \leqslant 1m$ 时，Kn 取 0.77；当 $1m < H \leqslant 2m$ 时，Kn 取 0.72；当 $2m < H \leqslant 3m$ 时，Kn 取 0.65；当 $3m < H \leqslant 4m$ 时，Kn 取 0.60，当 $H > 4m$ 时，Kn 取 0.55。

（2）各种单体孤峰及散点石，按其单位石料体积（取单体长、宽、高各自的平均值乘积）乘以石料实际密度按"t"计算。

（3）塑假石山按设计图示尺寸以展开面积计算。

（二）工程量清单项目设置

根据《建设工程工程量清单计价规范》GB 50500—2008 附录 E.2 园路、园桥、假山工程，假山分八个清单项目，即：堆筑土山丘，堆砌石假山，塑假山，石笋，点风景石，池石、盆景山石，山石护角，山坡石台阶。编码为 050202001～050202008，其项目名称、特征描述、计量单位、工程量计算规则及工程内容如表 7-6所示。

假山清单项目特征及相关内容 表 7-6

项目编号	项目名称	项目特征	计量单位	工程量计算规则	工程内容
050202001	堆筑土山丘	1. 土丘高度 2. 土丘坡度要求 3. 土丘底外接矩形面积	m^3	按设计图示山丘水平投影外接矩形面积乘以高度的 1/3 以体积计算	1. 取土 2. 运土 3. 堆砌、夯实 4. 修整
050202002	堆砌石假山	1. 堆砌高度 2. 石料种类、单块重 3. 混凝土强度等级 4. 砂浆强度等级、配合比	t	按设计图示尺寸以质量计算	1. 选料 2. 起重架搭、拆 3. 堆砌、修整

续表

项目编号	项目名称	项目特征	计量单位	工程量计算规则	工程内容
050202003	塑假山	1. 假山高度 2. 骨架材料种类、规格 3. 山皮料种类 4. 混凝土强度等级 5. 砂浆强度等级、配合比 6. 防护材料种类	m^2	按设计图示尺寸以展开面积计算	1. 骨架制作 2. 假山胎膜制作 3. 塑假山 4. 山皮料安装 5. 刷防护材料
050202004	石笋	1. 石笋高度 2. 石笋材料种类 3. 砂浆强度等级、配合比	支	按设计图示数量计算	1. 选石料 2. 石笋安装
050202005	点风景石	1. 石料种类 2. 石料规格、质量 3. 砂浆配合比	块		1. 选石料 2. 起重架搭、拆 3. 点石
050202006	池石、盆景山石	1. 底盘种类 2. 山石高度 3. 山石种类 4. 混凝土砂浆强度等级 5. 砂浆强度等级、配合比	座（个）		1. 底盘制作、安装 2. 池石、盆景山石安装、砌筑
050202007	山石护角	1. 石料种类、规格 2. 砂浆配合比	m^3	按设计图示尺寸以体积计算	1. 石料加工 2. 砌石
050202008	山坡石台阶	1. 石料种类、规格 2. 台阶坡度 3. 砂浆强度等级	m^2	按设计图示尺寸以水平投影面积计算	1. 选石料 2. 台阶砌筑

（三）工程量清单编制要求

工程量清单编制时，应根据湖石假山、黄石假山、塑假石山的内容，按照规范要求，结合有关计价定额的使用规则，完整、明确地描述清单项目特征。

（四）工程量清单编制实践

【例 7-4】 某公园堆砌一黄石假山，具体如图 7-16 所示，计算该假山工程量。

【解】 假山体积 $V = A_{矩} \times H = 3 \times 1.3 \times 3.5 = 13.65\text{m}^3$

质量 W = 表观密度 $\times V \times Kn$

本题 H 为 3.5m，故高度系数 Kn 取 0.60，假设黄石的表观密度为 2.6t/m^3，则：

$$W = 2.6 \times 13.65 \times 0.6 = 21.29\text{t}$$

即该黄石假山的工程量为 21.29t。

图 7-16　假山立面图、平面图

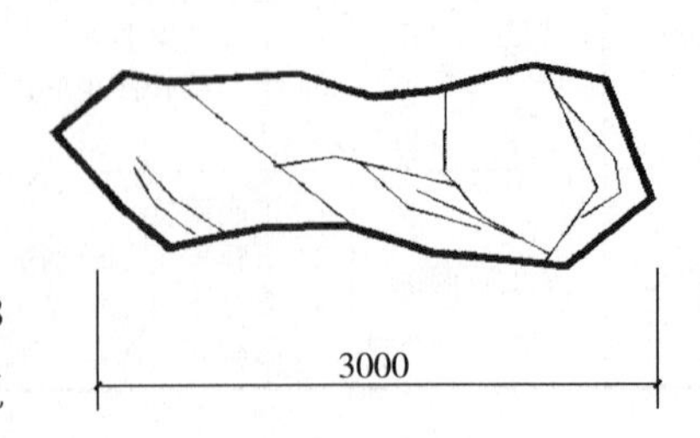

第三节　工程量清单计价

根据《建设工程工程量清单计价规范》（GB 50500—2008）及 2003 版《浙江省园林绿化及仿古建筑

工程预算定额》相关计价方式、计价说明，对园路、园桥、假山工程清单计价作简单分析。

一、与计价相关的说明

（1）工程量清单综合单价应包括该清单项目的各项可组合的主要工程内容，例如园路，包括路床整理、垫层铺筑、面层铺装等相应的人工、材料、机械、管理费、利润、风险费等。

（2）在铺砌园路块料面层时，如采用块料面层同样材料作路牙的，其路牙的工程量并入块料面层工程量内计算，不别行套用路牙基价子目。

（3）园路路床整理项目包括厚度在±30cm以内的挖土、填土、找平、夯实、整修、弃土2m以外；若场地统一平整已计算，不能重复套用路床整理项目。

（4）园路项目定额若缺项的，可套用其他章相应定额子目，其合计工日乘以系数1.1。

（5）园桥项目定额若缺项的，可套用其他章相应定额子目，其合计工日乘以系数1.25。

（6）木园桥中的木桥面板、木柱、木梁、木栏杆均以刨光为准，刨光损耗已包括在基价子目内。基价中的锯材是以自然干燥为准，如要求烘干，其烘干费用另行计算。

（7）堆砌假山及塑假石山定额中，均不包括假山基础，其基础按设计要求可套用“通用项目”相应定额。钢骨架钢丝网塑假山定额中未包括基础、脚手架和主骨架的工料，使用时应按设计要求另行计算。

二、工程量清单计价编制实践

（一）子目换算

为了熟练运用定额，编制各种预算，首先对定额的使用性质、章、节和子目的划分、章说明和工程量计算规则等都应通晓和熟记。对常用的分项工程定额项目表各栏所包括的内容、计量单位等，要通过日常工作实践，逐步加深印象。在预算定额中由于定额子目的划分，设计标准要求的不同，以及受到定额篇幅的限制，采用预算定额时，有的需要按规定换算。如设计的材料品种规格与定额不同，或是混凝土及砂浆的设计强度等级与定额规定不同时，在套用定额时，都需要进行换算。主要有运距的换算、断面的换算、强度等级的换算、厚度的换算等。

子目的换算或定额子目的补充，原则上按“定额三要素”精神执行，不改变其基本工作内容。其价格的取定和计算，必须符合定额管理部门的有关规定。

现针对园路、园桥、假山工程常用的子目换算，作如下说明。

1. 强度等级换算

在预算定额中，对混凝土及钢筋混凝土工程的混凝土强度等级，砖石工程的砌筑砂浆强度等级，以及抹灰、楼地面工程的抹灰砂浆强度等级等均列一种强度等级，当与设计强度等级不同时，按定额基价进行换算。

【例7-5】 求C15（40）园路混凝土垫层基价？

【解】 计算如下：

（1）套定额2-43，基价为1909元/10m^3。

（2）混凝土强度等级由原来的C10（40）（129.11元/m^3），换算为C15（40）（144.24元/m^3），每立方米混凝土单价增加144.24－129.11＝15.13元。

（3）每10m^3混凝土定额用量为10.2m^3。

（4）换算后的定额基价为：1909＋15.13×10.2＝2063.33元/10m^3

【例7-6】 求1∶3水泥砂浆粘结满铺卵石拼花面基价？

【解】 计算如下：

（1）套定额2－44，基价为712元/10m^2。

（2）砂浆等级由原来的水泥砂浆1∶2.5（189.2元/m^3），换算为水泥砂浆1∶3（173.92元/m^3），每立方米砂浆单价减少189.2－173.92＝15.28元。

（3）每10m^2铺装面层水泥砂浆定额用量为0.36m^3。

（4）换算后的定额基价为：712－15.28×0.36＝706.5元/10m^2

2. 厚度换算

在预算定额中的砂浆结合层、抹灰面层等厚度，是按设计规范中一般常用厚度取定的，为了考虑不同设计厚度，有的定额划分了基本厚度和增加厚度两个子目，如地面的找平层，举例说明如下。

【例7-7】 求某铺装地35mm厚1∶3水泥砂浆找平层基价？

【解】 套楼地面工程中定额7-3及7-4，水泥砂浆找平层，基本定额厚度为20mm，基价为561元/100m^2，每增减5mm，基价增加92元/100m^2，则换算如下：

（1）计算增加厚度系数（35－20）÷5＝3

（2）换算后的定额基价为561＋92×3＝837元/100m^2

【例7-8】 30mm水泥砂浆1∶3粘结20厚花岗石地面，求其定额基价？

【解】 计算如下：

（1）套定额7－20，基价为15028元/100m^2。

（2）30mm厚1∶3水泥砂浆定额消耗量为0.03×1.02（砂浆损耗率为2%）×100m^2＝3.06m^3/100m^2

（3）换算后定额基价＝原基价＋1∶3水泥砂浆单价×消耗量－1∶2.5水泥砂浆单价×消耗量＝15028＋173.92×3.06－189.2×2.2＝15144元/100m^2

园路、园桥、假山项目，在设计形式上较多，具体做法也多，在定额套用时，涉及换算的子目也较多，这里不再一一举例。虽然品种多、项目繁，但在熟悉定额的基础上，结合工程的实际情况，掌握定额的换算方法，对合理定价、准确计算工程造价会有很大的帮助。

（二）工程量清单计价实践

【例7-9】根据例7-2工程量清单表7-3，参照2003版《浙江省园林绿化及仿古建筑工程预算定额》，编制各项综合单价分析表及分部分项工程量清单计价表。(假设材料的价格如表7-7所示，企业管理费率20%，利润率15%，以人工费+机械费之和为计费基数，风险费不考虑，其余单价均按定额价取定)

主要材料价格表 **表7-7**

序号	材料名称	单位	单价（元）
1	400×900×30厚青石板	m^2	130
2	180×300×30浅灰色蘑菇石面料石	m^2	120
3	180×170×30浅灰色蘑菇石面料石	m^2	120
4	60厚80宽青石路牙	m	25

【解】1. 园路综合单价分析

园路综合单价包括素土夯实、垫层铺筑、面层铺装等工作内容的人工、材料、机械、管理费、利润、风险费的合计。

1）素土夯实

园路、园桥、假山工程章节内无“素土夯实”定额子目，所以套用第四章土石方、打桩、基础垫层工程4-62定额子目，其合计工日乘以1.1系数，则单价分析如下：

人工费 = 5×1.1 = 5.5元/$10m^2$

材料费 = 0

机械费 = 0

企业管理费 = 5.5×20% = 1.1元/$10m^2$

利润 = 5.5×15% = 0.83元/$10m^2$

合计 = 5.5 + 1.1 + 0.83 = 7.43元/$10m^2$

2）150厚碎石垫层

直接套定额2-42，分析如下：

人工费 = 219元/$10m^3$

材料费 = 534元/$10m^3$

机械费 = 0

企业管理费 = (219 + 0)×20% = 43.8元/$10m^3$

利润 = (219 + 0)×15% = 32.85元/$10m^3$

合计 = 219 + 534 + 0 + 43.8 + 32.85 = 829.65元/$10m^3$

3）100厚C15素混凝土垫层

套定额2-43，此定额为C10素混凝土垫层，故进行换算。查定额内普通混凝土配合比表得C15（40）混凝土单价为144.24元/m^3。则分析如下：

人工费 = 546元/$10m^3$

材料费 = 1326.67 + (144.24 - 129.11)×10.2 = 1481元/$10m^3$

机械费 = 36.06元/$10m^3$

企业管理费 = (546 + 36.06) × 20% = 116.41 元/10m^3

利润 = (546 + 36.06) × 15% = 87.31 元/10m^3

合计 = 546 + 1481 + 36.06 + 116.41 + 87.31 = 2267 元/10m^3

4) 400 × 900 × 30 厚青石板面层，30 厚 1∶3 水泥砂浆粘结层

定额参"楼地面"章节子目，套用定额 7 - 20，粘结层水泥砂浆 1∶2.5 换算成 30 厚 1∶3 水泥砂浆，花岗石换算成 400 × 900 × 30 厚青石板，合计人工乘 1.1 系数。则：

人工费 = 652.5 × 1.1 = 717.75 元/100m^2

材料费 = 14359.18 + (173.92 × 3.06 - 189.2 × 2.2)(砂浆换算) + (130 - 136) × 102(石材价格换算) = 13863.14 元/100m^2

机械费 = 16.54 元/100m^2

企业管理费 = (717.75 + 16.54) × 20% = 146.86 元/100m^2

利润 = (717.75 + 16.54) × 15% = 110.14 元/100m^2

合计 = 717.75 + 13863.14 + 16.54 + 146.86 + 110.14 = 14854.43 元/100m^2

5) 180 × 300 × 30、180 × 170 × 30 浅灰色蘑菇石面料石，30 厚 1∶3 水泥砂浆粘结层计价方法同上，具体如下：

人工费 = 652.5 × 1.1 = 717.75 元/100m^2

材料费 = 14359.18 + (173.92 × 3.06 - 189.2 × 2.2)(砂浆换算) + (120 - 136) × 102(石材价格换算) = 12843.14 元/100m^2

机械费 = 16.54 元/100m^2

企业管理费 = (717.75 + 16.54) × 20% = 146.86 元/100m^2

利润 = (717.75 + 16.54) × 15% = 110.14 元/100m^2

合计 = 717.75 + 12843.14 + 16.54 + 146.86 + 110.14 = 13834.43 元/100m^2

根据以上单价分析，结合例 7-2已计算的各子目工程量，填写工程量清单综合单价分析表（参 GB 50500—2008《计价规范》的表格形式，表格内的材料费明细省略不列），如表 7-8所示。

工程量清单综合单价分析表 　　表 7-8

工程名称：× × ×园路 　　第 1 页共 2 页

项目编码	050201001001	项目名称	园路	计量单位	m^2

清单综合单价组成明细

定额编号	定额名称	定额单位	数量	单价				合价			
				人工费	材料费	机械费	管理费和利润	人工费	材料费	机械费	管理费和利润
4 - 62	素土夯实	10m^2	0.114	5.5	0	0	1.93	0.63	0	0	0.22
2 - 42	碎石垫层	10m^3	0.017	219	534	0	76.65	3.72	9.08	0	1.3
2 - 43 换	C15 混凝土垫层	10m^3	0.011	546	1481	36.06	203.71	6.01	16.29	0.4	2.24

续表

项目编码	050201001001			项目名称			园路		计量单位		m²
清单综合单价组成明细											
定额编号	定额名称	定额单位	数量	单价				合价			
				人工费	材料费	机械费	管理费和利润	人工费	材料费	机械费	管理费和利润
7－20换	30厚青石板面	100m²	0.005	717.75	13863	16.54	257	3.59	69.32	0.08	1.29
7－20换	180×300×30浅灰色蘑菇石面料石面	100m²	0.003	717.75	12843	16.54	257	2.15	38.53	0.05	0.77
7－20换	180×170×30浅灰色蘑菇石面料石面	100m²	0.002	717.75	12843	16.54	257	1.44	25.69	0.03	0.51
人工单价		小计						17.54	158.91	0.56	6.33
元/工日		未计价材料费									
清单项目综合单价								183.34			

备注：1. 分析表内的数量根据各子目工程量除以园路面积101.2m² 计量。

2. 综合单价＝17.54＋158.91＋0.56＋6.33＝183.34元/m²

2. 路牙综合单价分析

套用定额2-76，把定额内的条石70×250换算成60×80青石路牙，具体如下：

人工费＝135元/10m

材料费＝334.23＋(25－30)×10.3＝282.73元/10m

机械费＝0

企业管理费＝(135＋0)×20%＝27元/10m

利润＝(135＋0)×15%＝20.25元/10m

合计＝135＋282.73＋27＋20.25＝464.98元/10m

列表7-9如下：

工程量清单综合单价分析表 **表7-9**

工程名称：×××园路 第2页共2页

项目编码	050201002001			项目名称			路牙铺设		计量单位		m
清单综合单价组成明细											
定额编号	定额名称	定额单位	数量	单价				合价			
				人工费	材料费	机械费	管理费和利润	人工费	材料费	机械费	管理费和利润
2－76	60厚80宽青石路牙	10m	0.1	135	282.73	0	47.25	13.5	28.27	0	4.72
人工单价		小计						13.5	28.27	0	4.72
元/工日		未计价材料费									
清单项目综合单价								46.49			

综合单价 = 13.5 + 28.27 + 4.72 = 46.49 元/m

3. 编制分部分项工程量清单与计价表

根据以上综合单价分析数据，填写园路分部分项工程量清单与计价表，如表7-10所示。

分部分项工程量清单与计价表 表7-10

工程名称：×××园路 第1页共1页

序号	项目编码	项目名称	项目特征描述	计量单位	工程量	金额（元）		
						综合单价	合价	其中：暂估价
1	050201001001	园路	面层材料为400×900×30厚青石板，180×300×30、180×170×30浅灰色蘑菇石面料石，30厚1:3水泥砂浆粘结层；100厚C15素混凝土垫层；150厚碎石垫层；素土夯实	m^2	101.2	183.34	18554.01	
2	050201002001	路牙铺设	60厚80宽青石路牙	m	110	46.49	5113.9	
合计							23667.91	

【例7-10】 根据表7-11所示工程量清单，套用2003版《浙江省园林绿化及仿古建筑工程预算定额》，主要材料价按表7-12，其他按定额价取定，管理费、利润按2003版《浙江省建设工程施工取费定额》园林景区工程三类中间值计取，其余费用均不考虑，编制其工程量清单与计价表。

分部分项工程量清单 表7-11

工程名称：×××游乐园

序号	项目编码	项目名称	项目特征描述	计量单位	工程量
1	050201001001	石板铺装	1000×600×120厚老石板铺装面层，30厚1:3水泥砂浆粘结层，100厚C15素混凝土垫层，150厚碎石垫层，素土夯实	m^2	820
2	050201001002	花岗石铺装	500×500×30厚五莲红花岗石面层，20厚1:2水泥砂浆粘结，100厚C15素混凝土垫层，150厚碎石垫层，素土夯实	m^2	368
3	050201004001	嵌草砖铺装	250×250×40黄色嵌草砖面层，50厚黄砂层，150厚碎石垫层，素土夯实	m^2	120
4	050201002001	路牙铺设	100×300×800芝麻白花岗石，水泥砂浆1:2粘结	m	160
5	050202005001	景石点置	黄石，长度为1000～1500mm，宽300～800mm，高度为800～1000mm，要求形状好	块	5

主要材料价格表 **表 7-12**

序号	材料名称	单位	单价（元）
1	1000×600×120 厚老石板	m^3	2300
2	500×500×30 厚五莲红花岗石	m^2	125
3	250×250×40 黄色嵌草砖	m^2	45
4	100×300×800 芝麻白花岗石路牙	m	90
5	水泥，强度等级 32.5	t	320
6	黄砂	t	60
7	碎石	t	35
8	黄石景石	t	500

【解】（1）查费率：根据 2003 版《浙江省建设工程施工取费定额》园林景区工程三类中间值：管理费率为 19%，利润率为 12.5%。

（2）确定子目工程量：根据分部分项工程量清单，结合施工图，计算各子目工程量，如石板铺装 $820m^2$，垫层应按设计图示尺寸，侧边放宽 5cm 以 m^3 计算。本题暂忽略图纸，根据分部分项工程量清单，计算各子目工程量为：混凝土垫层为 $820\times0.1=82m^3$，碎石垫层为 $820\times0.15=123m^3$。其他各项依此方法，不逐一进行计算。

（3）根据以上提供的资料计算各项综合单价，填列计价表 7-13 如下：

分部分项工程量清单与计价表 **表 7-13**

工程名称：×××游乐园　　　　第 1 页共 1 页

序号	项目编码	项目名称	项目特征描述	计量单位	工程量	金额（元）		
						综合单价	合价	暂估价
1	050201001001	石板铺装	1000×600×130 厚老石板铺装面层，30 厚 1:3 水泥砂浆粘结层，100 厚 C15 素混凝土垫层，150 厚碎石垫层，素土夯实	m^2	820	370.33	303670.6	
2	050201001002	花岗石铺装	500×500×30 厚五莲红花岗石面层，20 厚 1:2 水泥砂浆粘结，100 厚 C15 素混凝土垫层，150 厚碎石垫层，素土夯实	m^2	368	181.85	66920.8	
3	050201004001	嵌草砖铺装	250×250×40 黄色嵌草砖面层，50 厚黄砂层，150 厚碎石垫层，素土夯实	m^2	120	68.04	8164.8	
4	050201002001	路牙铺设	100×300×800 芝麻白花岗石，水泥砂浆 1:2 粘结	m	160	113.98	18236.8	
5	050202005001	景石点置	黄石，长度为 1000～1500mm，宽 300～800mm，高度为 800～1000mm，要求形状好	块	5	959.06	4795.3	
			合计				401788.3	

说明：1. 序号1，石板铺装套用定额2－55，定额内是按砂铺筑考虑，所以要扣除砂，增加30厚1∶3水泥砂浆粘结层，人工乘以1.3系数进行计价；清单内的石板厚度为130mm，花岗石的安装损耗为2%，所以130厚老石板定额的消耗量应更改为：$0.13\times(1+2\%)=0.1326m^3/m^2$，具体分析如下：

1）1000×600×130厚老石板铺装面层（套定额2－55换）

人工费＝140.4元/$10m^2$

材料费＝1272.82－41.37×1.04＋0.306（1∶3水泥砂浆消耗量）×222.55－1.22×1000＋1.326×2300＝3127.7元/$10m^2$

［注：1∶3水泥砂浆材料价查砂浆配合比表，根据主要材料价格表，即得单价为403×0.32（水泥）＋1.55×60（砂）＋0.3×1.95（水）＝222.55元/m^3。］

机械费＝0

企业管理费＝（140.4＋0）×19%＝26.68元/$10m^2$

利润＝（140.4＋0）×12.5%＝17.55元/$10m^2$

小计＝140.4＋3127.7＋0＋26.68＋17.55＝3312.33元/$10m^2$＝331.23元/m^2

2）100厚C15素混凝土垫层（套定额2－43换）

查定额内普通混凝土配合比表，结合主要材料价格表，得C15（40）混凝土单价为175.1元/m^3。则分析如下：

人工费＝546元/$10m^3$

材料费＝1326.67＋（175.1－129.11）×10.2＝1795.77元/$10m^3$

机械费＝36.06元/$10m^3$

企业管理费＝（546＋36.06）×19%＝110.59元/$10m^3$

利润＝（546＋36.06）×12.5%＝72.76元/$10m^3$

合计＝546＋1795.77＋36.06＋110.59＋72.76＝2561.18元/$10m^3$

即每平方米铺装用混凝土垫层单价为：256.12×0.1＝25.61元/m^2

3）150厚碎石垫层

套用定额2－42，得单价为12.83元/m^2。

4）素土夯实

套用定额4－62，得单价为0.66元/m^2。

综上，石板铺装清单项综合定额单价为：331.23＋25.61＋12.83＋0.66＝370.33元/m^2

2. 序号2：花岗石面层套用定额7－20，1∶2.5水泥砂浆换算成1∶2水泥砂浆。

3. 序号5：计算景石质量（取中间尺寸计）1.25×0.55×0.9×2.6＝1.61t/块，1.61×5＝8.05t，套用定额2－30，湖石换成黄石即可。

复习思考与练习题

1. 园路的基本构成？路面面层根据其用材的不同可划分为哪几类？

2. 园桥主要包括哪些项目，如何识别？

3. 土山点石与布置景石有何不同？绿化地内起点缀作用的自然景观石属于二者的哪种？

4. 园路清单项目包括哪些内容？在工程量计算规则上应注意哪些？

5. 园桥清单项目包括哪些内容？工程量如何计算？

6. 假山工程量如何计算？

7. 求园路 C20（40）素混凝土垫层基价？

8. 求 25mm 厚 1∶3 水泥砂浆粘结 20 厚花岗石地面定额基价？

9. 园路、园桥定额如遇缺项，如何处理？

10. 某 2m 宽（包括路牙）园路，路牙采用 1000×150×150 芝麻灰花岗石，路面采用 600mm×300mm×30mm 芝麻灰花岗石铺装，30 厚 1∶3 水泥砂浆粘结，基层做法为：80 厚 C15 素混凝土垫层，100 厚碎石垫层，素土夯实，试计算该园路分部分项工程量清单。

11. 计算【例 7-10】，花岗石铺装：500×500×30 厚五莲红花岗石面层，20 厚1∶2水泥砂浆粘结，100 厚 C15 素混凝土垫层，150 厚碎石垫层，素土夯实，此清单的综合单价分析表。

第八章 园林景观工程计量与计价

学习目标：（1）掌握园林景观有关概念；

（2）运用工程量清单计价规范会熟练进行园林景观工程量计算；

（3）运用预算定额与价格、费用会进行景观综合单价确定。

教学重点：园林景观工程量计算与相应综合单价确定。

教学难点：（1）景观亭的立项和项目计量与计价；

（2）景观水景的立项和项目计量与计价。

园林景观工程主要指为增添园林观赏性而做的工艺点缀品、摆设品和小型设施等园林小品项目。园林小品以其丰富的内容、轻巧美观的造型点缀在绿草鲜花之中，美化了景色、烘托了气氛、加深了意境；同时由于它们又各具一定的使用功能，所以满足了人们的各种游园游览活动，是园林中不可缺少的重要组成部分。

园林小品内容丰富，品种繁多，按功能不同分为：休息之用的，如园林坐凳、园林桌椅；服务之用的，如指示牌、道路牌、小卖部、园灯等；管理之用的，如果壳箱、鸟舍、栏杆；观赏休息之用的，如花架、亭、廊、水景、雕塑等；装饰之用的，如花坛、树池、花钵、景墙等；儿童游乐之用的，如滑梯、攀藤架等。本章根据常用的园林景观小品项目，对其计量与计价作具体的分析。

第一节　基础认知

一、景观花架、廊架

（一）基础知识

花架、廊架指供游人休息、赏景之用的棚架；它可为游人提供遮阳、驻足之处，供观赏并点缀园内风景，还可组织空间、划分景区、增加风景的景深层次。

花架能把植物生长与人们的游览、休息紧密地结合在一起，故具有接近自然的特点。它的造型简单、轻巧，特别适用于植物的自由攀缘。

它的形式多种多样，造型灵活轻巧，有直线形、曲线形、单臂式、双臂式等；常用的材料有混凝土、木制、钢、竹、石材等。

（二）花架、廊架构造

廊架是花架的一种。花架主要由基础、梁、柱、檩或椽、顶、坐凳等组成，如图8-1所示。

图8-1　花架

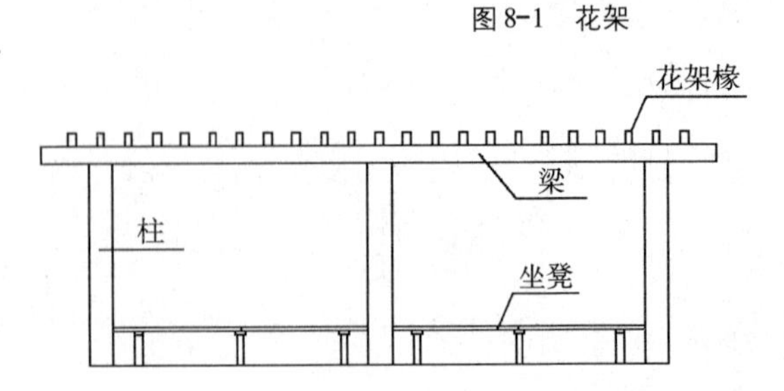

二、景观亭

（一）基础知识

1. 概念

亭：是我国园林中最常见的一种园林建筑。它常与其他建筑、山水、植物相结合，装点着园景。亭的占地面积较小，也很容易与园林中各种复杂的地形地貌相结合成为园中一景，在自然风景区和游览胜地，亭以它自由、灵活、多变的特点把大自然点缀得更加引人入胜。

组合亭：指平面由两个或两个以上单体几何图形组合形成的亭，它的柱网平面通常比单体几何形状的亭要复杂，建筑立面也较一般亭子丰富得多，其构造随亭子形式的变化而变化。

重檐亭：指有双层檐的亭，如图8-2所示。

2. 亭的分类

亭的体形较小，但造型多种多样，从其形式看，有三角、四角、五角、六角、八角、圆亭等；从平面形状看有圆形、方形、多边形、扇形等；从体量看有单体的也有组合式的；从亭顶的形式看有攒尖顶的和歇山顶，如图8-2所示；从亭子的立面造型看有单檐的、重檐的；从亭子位置看有山亭、桥亭、半亭、廊亭等。从建亭的材料看有木构架的瓦亭、石亭、竹亭、仿木亭、钢筋混凝土亭、钢亭、膜亭、伞亭等。

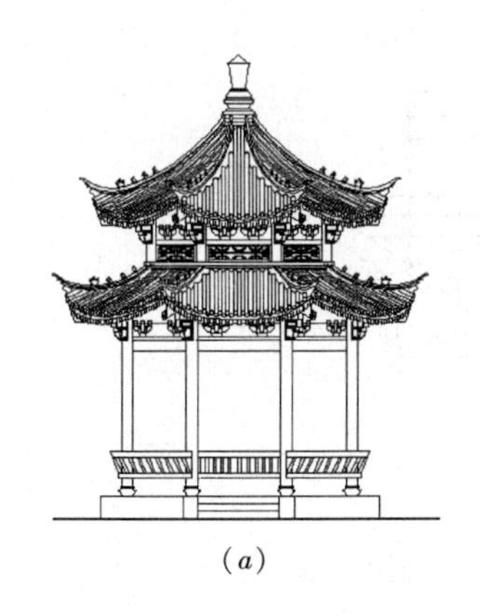

(a)

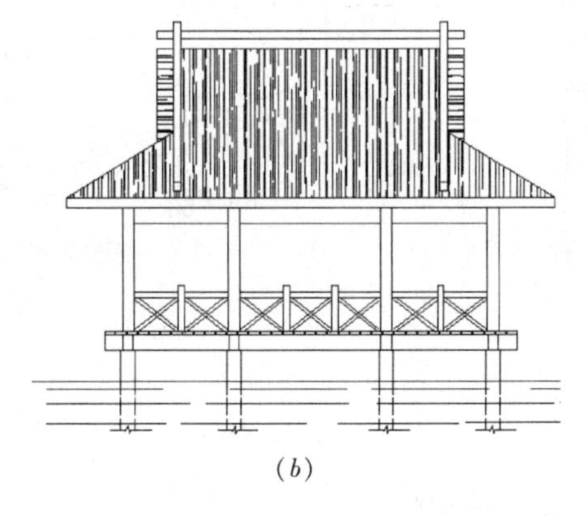

(b)

图8-2 重檐亭示意图
(a) 重檐攒尖八角亭；
(b) 歇山顶亭

（二）亭的构造

亭以攒尖顶的形式为多，攒尖即指建筑物的屋面在顶部交汇为一点，形成尖顶，这种顶叫攒尖顶。现以单檐四角攒尖顶的亭子为例，对亭的构造作一扼要介绍。

单檐四角攒尖顶的亭子构造比较简单，平面呈正方形，一般有四根柱。屋面有四坡，四坡屋面相交形成四条屋脊，四条脊在顶部交汇成一点，形成攒尖，攒尖处安装宝顶，如图8-3所示。其基本构造是：由下自上，四根柱，柱头安装四根箍头枋，使下架（柱头以下构架）形成圈梁式围合结构。在其上面，安装垫板。在垫板之上搭交檐檩，四根檩子卡在一起，形成上架（柱子以上构架）的第一层圈梁式围合结构。在檐檩之上还有一圈搭交金檩。为解决搭交金檩的放置问题，须首先在檐檩之上施趴梁或抹角梁。这样，就在檐檩上面架起了一层井字形承接构架。其上再依次安装金枋、金檩等构件。在亭子的四个转角，分别沿45°方向安装角梁，形成转角部位的骨干构架，角梁以上安装由戗（续角梁）。四根由戗共同交在雷公柱上。雷公柱是攒尖建筑顶部骨干构件。

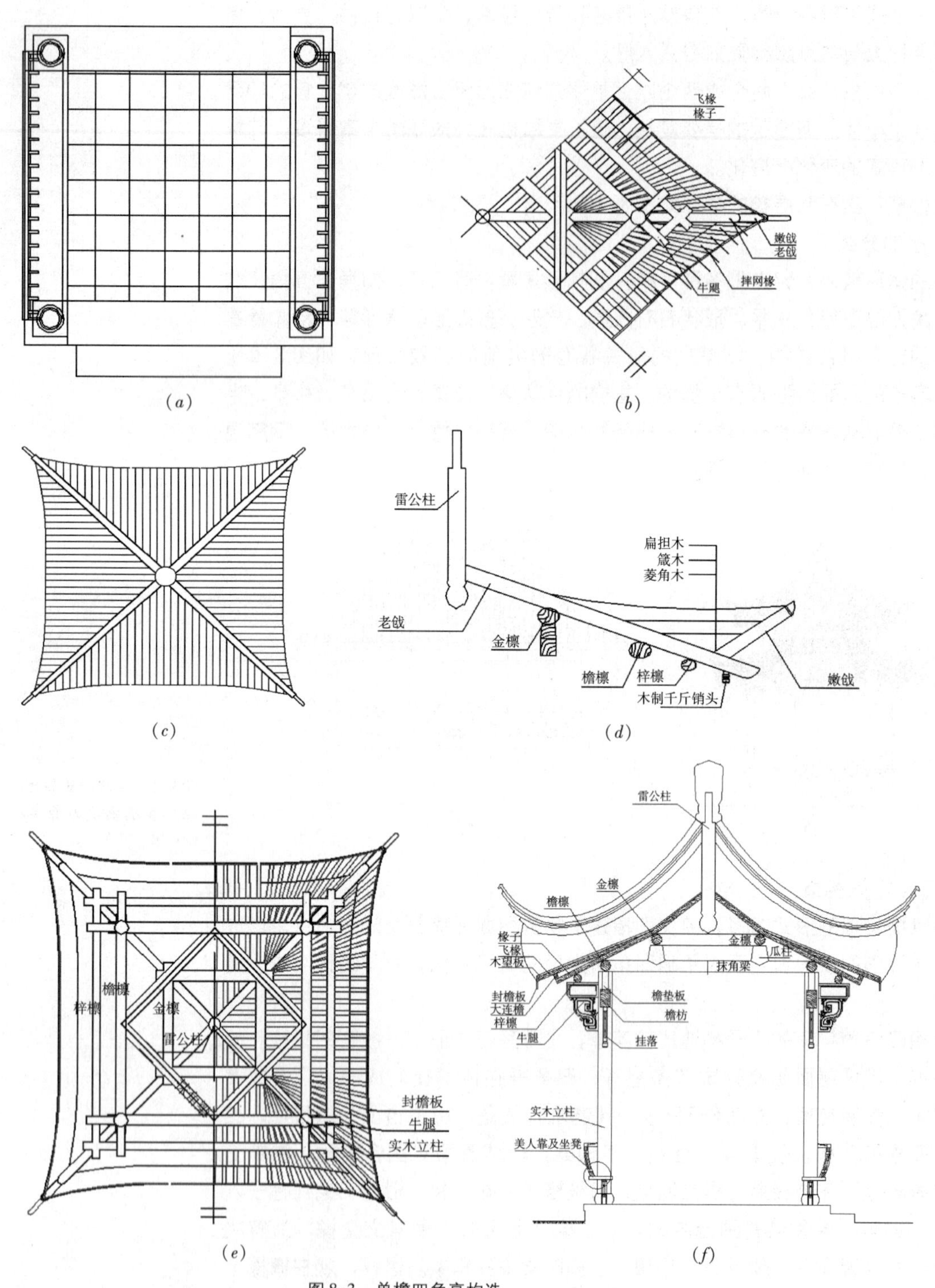

图 8-3　单檐四角亭构造

(a) 平面图；(b) 翼角平面图；(c) 屋顶平面图；(d) 翼角大样图；(e) 仰视图；(f) 剖面图

三、园林水景

园林中以水为主题形成景观即所谓的水景。水的声、形、色、光都可以成为人们观赏的对象。园林中的水有动静之分，园中的水池是静水；而溪涧、瀑布是动水。静水给人以安详、宁静的感受；而动水则让人联想到灵动，给人以生命力。园林水景一般常见的有：池沼、戏水、水洞、瀑布、喷泉、涌泉、壁泉、跌水等。

喷泉是在园林景观中设计的一种独立的景观。喷泉景观概括来说可以分为两大类：一是因地制宜，根据现场地形结构，仿照天然水景制作而成，如：瀑布、水帘、跌水等。二是完全依靠喷泉设备人工造景。这类水景近年来在建筑领域广泛应用，发展速度很快，种类繁多，有音乐喷泉、程控喷泉、摆动喷泉、跑动喷泉、光亮喷泉、游乐喷泉、超高喷泉、激光水幕电影等。

水溪是自然山涧中的一种水流形式。在园林中小河两岸砌石嶙峋，河中少水并纵横交织，疏密有致置大小石块，小流激石，涓涓而流，在两岸土石之间，栽植一些耐水湿的蔓木和花草，构成极有自然野趣的溪流，如图 8-4所示。

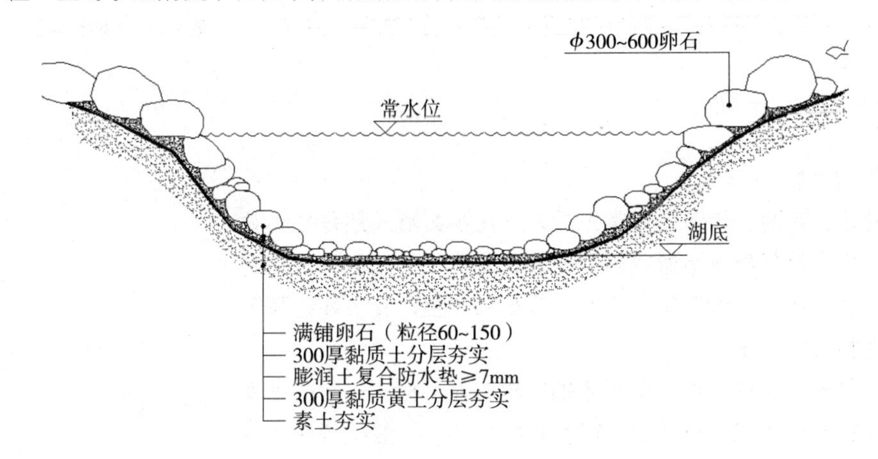

图 8-4 溪流做法

四、园林景墙

在我国的园林中，经常会看到精巧别致、形式多样的景观墙，如图 8-5所示。园林中的景墙具有分隔空间、组织游览、衬托景物、装饰美化和遮蔽视线的作用。在园林的平面布局和空间处理中，景观墙能构成灵活多变的空间关系，能化大为小，能构成园中之园，也能以几个小园组合成大园，是园林空间构图的一个重要的因素。

景墙的形式有：花格墙、竹篱笆墙、云墙、方形墙、弧形墙、异形墙、漏明墙等。在园林景观中，景墙常与其他景观，如花架、花池、雕塑、山石等组合成独立的风景。

粉墙漏窗，这已经成为人们形容我国古典园林建筑的一个特点。景墙上的漏窗又叫“透花窗”，可以用它分隔景区，使空间似隔非隔，景物若隐若现，富有层次，达到虚中有实、实中有虚、隔而不断的艺术效果。漏窗花格子按其材料分，有砖瓦花格、水泥制品花格、琉璃花格、玻璃花格、金属花格等。漏窗的窗框常见的形式有方形、长方形、圆形、菱形、多边形、扇形等。园林中的墙上还常有不装窗扇的窗孔，称为空窗，它具有采光和取框景的作用，常见的形式有：方形、长方形、多边形、花瓶形、扇形、圆形等。

图 8-5　景墙示意图

五、其他园林小品

（一）花坛、花池、树池

在园林景观中，花坛、花池、树池是很常见的，不论平面形式还是立体效果都是千姿百态的。它们是随着景观造景的需要而设置的，根据其所用的材料有砖砌筑、钢筋混凝土浇筑及条石砌筑等。为配合景观和种植，其饰面还采用了一些不同颜色和不同材质的做法。

花坛是将同期开放的多种花卉，或不同颜色的同种花卉，根据一定的图案设计，栽种于特定规则式或自然式的苗床内，以发挥群体美。一般设置在空间开阔、高度在人的视平线以下的地带，使人们能够看清花坛的内部和全貌。根据花坛的形状可分为圆形花坛、带状花坛、平面花坛和立体花坛等。

花池一般是指景观中的种植池，如图 8-6（*a*）所示。

花钵是把花期相同的多种花卉或不同颜色的同种花卉种植在一个高于地面、具有一定几何形状的钵体之中。常用构架材料有花岗石、玻璃钢。常见的钵体形状有圆形高脚杯形、方形高脚杯形等。如图 8-6（*d*）所示。

花台是指高出地面几十厘米，以砖石矮墙围合，其中再植花木的景观设施。它可以和坐凳相结合供人们休息。如图 8-6（*c*）所示。

铺装地面上需要栽植树木时，在需要种植的树木周围预留一空间，并把它围圈起来，这就是树池，如图 8-6（*b*）所示。主要作用就是保护绿地中的苗木花草的正常生长，防止人员或牲畜和其他外界因素对花草树木造成伤害。

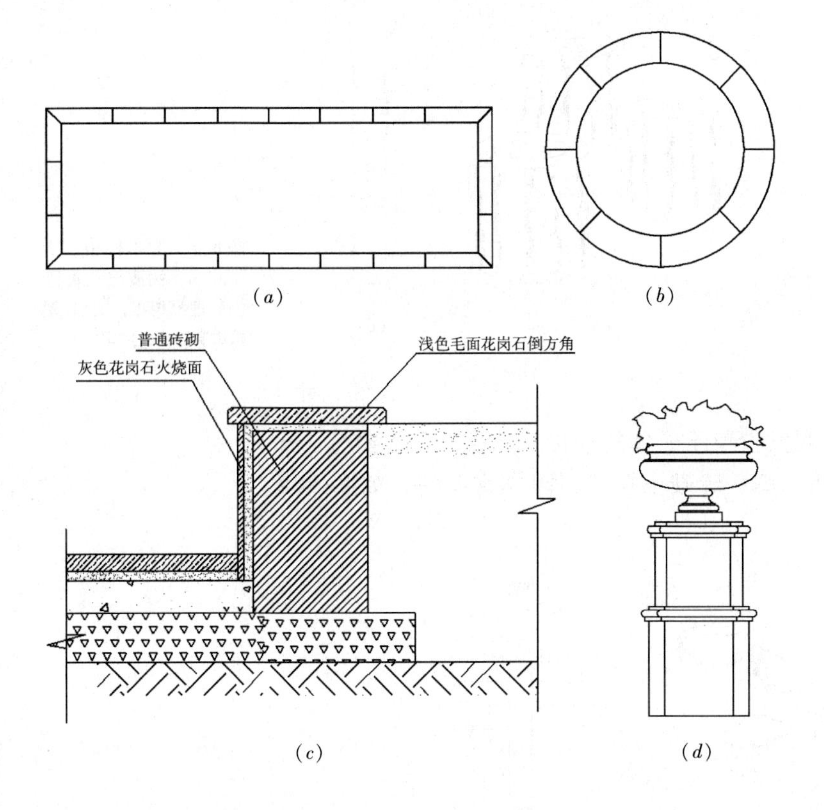

图 8-6 花台、花池、树池、花钵示意图
(a) 花池；(b) 树池；(c) 花台剖面图；(d) 花钵

（二）堆塑装饰项目

堆塑装饰是指用水泥砂浆和金属材料，仿照树木花草地等特征，所塑制的装饰品。主要项目有：塑松（杉）树皮、塑竹节竹片、塑松树根、塑松树皮柱、塑黄竹、塑金丝竹等。

1. 塑松（杉）树皮、塑竹节竹片、壁画面

树皮是指将树干粗大的松（杉）树皮，剥离下来经压平干燥后，可用为墙柱面的饰面材料，具有经风雨、耐晒和寒冷等特点。塑松（杉）树皮就是用水泥砂浆加入适量石性颜料，粉刷出树皮外形，以达到古朴典雅的效果。

塑竹节竹片是用水泥砂浆和氧化铬绿，仿照竹子的特征，粉刷出竹节和竹片的外形。

壁画面是用水泥砂浆做底衬，石灰麻刀浆做面层，仿照树木花草、山水人物等，塑造出外形轮廓，然后进行细部勾抹描绘，以达到仿真效果。

2. 塑松树根、塑松树皮柱、塑黄竹

塑松树根是指用钢筋扎成框架，用钢丝网围成骨干，再用水泥砂浆粉抹成树根形，如图 8-7（*a*）所示。

塑松树皮柱是指用水泥砂浆、铁红、墨汁等将柱体表面，通过粉饰勾抹仿制成松树皮的效果，如图 8-7（*b*）所示。

塑黄竹：塑黄竹是指以铁丝、角铁作骨架，用水泥砂浆塑成仿竹的竹竿，如图 8-7（*c*）所示。

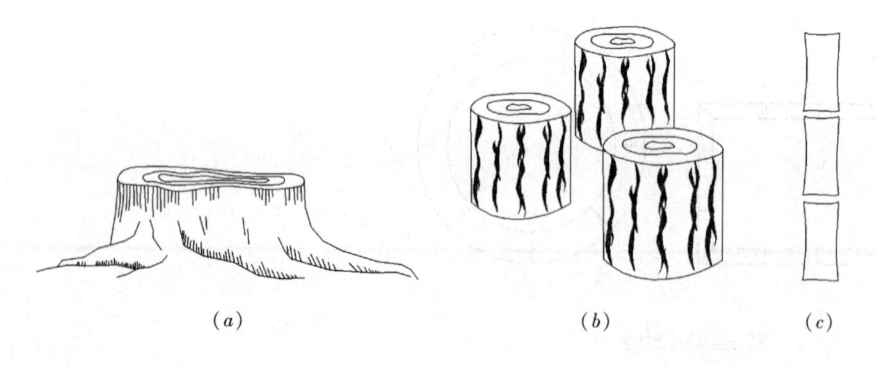

图8-7 塑松树根、松树皮柱、黄竹
(a) 塑松树根；(b) 塑松树皮柱；(c) 塑竹

（三）小型设施项目

小型设施是集使用功能和观赏价值于一体的一种工艺品，它主要有：石灯、塑仿石音箱、花栏杆、标志牌、砖砌小摆设、园林桌凳等，如图8-8所示。

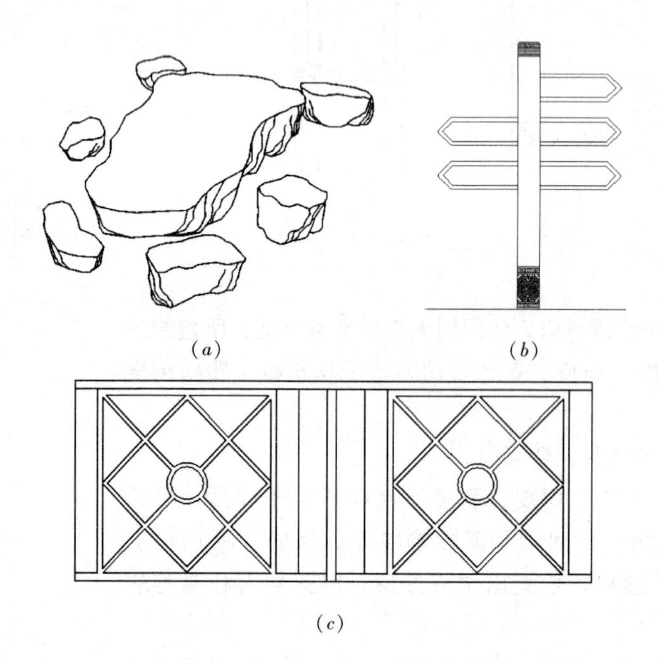

图8-8 小型设施示意图
(a) 石桌凳；(b) 指示牌；(c) 金属花栏杆

1. 水磨石类小品

水磨石制品是指用水泥白石子浆铺筑待稍干的基础上，用金刚石水磨光面打蜡而成。常见的制品有：白色水磨石景窗、白色水磨石平板凳、白色水磨石花檐和角花、白色水磨石博古架、水磨石木纹板、非水磨石原色木纹板、白色水磨石飞来椅、水磨石桌凳等。

1）白色水磨石景窗

景窗即窗牖，又称“什锦窗”，有各种各样的洞口形式，如海棠、六角、多边形、扇形等，但总的分为直折线形和曲线形两大类。它是装饰墙面和取景的配套设施。根据其制作方式分为现场抹灰和预制安装两种。其中，现场抹灰是指在已做的景窗洞上，用水泥白石子浆抹出窗形，并磨光打蜡而成。预制安装是指预先用水泥白石子浆浇筑入模成型，磨光打蜡而成后再安装。

2）白色水磨石花檐与角花

白色水磨石花檐是指长条形花饰构件，白色水磨石角花是指转角形花饰构件，均用水泥白石子浆预制而成。

3）水磨石木纹板、非水磨石原色木纹板

木纹板是在水泥板未干之前，用齿刷板仿照木纹刷出凹槽痕迹的预制板。水磨石木纹板是在水泥白石子浆稍干后刷出木纹，然后再用金刚石进行水磨而成。非水磨石原色木纹板即不进行水磨，但板面仍应干磨将毛刺磨平。

4）白色水磨石飞来椅

白色水磨石飞来椅即指用钢筋作骨架，浇筑水泥白石子浆，经水磨而成的靠背椅。

2. 砖砌园林小摆设

砖砌园林小摆设是指小型砌体，如小型桌、凳、台、柱等。

3. 花栏杆

花栏杆是指用各种花形图案作为装饰的栏杆，根据材质分为预制混凝土花栏杆和金属花栏杆。预制混凝土花栏杆是指用钢筋和混凝土浇筑而成的栏杆；金属花栏杆是指用钢管、圆钢、扁铁等焊接而成的栏杆。

第二节　工程量清单编制

一、景观花架、廊架

（一）与花架相关项目工程量计算规则

（1）混凝土花架柱、梁、檩（椽）按设计图示尺寸以“m^3”计算。

（2）木花架柱、梁、檩（椽）按设计图示截面乘以长度（包括榫长）以“m^3”计算。

（3）金属花架构件均按设计图示尺寸以“t”计算。

（4）土石方工程、钢筋混凝土工程等与花架相关的项目根据其他章节相应计算规则进行计算。

（二）工程量清单项目设置

根据《建设工程工程量清单计价规范》GB 50500—2008 附录 E. 3. 3 花架项目，花架分四个清单项目，即：现浇混凝土花架柱、梁；预制混凝土花架柱、梁；木花架柱、梁；金属花架柱、梁。项目编码为 050303001 ~ 050303004，其项目名称、特征描述、计量单位、工程量计算规则及工程内容列表如 8-1所示。

花架清单项目及相关内容 **表 8-1**

项目编号	项目名称	项目特征描述	计量单位	工程量计算规则	工程内容
050303001	现浇混凝土花架柱、梁	1. 柱截面、高度、根数 2. 盖梁截面、高度、根数 3. 连系梁截面、高度、根数 4. 混凝土强度等级	m^3	按设计图示尺寸以体积计算	1. 土（石）方挖运 2. 混凝土制作、运输、浇筑、振捣、养护
050303002	预制混凝土花架柱、梁	1. 柱截面、高度、根数 2. 盖梁截面、高度、根数 3. 连系梁截面、高度、根数 4. 混凝土强度等级 5. 砂浆配合比			1. 土（石）方挖运 2. 混凝土制作、运输、浇筑、振捣、养护 3. 构件制作、运输、安装 4. 砂浆制作、运输 5. 接头灌缝、养护
050303003	木花架柱、梁	1. 木材种类 2. 柱、梁截面 3. 连接方式 4. 防护材料种类		按设计图示截面乘以长度（包括榫长）以体积计算	1. 土（石）方挖运 2. 混凝土制作、运输、浇筑、振捣、养护 3. 构件制作、运输、安装 4. 刷防护材料、油漆
050303004	金属花架柱、梁	1. 钢材品种、规格 2. 柱、梁截面 3. 油漆品种、刷漆遍数	t	按设计图示尺寸以质量计算	

（三）工程量清单编制要求

工程量清单编制时，应根据工程设计内容，按照规范要求，结合有关计价定额的使用规则，完整、明确地描述清单项目特征。

（四）工程量清单编制实践

【例 8-1】 某公园内一花架，如图 8-9所示，土壤类别为三类土，依《计价规范》附录 E. 3. 3（本题可参表 8-1花架清单项目及相关内容）计算其项目工程量清单。

【解】（1）挖土方：$V=1.05\times1.05\times0.9\times3=2.98\text{m}^3$

（2）垫层：$V=1.05\times1.05\times0.1\times3=0.33\text{m}^3$

（3）独立基础：$V=\{0.85\times0.85\times0.15+\frac{1}{6}\times0.1\times[0.852+(0.85+0.55)\times2+0.552]+0.55\times0.55\times0.45\}\times3=0.88\text{m}^3$

（4）预埋铁件：$[0.3\times0.25\times0.01\times7850$（密度）$+4\times0.25\times0.888$（$\phi12$ 钢筋质量）$]\times3=20.33\text{kg}$

（5）木柱：$V=0.25\times0.25\times2.5\times3=0.47\text{m}^3$

（6）木花架梁 200×150：$V=0.2\times0.15\times7.28=0.22\text{m}^3$

（7）木花架条 150×80：$V=0.15\times0.08\times3.5\times23=0.97\text{m}^3$

（8）木坐凳：$L=2.75\times2=5.5\text{m}$

根据以上计算内容，列工程量清单如表 8-2所示。

分部分项工程量清单 **表 8-2**

工程名称：某公园花架

序号	项目编码	项目名称	项目特征描述	计量单位	工程量
1	010101003001	挖基础土方	三类土；基础类型为独立基础；垫层底尺寸为 1050mm × 1050mm；挖土深度 900mm；弃土运距：0	m^3	2.98
2	010401006001	垫层	混凝土强度等级为 C15（40）	m^3	0.33
3	010401002001	独立基础	混凝土强度等级为 C25（40）	m^3	0.88
4	010417002001	预埋铁件	钢垫板 300 × 250 × 10，锚筋 4ϕ12，L = 250	t	0.02
5	050303003001	木花架柱	防腐松木；250 × 250 × 2500 木柱	m^3	0.47
6	050303003002	木花架梁	防腐松木，截面尺寸 200 × 150，M12 焊栓 L = 370，丝长 30，加镀锌垫板 40 × 100 × 4，与花架条、花架柱连接	m^3	0.22
7	050303003003	木花架条	防腐松木，截面尺寸 150 × 80	m^3	0.97
8	050304001001	木坐凳	50 厚 350 宽防腐松木凳面板，290 × 350 × 80 防腐松木凳脚@ 1100，100 × 350 × 50 防腐松木梁，D10 长 100 螺钉固定在凳脚上与面板连接	m	5.5

备注：1. 附录 E.3 无相应清单项的参其他附录有关子目编码，挖基础土方编码为 010101003，基础垫层编码为 010401006，独立基础编码为 010401002，预埋铁件编码为 010417002。
2. 土方开挖后就地处理，不考虑弃土外运。
3. 木坐凳参木制飞来椅编码 050304001。

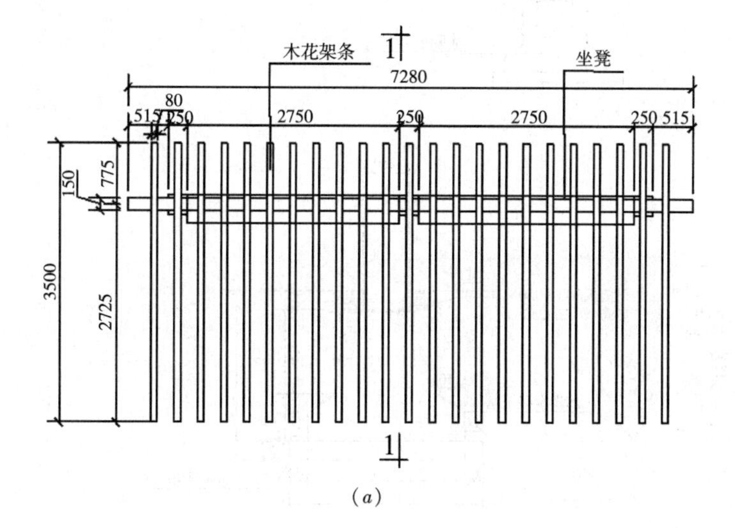

(*a*)

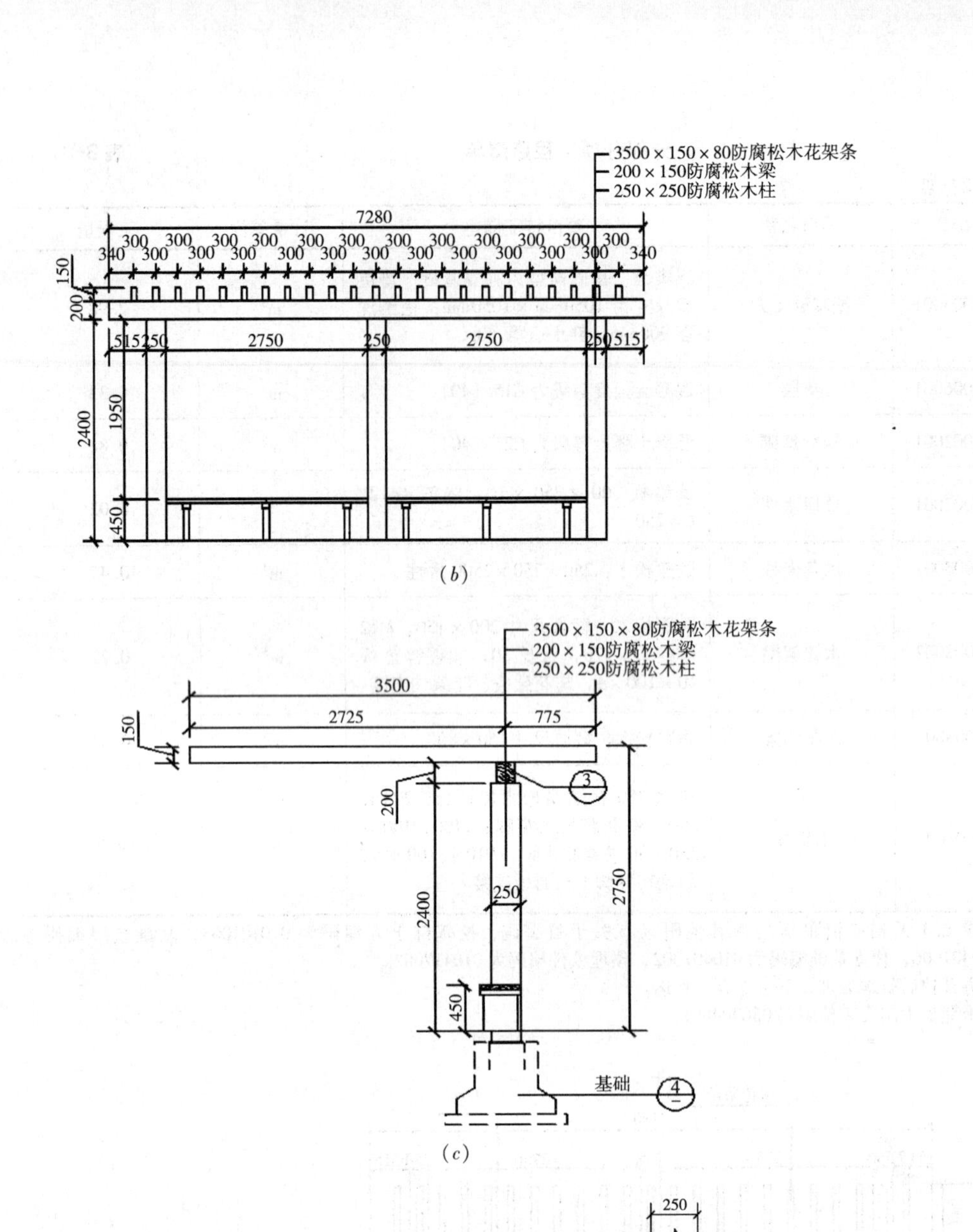
3500×150×80防腐松木花架条
200×150防腐松木梁
250×250防腐松木柱
7280
2400
1950
450
2750
基础
3500
2725
775
250
(b)

(c)

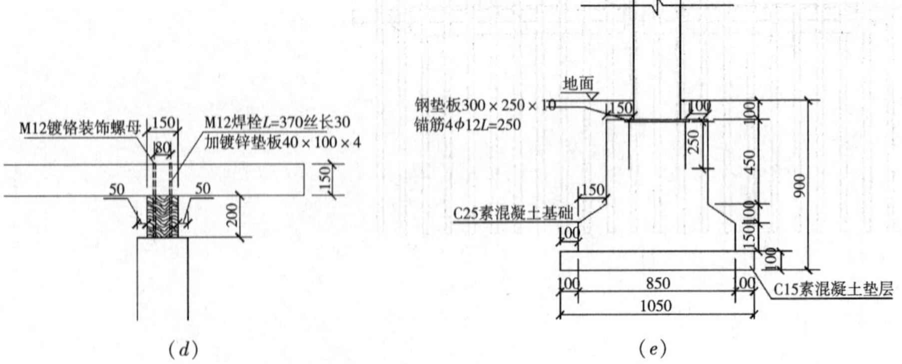
M12镀铬装饰螺母
M12焊栓L=370丝长30
加镀锌垫板40×100×4
地面
钢垫板300×250×10
锚筋4φ12L=250
C25素混凝土基础
C15素混凝土垫层
850
1050
900
(d)

(e)

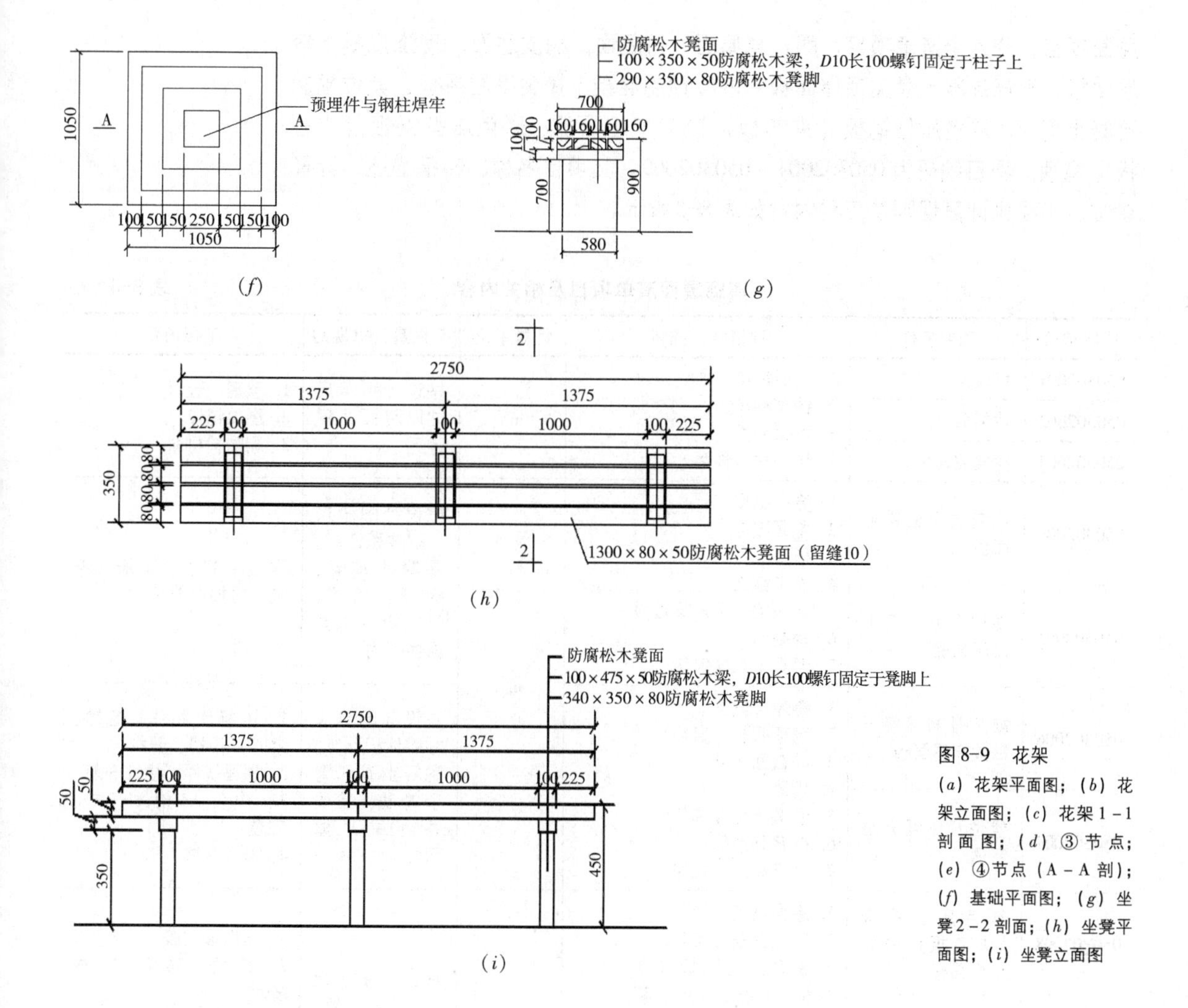

图 8-9　花架

(*a*) 花架平面图；(*b*) 花架立面图；(*c*) 花架 1-1 剖面图；(*d*) ③节点；(*e*) ④节点（A-A 剖）；(*f*) 基础平面图；(*g*) 坐凳 2-2 剖面图；(*h*) 坐凳平面图；(*i*) 坐凳立面图

二、景观亭

（一）与亭相关项目工程量计算规则

(1) 混凝土亭柱、梁、枋、檩（椽）、屋面板按设计图示尺寸以“m^3”计算。

(2) 木亭柱、梁、枋、连机、檩（椽）按设计图示截面乘以长度（包括榫长）以“m^3”计算，圆木构件工程量按设计尺寸查木材材积表计算。

(3) 柱、梁面等镶贴块料面层按设计图示尺寸以实贴面积计算；油漆、涂料工程按设计图示尺寸展开面积计算。

(4) 瓦屋面按设计图示尺寸以斜面积计算，不扣除屋脊、斜沟等所占面积。

(5) 土石方工程、钢筋混凝土工程等与亭子相关的项目根据其他章节相应计算规则进行计算。

（二）工程量清单项目设置

根据《建设工程工程量清单计价规范》GB 50500—2008 附录 E. 3. 2 亭廊

屋面项目，分九个清单项目，即：草屋面、竹屋面、树皮屋面、现浇混凝土斜屋面板、现浇混凝土攒尖顶屋面板、就位预制混凝土攒尖亭屋面板、就位预制混凝土穹顶、彩色压型钢板（夹芯板）攒尖亭屋面板、彩色压型钢板（夹芯板）穹顶。项目编码为050302001～050302009，其项目名称、特征描述、计量单位、工程量计算规则及工程内容如表8-3所示。

亭廊屋面清单项目及相关内容 **表8-3**

<table>
<tr><th>项目编号</th><th>项目名称</th><th>项目特征描述</th><th>计量单位</th><th>工程量计算规则</th><th>工程内容</th></tr>
<tr><td>050302001</td><td>草屋面</td><td rowspan="3">1. 屋面坡度
2. 铺草种类
3. 竹材种类
4. 防护材料种类</td><td rowspan="3">m²</td><td rowspan="3">按设计图示尺寸以斜面面积计算</td><td rowspan="3">1. 整理、选料
2. 屋面铺设
3. 刷防护材料</td></tr>
<tr><td>050302002</td><td>竹屋面</td></tr>
<tr><td>050302003</td><td>树皮屋面</td></tr>
<tr><td>050302004</td><td>现浇混凝土斜屋面板</td><td rowspan="2">1. 檐口高度
2. 屋面坡度
3. 板厚
4. 椽子截面
5. 老角梁、子角梁截面
6. 脊截面
7. 混凝土强度等级</td><td rowspan="4">m³</td><td rowspan="2">按设计图示尺寸以体积计算。混凝土屋脊、椽子、角梁、扒梁均并入屋面体积内</td><td rowspan="2">混凝土制作、运输、浇筑、振捣、养护</td></tr>
<tr><td>050302005</td><td>现浇混凝土攒尖顶屋面板</td></tr>
<tr><td>050302006</td><td>就位预制混凝土攒尖亭屋面板</td><td rowspan="2">1. 亭屋面坡度
2. 穹顶弧长、直径
3. 肋截面尺寸
4. 板厚
5. 混凝土强度等级
6. 砂浆强度等级
7. 拉杆材质、规格</td><td rowspan="2">按设计图示尺寸以体积计算。混凝土脊和穹顶的肋、基梁并入屋面体积内</td><td rowspan="2">1. 混凝土制作、运输、浇筑、振捣、养护
2. 预埋铁件、拉杆安装
3. 构件出槽、养护、安装
4. 接头灌缝</td></tr>
<tr><td>050302007</td><td>就位预制混凝土穹顶</td></tr>
<tr><td>050302008</td><td>彩色压型钢板（夹芯板）攒尖亭屋面板</td><td rowspan="2">1. 屋面坡度
2. 穹顶弧长、直径
3. 彩色压型钢板（夹芯板）品种、规格、品牌、颜色
4. 拉杆材质、规格
5. 嵌缝材料种类
6. 防护材料种类</td><td rowspan="2">m²</td><td rowspan="2">按设计图示尺寸以面积计算</td><td rowspan="2">1. 压型板安装
2. 护角、包角、泛水安装
3. 嵌缝
4. 刷防护材料</td></tr>
<tr><td>050302009</td><td>彩色压型钢板（夹芯板）穹顶</td></tr>
</table>

（三）工程量清单编制要求

工程量清单编制时，应根据工程设计内容，按照规范要求，结合有关计价定额的使用规则，完整、明确地描述清单项目特征。

（四）工程量清单编制实践

【例8-2】 某四角木亭，如图8-10所示，基础工程（即地面以下）本题暂不计列，木材均采用柳桉木制作，所有木材要作防火、防腐、防蚁处理；其地坪做法如下：400×400×30厚青石板面层，20厚1∶3水泥砂浆粘结，80厚C15素混凝土垫层，100厚碎石垫层，素土夯实。试计算各分项工程量，并依《计价规范》附录E.3.2（本题可参表8-3亭廊屋面清单项目及相关内容）计算其项目工程量清单。

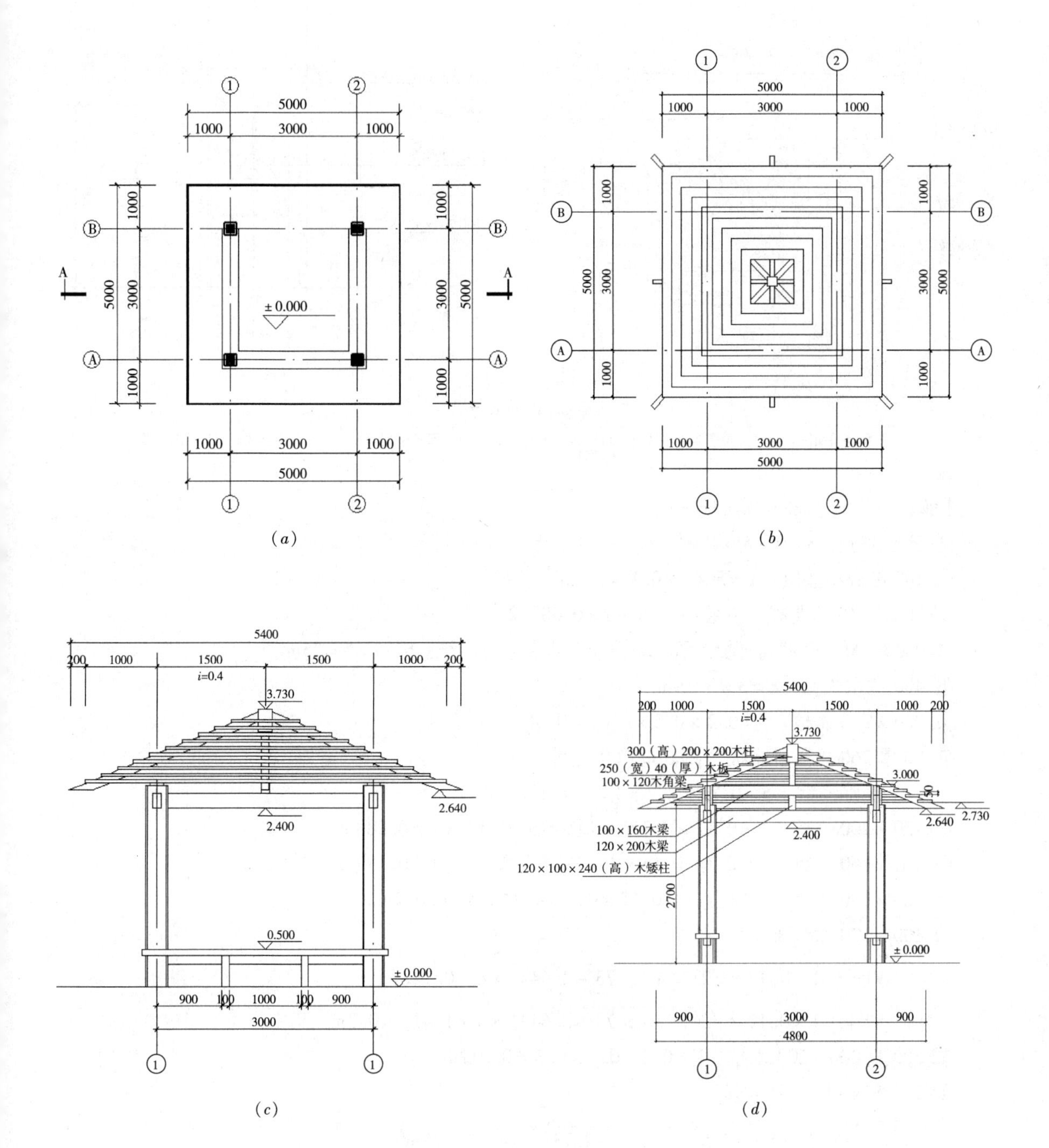
5000
1000
3000
1000
±0.000
A
B
1
2
(a)
(b)
5400
200
1500
i=0.4
3.730
2.640
2.400
0.500
900
100
300（高）200×200木柱
250（宽）40（厚）木板
100×120木角梁
3.000
100×160木梁
120×200木梁
120×100×240（高）木矮柱
2.730
2700
4800
(c)
(d)

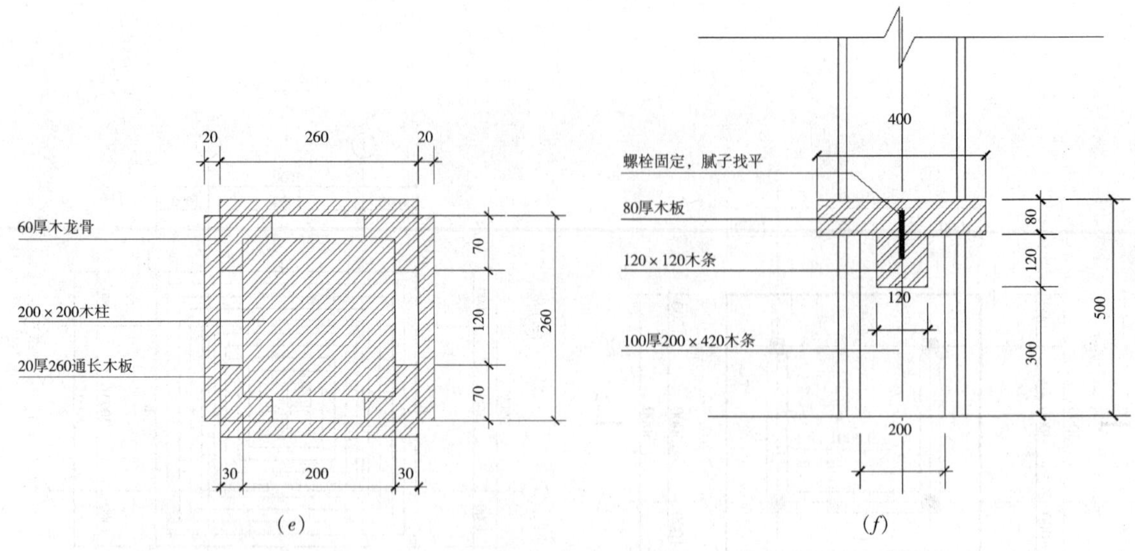

图8-10 四角亭

(a) 四角亭平面图；(b) 四角亭屋顶平面图；(c) 四角亭立面图；(d) 四角亭剖面图；(e) 柱身详图；(f) 坐凳详图

【解】(1) 计算各分项工程量如下：

① 素土夯实：$S=5\times5=25\text{m}^2$

② 100 厚碎石垫层：$V=5\times5\times0.1=2.5\text{m}^3$

③ 80 厚 C15 素混凝土垫层：$V=5\times5\times0.08=2.0\text{m}^3$

④ 400×400×30 厚青石板面层，20 厚 1:3 水泥砂浆粘结：$S=5\times5=25\text{m}^2$

⑤ 400 宽木坐凳：$L=3\times3=9\text{m}$

⑥ 200×200 木柱：$S=0.2\times0.2\times3\times4=0.48\text{m}^2$

⑦ 20 厚 260 宽通长木板贴面，60 厚木龙骨：

$$S=0.26\times2.7\times4\times4=11.23\text{m}^2$$

⑧ 120×200 木梁：$V=0.12\times0.2\times3$（按半透榫计）$\times4=0.288\text{m}^3$

⑨ 100×160 木梁：$V=0.1\times0.16\times3$（按半透榫计）$\times4=0.192\text{m}^3$

⑩ 120×100×240 木矮柱：$V=0.12\times0.1\times0.24\times4=0.012\text{m}^3$

⑪ 100×120 木角梁：

$$V1=0.1\times0.12\times\sqrt{2.7^2+(3.73-2.64)^2}\times4=0.14\text{m}^3$$

$$V2=0.1\times0.12\times\sqrt{2.7^2+(3.73-2.64)^2}\times4\times1.414=0.2\text{m}^3$$

⑫ 300 高 200×200 木柱：$V=0.2\times0.2\times0.3=0.012\text{m}^3$

⑬ 250 宽 40 厚木屋面板：

$$S=\frac{1}{2}\times5\times\sqrt{2.5^2+(3.73-2.73)^2}\times4=26.93\text{m}^2$$

(2) 根据以上计算内容，工程量清单如表 8-4所示。

分部分项工程量清单　　表 8-4

工程名称：某四角木亭

序号	项目编码	项目名称	项目特征描述	计量单位	工程量
1	050201001001	地坪	400×400×30 厚青石板面层，20 厚 1:3水泥砂浆粘结，80 厚 C15 素混凝土垫层，100 厚碎石垫层，素土夯实	m^2	25
2	050304001001	木坐凳	400 宽 80 厚柳桉木凳板，120×120 柳桉木通长木条，100 厚 200×420 柳桉木板凳脚 6 只，螺栓固定，所有木材面均作防火、防腐、防蚁处理	m	9
3	050303003001	木柱	柳桉木，200×200×3000 木柱，木材面均作防火、防腐、防蚁处理	m^3	0.48
4	020208001001	木柱饰面	20 厚 260 宽通长柳桉木板贴面，60 厚柳桉木龙骨，木材面均作防火、防腐、防蚁处理	m^2	11.23
5	050303003002	木梁	柳桉木，截面尺寸 120×200，木材面均作防火、防腐、防蚁处理	m^3	0.288
6	050303003003	木梁	柳桉木，截面尺寸 100×160，木材面均作防火、防腐、防蚁处理	m^3	0.192
7	050303003004	木梁	柳桉木，截面尺寸 100×120，木材面均作防火、防腐、防蚁处理	m^3	0.34
8	050303003005	木矮柱	柳桉木，截面尺寸 120×100，高 240，木材面均作防火、防腐、防蚁处理	m^3	0.012
9	050303003006	木柱	柳桉木，截面尺寸 200×200，高 300，木材面均作防火、防腐、防蚁处理	m^3	0.012
10	050302003001	木屋面板	250 宽 40 厚木屋面板，木材采用柳桉木，木材面均作防火、防腐、防蚁处理	m^2	26.93

备注：1. 附录 E.3 无相应清单项的参其他附录有关子目编码，柱饰面为 020208001。
2. 木坐凳参木制飞来椅编码 050304001。
3. 木柱、木梁等可参花架柱、梁清单编码。

三、其他园林景观小品

（一）工程量计算规则

（1）原木（带树皮）柱、梁、檩、椽按设计图示尺寸以“m”计算（包括榫长）。

（2）原木（带树皮）墙按设计图示尺寸以“m^2”计算（不包括柱、梁）。

（3）铁艺栏杆按设计图示尺寸以“m”计算。

（4）塑树皮（竹）梁、柱按设计图示尺寸以梁柱外表面积计算或以构件长度计算。

（5）园林桌凳按设计图示数量以“个”计算。

（6）砖石砌小摆设按设计图示尺寸以“m^3”计算或以数量“个”计算。

（二）工程量清单项目设置及编制要求

根据《建设工程工程量清单计价规范》GB 50500—2008，附录 E.3.1 原木、竹构件分六个清单项，包括：原木（带树皮）柱、梁、檩、椽；原木（带树皮）墙；树枝吊挂楣子；竹柱、梁、檩、椽；竹编墙；竹吊挂楣子，项目编码为050301001～050301006。附录E.3.4园林桌椅分九个清单项目，包括：木制飞来椅、钢筋混凝土飞来椅、竹制飞来椅、现浇混凝土桌凳、预制混凝土桌凳、石桌石凳、塑树根桌凳、塑树节椅、塑料、铁艺金属椅，项目编码为050304001～050304009。附录E.3.6杂项分九个清单项，包括：石灯、塑仿石音箱、塑树皮梁柱、塑竹梁柱、花坛铁艺栏杆、标志牌、石浮雕、石镌字、砖石砌小摆设，项目编码为050306001～050306009。其具体特征描述、计量单位、工程量计算规则及工程内容不单独一一列项。

工程量清单编制时，应根据工程设计内容，按照规范要求，结合有关计价定额的使用规则，完整、明确地描述清单项目特征。

（三）工程量清单编制实践

【例8-3】 某一花台，具体做法如图8-11所示，总长度为25m，试计算各分项工程量。

【解】 计算各项工程量如下：

（1）基槽挖土方：$V=(0.68+0.3\times2)\times(0.72-0.45+0.1)\times25=11.84\text{m}^3$

（2）素土夯实：$S=0.68\times25=17\text{m}^2$

（3）100厚C15混凝土垫层：$V=0.68\times0.1\times25=1.7\text{m}^3$

（4）MU10标准砖M5混合砂浆砌筑：$V=(0.48\times0.12+0.36\times0.12+$

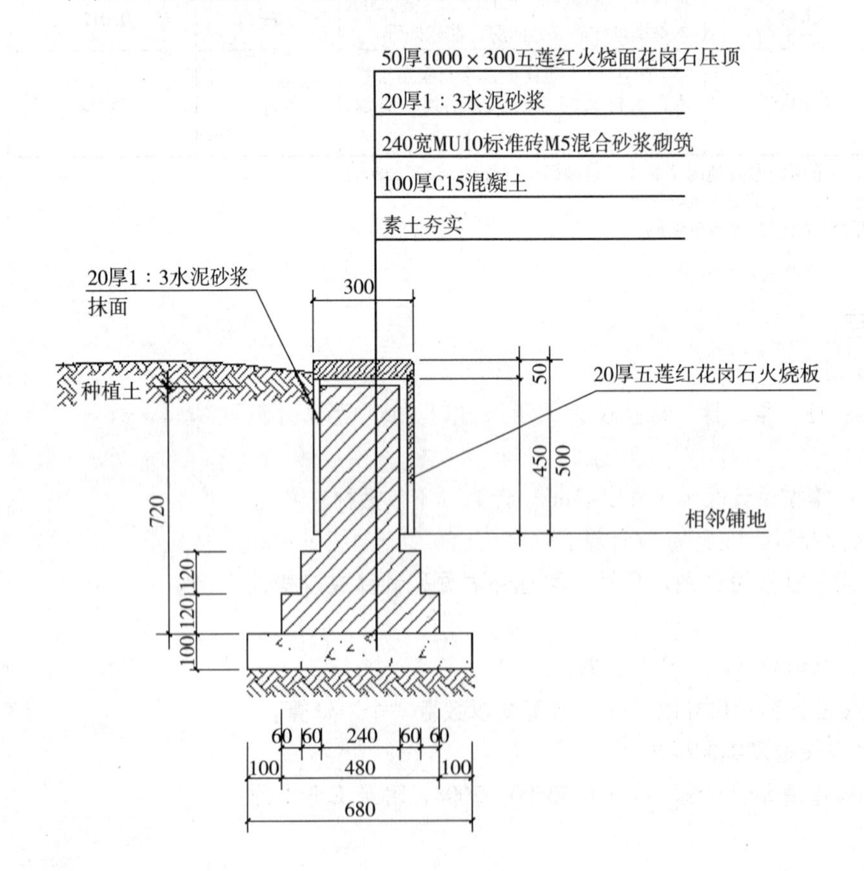

图8-11　花台剖面图

0.48×0.24)×25=5.4m^3

(5) 20厚1:3水泥砂浆抹面：$S=(0.45+0.24+0.45)\times25=28.5\text{m}^2$

(6) 50厚1000×300五莲红火烧面花岗石压顶：$S=0.3\times25=7.5\text{m}^2$

(7) 20厚五莲红花岗石火烧板贴面：$S=0.45\times25=11.25\text{m}^2$

(8) 基槽回填土：$V=11.84-1.7-(0.48\times0.12+0.36\times0.12+0.3\times0.24)\times25=7.44\text{m}^3$

第三节　工程量清单计价

根据《建设工程工程量清单计价规范》(GB 50500—2008)及浙江省2003版《浙江省园林绿化及仿古建筑工程预算定额》相关计价方式、计价说明，对园林景观工程量清单计价作简单分析。

一、与计价相关的说明

园林景观工程涉及内容广，套用的定额子目较多，特别是亭子、廊、花架等小品与建筑工程内容相连，针对其园林小品所涉及的内容，对其在计价中注意点及说明如下：

(1) 定额内的木构件、木装修木材除注明者外，以一、二类木种为准。如使用三、四类木种时，其制作人工耗用量乘系数1.3，安装人工耗用量乘系数1.15。

(2) 在套用各子目定额时，砂浆、混凝土等的种类、配合比、施工厚度及装饰材料的品种、规格、间距等与设计不同时，除定额另有规定者外，应进行调整。

二、工程量清单计价编制实践

【例8-4】 根据【例8-1】、【例8-2】花架、四角亭工程量清单表选列清单如表8-5所示，参照2003版《浙江省园林绿化及仿古建筑工程预算定额》，编制各项综合单价分析表及分部分项工程量清单计价表。(假设主要材料的价格如表8-6所示，企业管理费率22%，利润率13%，以人工费+机械费之和为计费基数，风险费不考虑，其余单价均按定额价取定)

分部分项工程量清单　　　　表8-5

工程名称：×××

序号	项目编码	项目名称	项目特征描述	计量单位	工程量
1	010401002001	独立基础	混凝土强度等级为C25(40)	m^3	0.88
2	010417002001	预埋铁件	钢垫板300×250×10，锚筋4ϕ12，$L=250$	t	0.02
3	050303003001	木柱	柳桉木，200×200×3000木柱，木材面均作防火、防腐、防蚁处理	m^3	0.48
4	050303003002	木梁	柳桉木，截面尺寸120×200，木材面均作防火、防腐、防蚁处理	m^3	0.288

主要材料价格表 表 8-6

序号	材料名称	单位	单价（元）
1	柳桉木（含防火、防腐、防蚁处理）	m^3	5000
2	预埋铁	t	6500

【解】 1. C25 独立混凝土基础综合单价分析

套用第六章混凝土及钢筋工程 6-2定额子目，查 C25（40）混凝土单价为 172.63 元/m^3，则单价分析如下：

人工费 = 343.2 元/10m^3

材料费 = 1656.3 + (172.63 − 158.96) × 10.15 = 1795.05 元/10m^3

机械费 = 43.88 元/10m^3

企业管理费 = (343.2 + 43.88) × 22% = 85.16 元/10m^3

利润 = (343.2 + 43.88) × 13% = 50.32 元/10m^3

合计 = 343.2 + 1795.05 + 43.88 + 85.16 + 50.32 = 2317.61 元/10m^3

列表 8-7如下（不含材料费明细）：

工程量清单综合单价分析表 表 8-7

工程名称：××× 第 1 页共 4 页

项目编码	010401002001	项目名称		C25 独立基础			计量单位				m^3
清单综合单价组成明细											
定额编号	定额名称	定额单位	数量	单价				合价			
				人工费	材料费	机械费	管理费和利润	人工费	材料费	机械费	管理费和利润
6－2 换	独立基础：混凝土强度等级为 C25（40）	10m^3	0.1	343.2	1795.05	43.88	135.48	34.32	179.51	4.39	13.55
人工单价		小计						34.32	179.51	4.39	13.55
30 元/工日		未计价材料费									
清单项目综合单价								231.77			

综合单价 = 34.32 + 179.51 + 4.39 + 13.55 = 231.77 元/m^3

2. 预埋铁件综合单价分析

套用定额 6－151，材料价格改为 6500 元/t，具体如下：

人工费 = 676.2 元/t

材料费 = 5897.2 + (6500 − 5600) × 1.01 = 6806.2 元/t

机械费 = 348.39 元/t

企业管理费 = (676.2 + 348.39) × 22% = 225.41 元/t

利润 = (676.2 + 348.39) × 13% = 133.2 元/t

合计 = 676.2 + 6806.2 + 348.39 + 225.41 + 133.2 = 8189.4 元/t

列表 8-8如下：

工程量清单综合单价分析表　　表 8-8

工程名称：×××　　第 2 页共 4 页

项目编码	010417002001	项目名称	预埋铁件	计量单位	t

清单综合单价组成明细

定额编号	定额名称	定额单位	数量	单价				合价			
				人工费	材料费	机械费	管理费和利润	人工费	材料费	机械费	管理费和利润
6－151	预埋铁件：钢垫板 300×250×10，锚筋 4ϕ12，L=250	t	1	676.2	6806.2	348.39	358.61	676.2	6806.2	348.39	358.61
人工单价		小计						676.2	6806.2	348.39	358.61
30 元/工日		未计价材料费									
清单项目综合单价								8189.4			

综合单价 $=676.2+6806.2+348.39+358.61=8189.4$ 元/t

3. 方柱综合单价分析

套用定额 8-12，柳桉属于三、四类木材，所以人工乘系数 1.25，材料单价为 5000 元/m^3，具体如下：

人工费 $=2733.15\times1.25=3416.43$ 元/$10m^3$

材料费 $=12573.01+(5000-1139)\times10.97=54928.18$ 元/$10m^3$

机械费 $=1631.33$ 元/$10m^3$

企业管理费 $=(3416.43+1631.33)\times22\%=1110.51$ 元/$10m^3$

利润 $=(3416.43+1631.33)\times13\%=656.21$ 元/$10m^3$

合计 $=3416.43+54928.18+1631.33+1110.51+656.21=61742.66$ 元/$10m^3$

列表 8-9 如下：

工程量清单综合单价分析表　　表 8-9

工程名称：×××　　第 3 页共 4 页

项目编码	050303003001	项目名称	方柱	计量单位	m^3

清单综合单价组成明细

定额编号	定额名称	定额单位	数量	单价				合价			
				人工费	材料费	机械费	管理费和利润	人工费	材料费	机械费	管理费和利润
8－12 换	木柱：柳桉木，200×200×3000 木柱，木材面均作防火、防腐、防蚁处理	$10m^3$	0.1	3416.43	54928	1631	1767	341.64	5492.8	163.1	176.7
人工单价		小计						341.64	5492.8	163.1	176.7
30 元/工日		未计价材料费									
清单项目综合单价								6174.24			

综合单价 = 341.64 + 5492.8 + 163.1 + 176.7 = 6174.24 元/m^3

4. 方梁综合单价分析

套用定额 8－23，柳桉属于三、四类木材，所以人工乘系数 1.25，本定额中的梁是以挖底编制的，本题梁不挖底，所以人工乘系数 0.95，材料单价为 5000 元/m^3，具体如下：

人工费 = 5916.6 × 1.25 × 0.95 = 7025.96 元/10m^3

材料费 = 12519.27 + (5000 − 1139) × 10.9 = 54604.17 元/10m^3

机械费 = 199.69 元/10m^3

企业管理费 = (7025.96 + 199.69) × 22% = 1589.64 元/10m^3

利润 = (7025.96 + 199.69) × 13% = 939.33 元/10m^3

合计 = 7025.96 + 54604.17 + 199.69 + 1589.64 + 939.33 = 64358.79 元/10m^3

列表 8-10 如下：

工程量清单综合单价分析表 **表 8-10**

工程名称：×××　　第 4 页共 4 页

项目编码	050303003002		项目名称		方梁		计量单位		m³		
清单综合单价组成明细											
定额编号	定额名称	定额单位	数量	单价				合价			
				人工费	材料费	机械费	管理费和利润	人工费	材料费	机械费	管理费和利润
8－23 换	木梁：柳桉木，截面尺寸 120×200，木材面均作防火、防腐、防蚁处理.	10m³	0.1	7026	54604	200	2529	702.6	5460.4	20	252.9
人工单价		小计						702.6	5460.4	20	252.9
30 元/工日		未计价材料费									
清单项目综合单价								6435.9			

综合单价 = 702.6 + 5460.4 + 20 + 252.9 = 6435.9 元/m^3

5. 编制分部分项工程量清单与计价表

根据以上综合单价分析数据，填写其分部分项工程量清单与计价表，如下表 8-11 所示。

分部分项工程量清单与计价表 **表 8-11**

工程名称：×××　　第 1 页共 1 页

序号	项目编码	项目名称	项目特征描述	计量单位	工程量	金额（元）		
						综合单价	合价	暂估价
1	010401002001	独立基础	混凝土强度等级为 C25（40）	m³	0.88	231.77	203.96	
2	010417002001	预埋铁件	钢垫板 300 × 250 × 10，锚筋 4ϕ12，L = 250	t	0.02	8189.4	163.79	

续表

序号	项目编码	项目名称	项目特征描述	计量单位	工程量	金额（元）		
						综合单价	合价	暂估价
3	050303003001	木柱	柳桉木，200×200×3000木柱，木材面均作防火、防腐、防蚁处理	m^3	0.48	6174.24	2963.64	
4	050303003002	木梁	柳桉木，截面尺寸120×200，木材面均作防火、防腐、防蚁处理	m^3	0.288	6435.9	1853.54	
合计							5184.93	

复习思考与练习题

1. 花架有何作用？它由哪些项目组成？按其形式可分为哪几类？
2. 亭按其形式，如何分类？亭的基本构造？
3. 园林中的水溪概念？与喷泉有何不同？
4. 园林中的景墙有何特点？
5. 花坛、花池、树池、花钵如何区分？
6. 什么是园林小型设施项目？常见的有哪些？
7. 花架项目清单如何设置，工程量如何计算？
8. 亭子的瓦屋面工程量如何计算？
9. 根据例【8-4】表8-5清单项，假设柳桉木（含防火、防腐、防蚁处理）单价为5800元/m^3，人工单价为40元/工日，其余不变，试计算该清单各项目的综合单价。
10. 水池平面图及剖面图如图8-12所示，试计算该水池的分部分项工程量清单及综合单价分析表，并计算分部分项工程量清单与计价表。（假设材料的价格如表8-12所示，企业管理费率18%，利润率12%，以人工费+机械费之和为计费基数，风险费不考虑，其余单价均按定额价取定）

主要材料价格表 表8-12

序号	材料名称	单位	单价（元）
1	中国黑光面花岗石600×300×50	m^2	250
2	中国黑光面花岗石300×300×20	m^2	150
3	JS防水涂料	kg	10
4	水泥32.5	t	320
5	ϕ钢筋	t	3500
6	黄砂	t	50
7	碎石	t	35

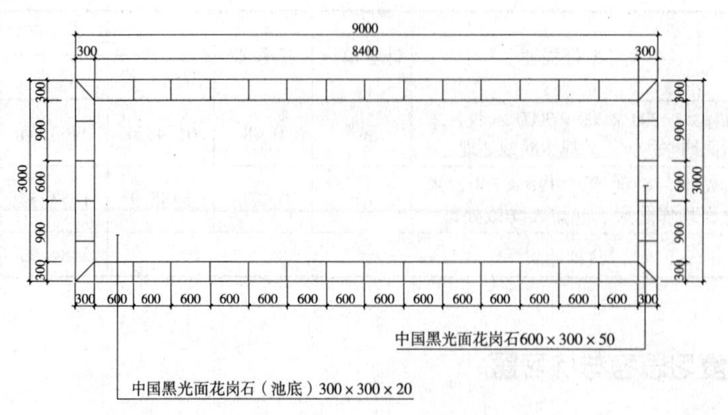

(a)

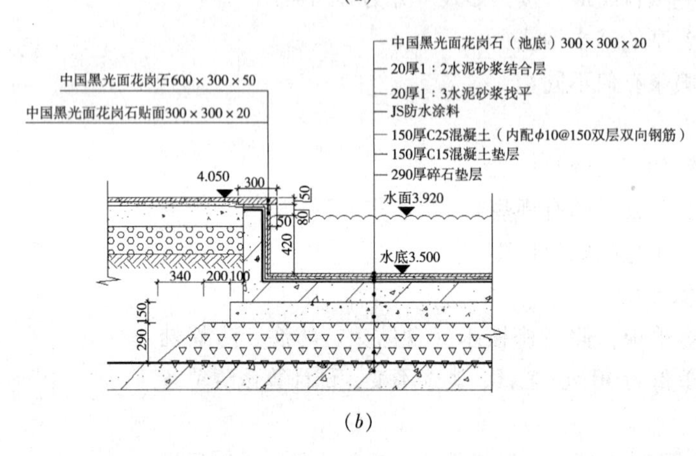

(b)

图8-12 水池平面及剖面图
(a) 水池平面图;
(b) 水池剖面图

第九章　通用项目的计量与计价

学习目标：（1）掌握通用项目的工程量计算；

（2）运用园林定额会通用项目的调整、换算；

教学重点：土方、混凝土构件及装饰的工程量计算。

教学难点：基坑开挖、模板及块料装饰面层的工程量计算。

第一节　土方工程

一、概述

园林绿化在土方计价时需要首先了解场地土壤类别、地下水位等情况。

（一）土壤及岩石的分类

按照土壤及岩石名称、天然湿度下平均密度、开挖方式工具、紧固系数等参数，普氏分类法将土壤和岩石划分为一、二类土、三类土、四类土、软石、次坚石、普坚石和特坚石等七大类。具体划分范围见表9-1。

土壤及岩石分类表　　表9-1

定额分类	普氏分类	土壤及岩石名称	天然湿度下平均密度（kg/m^3）	极限压碎强度（kg/m^3）	用轻钻孔机钻进1m耗时（min）	开挖方法及工具	紧固系数
一、二类土壤	Ⅰ	砂 砂壤土 腐殖土 泥炭	1500 1600 1200 600			用尖锹开挖	0.5～0.6
	Ⅱ	轻壤土和黄土类土 潮湿而松散的黄土，软的盐渍和碱土 平均15mm以内的松散而软的砾石 含有草根的密实腐殖土 含有直径在30mm以内根类的泥炭和腐殖土 掺有卵石、碎石和石屑的砂和腐殖土 含有卵石或碎石杂质的胶结成块的填土 含有卵石、碎石和建筑料的砂壤土	1600 1600 1700 1400 1100 1650 1750 1900			用锹开挖并少数用镐开挖	0.6～0.8
三类土壤	Ⅲ	肥黏土其中包括石炭侏罗纪的黏土和冰黏土 重壤土、粗砾石、粒径为15～40mm的碎石和卵石 干黄土和掺有碎石和卵石的自然含水量黄土 含有直径大于30mm根类的腐殖土或泥炭 掺有碎石或卵石和建筑碎料的土壤	1800 1750 1790 1400 1900			用尖锹并同时用镐开挖（30%）	0.8～1.0

续表

定额分类	普氏分类	土壤及岩石名称	天然湿度下平均密度（kg/m^3）	极限压碎强度（kg/m^3）	用轻钻孔机钻进1m耗时（min）	开挖方法及工具	紧固系数
四类土壤	Ⅳ	含有石重黏土，其中包括侏罗纪和石炭纪的硬黏土 含有碎石、卵石、建筑碎料和重达25kg的顽石（总体积的10%以内）等杂质的肥黏土和重壤土 冰碛黏土，含有质量在50kg以内的巨砾，其含量为总体积的10%以内 泥岩板 不含或含有质量达10kg的顽石	1950 1950 2000 2000 1950			用尖锹并同时用镐和撬棍开挖(30%)	1.0~1.5
软石	Ⅴ	含有质量在50kg以内的巨砾（占体积的10%以上）的冰碛石 矽藻岩和软白垩岩 胶结力弱的砾岩 各种不坚实的片岩 石膏	2100 1800 1900 2600 2200	小于200	小于3.5	部分用手凿工具，部分用爆破法开挖	1.5~2.0
次坚石	Ⅵ	凝灰岩和浮石 松软多孔和裂隙严重的石灰岩和介质石灰岩 中等硬变的片岩 中等硬变的泥灰岩	1100 1200 2700 2300	200~400	3.5	用风镐和爆破法开挖	2~4
普坚石	Ⅶ	白云岩 坚固的石灰岩 大理岩 石灰岩质胶结的致密砾石 坚固砂质片岩	2700 2700 2700 2600 2600	1000~1200	15	用爆破方法开挖	10~12
特坚石	Ⅷ	粗花岗岩 非常坚硬的白云岩 蛇纹岩 石灰质胶结的含有火成岩之卵石的砾岩 石英胶结的坚固砂岩 粗粒正长岩	2800 2900 2600 2800 2700 2700	1200~1400	18.5	用爆破方法开挖	12~14
特坚石	Ⅸ	具有风化痕迹的安山岩和玄武岩 片麻岩 非常坚硬的石灰岩 硅质胶结的含有火成岩之卵石的砾岩 粗岩石	2700 2600 2900 2900 2600	1400~1600	22.0	用爆破方法开挖	14~16
特坚石	Ⅹ	中粒花岗岩 坚固的片麻岩 辉绿岩 玢岩 坚固的粗石岩 中粒正长岩	3100 2800 2700 2500 2800 2800	1600~1800	27.5	用爆破方法开挖	16~18
特坚石	Ⅺ	非常坚固的细粒花岗岩 花岗岩麻岩 闪长岩 高硬度的石灰岩 坚固的玢岩	3300 2900 2900 3100 2700	1800~2000	32.5	用爆破方法开挖	18~20

续表

定额分类	普氏分类	土壤及岩石名称	天然湿度下平均密度（kg/m³）	极限压碎强度（kg/m³）	用轻钻孔机钻进1m耗时（min）	开挖方法及工具	紧固系数
特坚石	Ⅻ	安山岩、玄武岩、坚固的角页岩 高硬度的辉绿岩和闪长岩 坚固的辉绿岩和石英岩	3100 2900 2800	2000～2500	46.0	用爆破方法开挖	20～25
	XⅢ	拉长玄武岩和橄榄玄武岩 特别坚固的辉绿岩、石英岩和玢岩	3300 3000	大于2500	大于60	用爆破方法开挖	大于25

除上述四种定额土壤外，定额还考虑了下列几种特殊性土壤：

（1）淤泥：在静水或缓慢流水环境中沉积的含有丰富有机质的细粒土，其天然含水量大于液态，天然孔隙比大于1.5，不易成形而呈稀软流动状的灰黑色、有臭味、含有半腐朽的动、植物残骸，置于水中有动植物残体渣滓浮于水面上，并会有气泡从水中冒出来。

（2）流砂：在动水压力作用下发生流动的含水饱和的细砂、微粒砂或亚黏土等。

土石方开挖时，遇同一工程中发生土石方类别不同时，除定额另有规定外，应按不同类别分别进行工程量计算。

（二）干土与湿土的划分

以地质资料提供的地下水位为分界线，地下水位以上为干土，地下水位以下为湿土。如果采用人工降低地下水位时，干湿土的划分仍以地下常水位为准。

（三）土方工程按施工方法的划分

土方工程按施工方法分为人工挖土方和机械挖土方。

（四）石方工程

凿石是采用钢钎、铁锤或利用风镐将石方凿除，常用于消除小量石方或不宜采用爆破开挖的石方工程。

（五）回填土

回填土分地面回填和基槽（坑）回填。地面回填是指将槽、坑周边的堆土，回运至室内以抬高室内地面的填土；基槽回填是指槽坑内完成基础、垫层以后，用周边堆土填满空余坑穴的填土。回填土有松填和夯填之分。

二、土石方工程定额与工程量计算（参某地方定额）

（一）平整场地

平整场地工程量按建（构）筑物的外边线每边延长2.0m所围的面积计算。

如原地面与设计室外地坪标高平均相差30cm以上时（如小河、池塘、园林绿地的造型等），应另按挖、运、填土方计算。不再计算平整场地。

平整场地分为人工平整与机械平整。

挖土方有如下两种方法

1. 地槽开挖

挖地槽项目适用于基槽、水沟、溪涧等的挖土。其中水沟、溪涧的挖土存在两种情况，一种是在自然地面上按设计断面挖成沟槽，称为“新开沟槽”；另一种是在老沟槽上挖成按设计尺寸所需的断面，称为“疏浚沟槽”。新开沟槽应按设计图示尺寸计算挖方工程量；疏浚沟槽可按沟槽宽窄划分为若干计算段。

地槽：$V=(B+2C+KH)\times HL$，如图9–1所示。

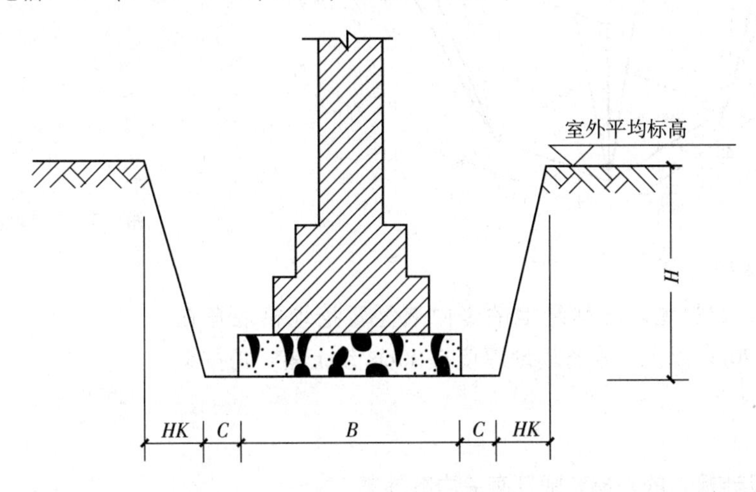

图9–1　地槽示意图

式中　H——深度，地槽、地坑土深度自槽沟底至设计室外地坪。如原地面平均标高低于设计室外地坪30cm以上时，挖土深度算至原地面。

L——地槽长度，外墙按外墙中心线长度计算，内墙按基础底净长计算，不扣除工作面、垫层及放坡重叠部分的长度，附墙垛凸出部分按砌筑工程规定的砖垛折加长度合并计算，不扣除搭接重叠部分的长度，垛的加深部分亦不增加。

K——放坡系数，放坡系数应根据施工组织设计的规定计算，如施工组织设计未规定时，可按表9–2规定计算：

放坡系数表　　　　**表9–2**

土壤类别	放坡系数	放坡起点深度（m）
一、二类土	1:0.5	1.20
三类土	1:0.33	1.50
四类土	1:0.25	2.00

C——工作面，土石方工程施工中如需加工作面，应按施工组织设计规定计算，若无规定时，可按定额规定计算。

挖土方除淤泥、流砂为湿土外，均以干土为准，如挖运湿土，按定额规定乘以系数。湿土排水费用（包括淤泥、流砂）应另列项目计算。

2. 矩形地坑

$V=(A+2C+KH)\times(B+2C+KH)\times H+K^2H^3/3$，如图 9–2所示。

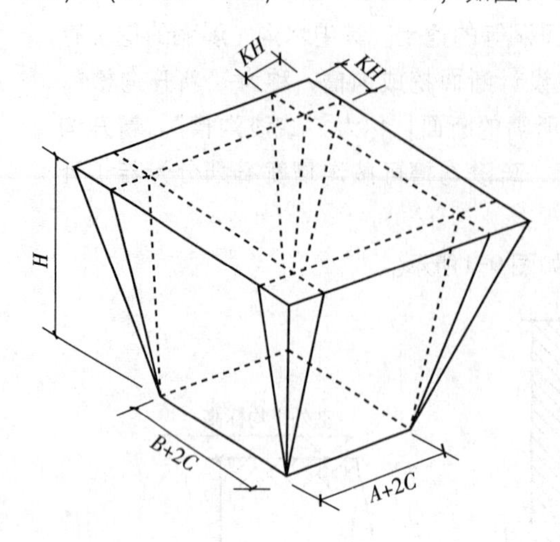

图 9–2　放坡地坑

$K^2H^3/3$ 为四个角锥体体积

其中，大面积的挖土，如池塘、园林绿地的竖向造型及挖地槽底宽在 3.0m 以上，地坑底面积在 $20m^2$ 以上，平整场地厚度在 30cm 以上者，需按平基土方定额套用计算。

（二）机械土方

机械土方按施工组织设计规定的开挖范围及有关内容计算。

余土或取土运输工程量按需要发生运输的天然密实体积计算。

机械挖土方深度超过表 9–3所示深度，如施工组织设计未明确放坡标准时，可按表 9–3中系数计算放坡工程量，施工设计未明确基础施工所需工作面时，可参照人工土方标准计算。

放坡系数表　　**表 9–3**

土壤类别	深度超过（m）	放坡系数 k	
		坑内挖掘	坑上挖掘
一、二类土	1.20	0.33	0.75
三类土	1.50	0.25	0.50
四类土	2.00	0.10	0.33

（三）挖石方

（1）人工凿岩石应按岩石分类，根据岩石不同硬度，套用相应定额子目。人工翻挖路面，人工翻挖平石、侧石已综合了机械翻挖。

（2）人工凿岩按图示尺寸以“m^3”计算。

（3）土石方爆破工程参照该省《建筑工程预算定额》（2003 版）相应子目计算。

（四）支挡土板

支挡土板的工程量，不管是单面还是双面支撑，均按支撑的垂直面积计算。即按支撑高乘以支撑长度计算单面面积（图9-3），套用定额应分别套用单面或双面相应子目。

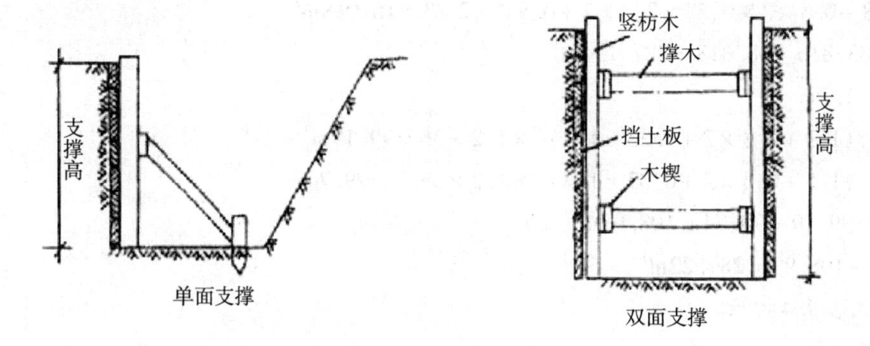

图9-3 支挡土板

三、计算案例

【**例9-1**】某房屋基础平面如图9-4所示，已知场地土类为三类，地下水位-1.1m，施工采用明排水，求挖土直接工程费（人工单项挖土）。

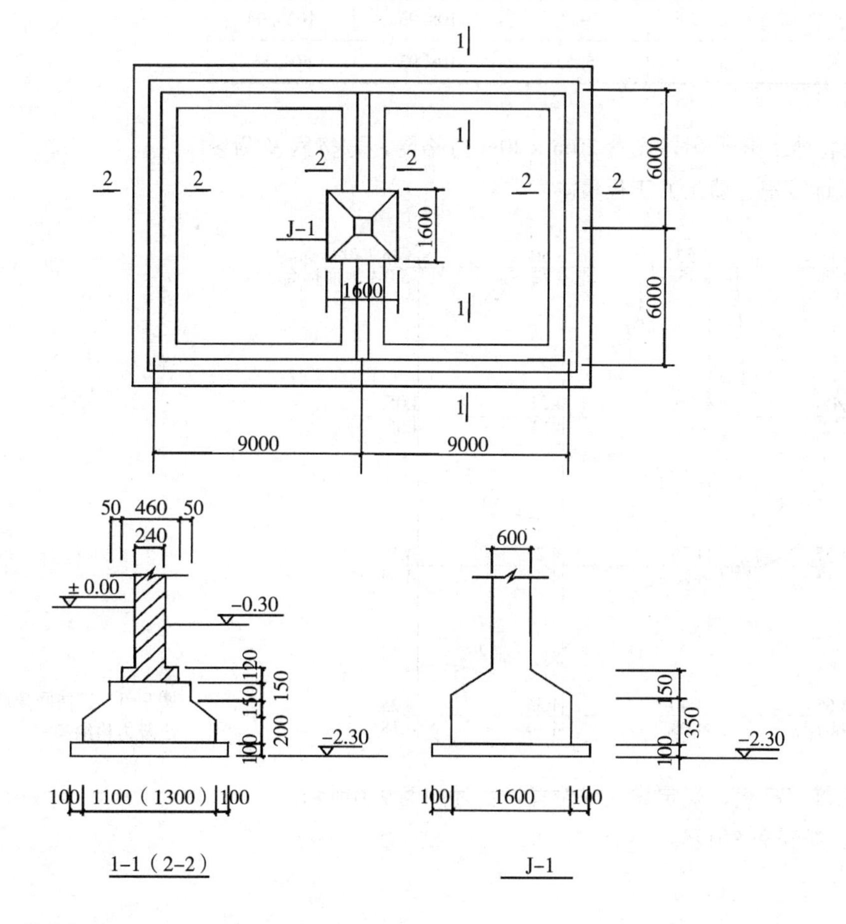

图9-4 某房屋基础平面图

【**解**】挖土方：三类土，$H=2.3-0.3=2.0$m，大于1.5m，放坡系数$K=0.33$

$L1-1=18\times2=36$m

$L2-2=12\times2+12-1.1-1.6=33.3\text{m}$

1－1 剖面：$V1=(1.3+0.3\times2+0.33\times2)\times2\times36=184.32\text{m}^3$

2－2 剖面：$V2=(1.5+0.3\times2+0.33\times2)\times2\times33.3=183.816\text{m}^3$

J－1：$V3=(1.8+0.3\times2+0.33\times2)^2\times2+0.33^2\times2^2/3=18.018\text{m}^3$

V总$=184.32+183.816+18.018=387.154\text{m}^3$

H湿$=2.3-1.1=1.2\text{m}$

1－1 剖面：$V4=(1.3+0.3\times2+0.33\times1.2)\times1.2\times36=99.19\text{m}^3$

2－2 剖面：$V5=(1.5+0.3\times2+0.33\times1.2)\times1.2\times33.3=99.74\text{m}^3$

V湿土$=V4+V5=99.19+99.74=108.93\text{m}^3$

V干土$=387.154-108.93=287.22\text{m}^3$

挖土直接工程费如表 9–4所示。

挖土直接工程费 **表 9–4**

定额编号	项目名称	单位	基价	工程量	直接工程费
4－3	人工挖土方	m^3	7.9	287.22	2269.04
4－3 换	人工挖湿土方	m^3	9.4	108.93	1023.94
1－112	湿土排水	m^3	5.55	108.93	604.56

【例 9–2】 某公园场地土方平衡，设置 20m × 20m 方格网，方格网及测量标高如图 9–5所示，试计算挖、填土方工程量。

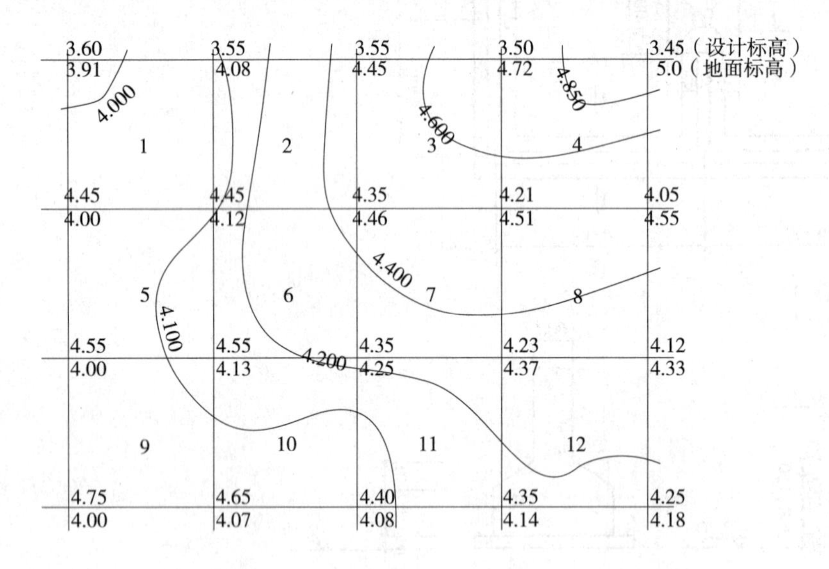

图 9–5 方格网角点标高及方格编号

【解】 计算各角点施工高度，确定零点线位置，标注如图 9–6所示。然后计算土方量，如表 9–5所示。

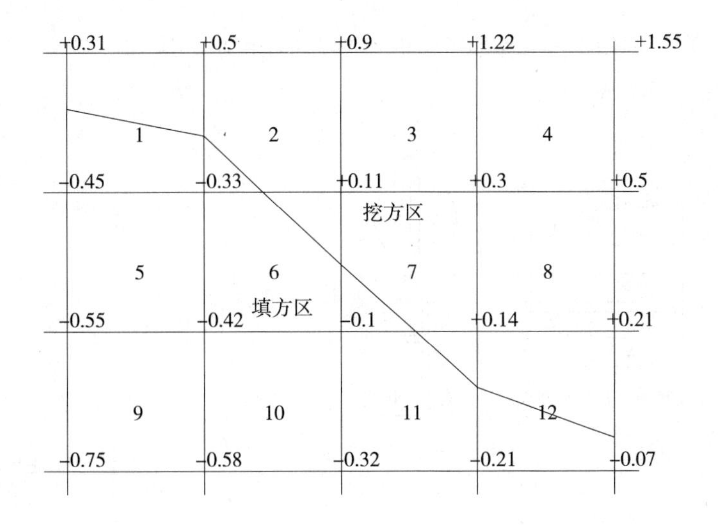

图 9-6　角点施工高度、零点线

土方计算（方格网计算法）　　**表 9-5**

序号	图形编号	土方量计算		备注
		挖方（m^3）	填方（m^3）	
1	三角形 2、7	(20×20－7.95×8.63/2)×1.51/5＝111.65	7.95×8.63×0.33/6＝3.77	2
		(20×20－10.86×9.53/2)×0.55/5＝38.31	10.86×9.53×0.1/6＝1.73	7
2	三角形 6、11	11.37×10.47×0.11/6＝2.18	(20×20－11.37×10.47/2)×0.85/5＝57.88	6
		9.13×8×0.14/6＝1.70	(20×20－9.13×8/2)×0.63/5＝45.8	11
3	正方形 3、4、8	20×20/4×(0.9＋1.22＋0.11＋0.3)＝253		3
		20×20/4×(0.3＋0.5＋1.22＋1.55)＝357		4
		20×20/4×(0.3＋0.5＋0.14＋0.21)＝115		8
4	正方形 5、9、10		20×20/4×(0.45＋0.33＋0.55＋0.42)＝175	5
			20×20/4×(0.55＋0.42＋0.75＋0.58)＝230	9
			20×20/4×(0.42＋0.1＋0.58＋0.32)＝142	10
5	梯形 1	(8.16＋12.05)/2×20×(0.31＋0.5)/4＝40.92	(11.84＋7.95)/2×20×(0.45＋0.33)/4＝38.59	1
6	梯形 12	(8＋15)/2×20×(0.14＋0.21)/4＝20.13	(12＋5)/2×20×(0.07＋0.21)/4＝11.9	12
	小计	939.89	706.67	

第二节　桩基及基础垫层工程

一、概述

打桩工程按桩基传递荷载的形式分为端承桩和摩擦桩，按照施工工艺划分主要有预制混凝土桩、灌注混凝土桩。《××省园林绿化及仿古建筑工程预算定额》仅列了预应力管桩、人工挖孔桩、圆木桩三种桩型，实际使用桩型与定额不同时可参照本省其他有关定额执行。

（一）打压预应力管桩

预应力管桩一般为预制构件厂制作生产，按照设计桩长需要进行配桩，端部一节与钢板制成的桩尖连接，如图9-7所示。

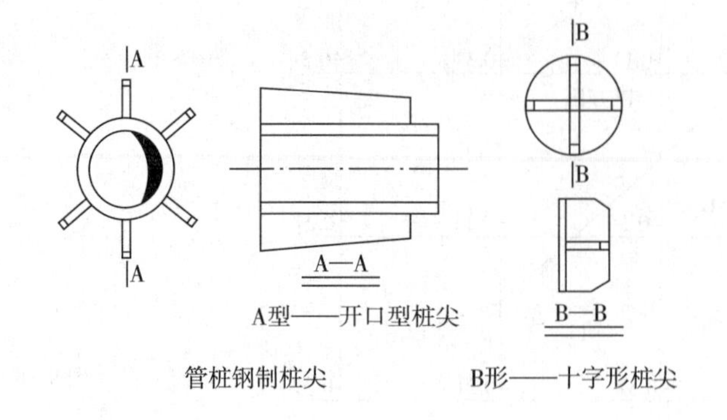

图9-7　桩尖示意图

（二）人工挖孔桩

采用人工挖成桩孔，安放钢筋笼，灌注混凝土形成混凝土桩基，人工挖孔桩常见纵断面如图9-8所示。

（三）基础垫层

基础垫层按材料分有3∶7灰土垫层、砂垫层、煤渣、碎石垫层、块石垫层、塘渣和混凝土垫层，其中混凝土垫层另按混凝土相应定额章节计算。

二、土石方工程定额与工程量计算（参某地方定额）

（一）打压预应力管桩

预应力管桩按成品构件编制，定额包括接桩。

打压预应力管桩工程量按设计桩长以延长米计算。

送桩长度按设计桩顶标高至自然地坪另增0.50m计算。

（二）人工挖孔桩

人工挖孔桩、灌注桩芯混凝土工程量按设计图示实体积以立方米计算，护壁工程量按设计图示体积以立方米计算。人工挖孔桩的土方工程量按护壁外围截面积乘孔深以立方米计算，孔深按自然地坪至桩底标高的长度计算。

挖淤泥、流砂、入岩增加费按实际挖、凿数量以立方米计算。

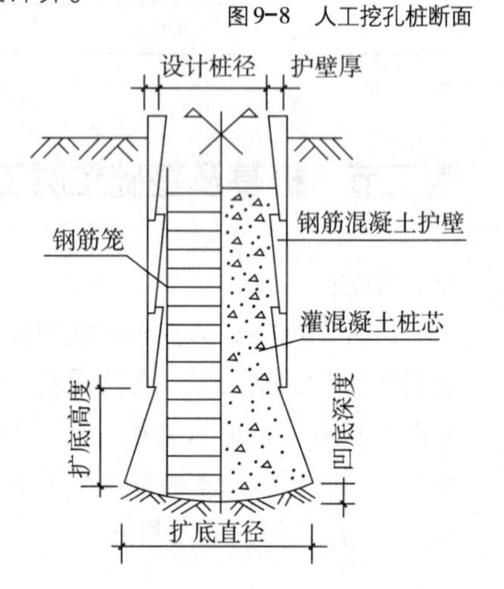

图9-8　人工挖孔桩断面

（三）打圆木桩

圆木桩工程量按设计桩长（包括接桩）及木桩梢径查木材材积表计算。其预留长度的材料已考虑在定额内。木桩防腐费用按实计算。

（四）条形基础垫层

条形基础垫层工程量按设计断面尺寸乘以长度计算。长度：外墙按外墙中心线计算。内墙按内墙基底净长计算。

（五）地面垫层

地面垫层工程量按地面面积乘以厚度计算。

塘渣垫层工程量按实计算。

根据规定，垫层材料的配合比设计与定额不同时，应进行换算。毛石灌浆如设计砂浆强度等级不同时，砂浆强度等级进行换算。碎石、砂垫层级配不同时，砂石材料数量进行换算。

三、计算案例

【例 9-3】 某工程桩基采用 ϕ600 预应力管桩，设计桩长 28m，分两节，无桩尖。桩顶标高 -2.300m，自然地面标高 -0.600m。采用多功能压桩机压桩，本工程共需压桩 156 根。求打桩直接工程费。

【解】（1）压桩，$L = 28 \times 156 = 4368\text{m}$

（2）压送桩，$L = (2.3 - 0.6 + 0.5) \times 156 = 343.2\text{m}$

打桩直接工程费如表 9-6所示。

打桩直接工程费 **表 9-6**

定额编号	项目名称	单位	基价	工程量	直接工程费
4-109	压管桩 600 内	m	157.15	4368	686431.2
4-111	压送管桩 600 内	m	30.37	343.2	10422.98

第三节 混凝土及钢筋混凝土工程

一、概述

（1）混凝土工程由模板、混凝土、钢筋三部分专业工种组成，其中模板部分不构成工程实体，属于措施费内容。混凝土分为现浇和预制构件，现浇的又分现拌混凝土和商品泵送混凝土。钢筋又分为预制构件钢筋和现浇构件钢筋，按钢种分为冷拔丝、圆钢和螺纹钢等。

（2）现浇混凝土工程主要项目：

①基础按外形分有：带形基础、独立基础、杯形基础、筏形基础（又称满堂基础）、箱式基础。在带形基础下设有桩基础时，又统称为“桩承台”。

②柱：按截面形状可分为：矩形柱、圆形柱、异形柱。

构造柱是指按建筑物刚性要求设置的、先砌墙后浇捣的柱，按设计规范要求，需设与墙体咬接的马牙槎。

③梁：按断面或外形形状分为矩形梁、异形梁、弧形梁、拱形梁、薄腹屋面梁等。“基础梁”一般用于柱网结构或不宜设墙基的构造部位，可不再设墙基。

“圈梁”是指按建筑、构筑物整体刚度要求，沿墙体水平封闭设置的构件。

“过梁”用于随洞口部荷载并传递给墙体的单独小梁。

④板：按荷载传递形式分为平板、有梁板（包括密肋板、井字板）、无

梁板。

按外形或结构形式不同，另有拱形板、薄壳屋盖等。

（3）定额混凝土的强度等级和石子粒径是按常用规格编制的，当混凝土设计强度等级与定额不同时，应作换算。石子最大粒径不同时，定额不作换算。

二、现浇混凝土构件模板与混凝土浇捣

现浇构件模板按混凝土与模板接触面积以平方米计算或按每立方米柱混凝土含模量计算。

（一）柱现浇混凝土

计量单位：m^3

工程量计算：V = 柱截面积 × 柱高 + V 牛腿

柱高的取定：

有梁板的柱高：自柱基顶面或楼板上表面算至上一层楼板上表面。

无梁板的柱高：自柱基顶面或楼板上表面算至柱帽下表面。

无楼隔层的柱高：自柱基顶面算至柱顶面。

另，构造柱与墙咬接的马牙槎部分可以按柱高每侧3cm，合并计算。

（二）梁现浇混凝土

计量单位：m^3

工程量计算：V = 梁截面积 × 梁长 + V 梁垫

梁长取定：框架梁梁长：按柱与柱之间净长计算。

梁与混凝土墙交接梁长：按墙间净空长度计算。

次梁与主梁交接梁长：按次梁算至主梁边。

（三）板

其中：密肋板指梁中间距不大于1m的板；井字板：指井字布置且梁中心线间围成面积不大于$5m^2$的板，如图9-9所示。

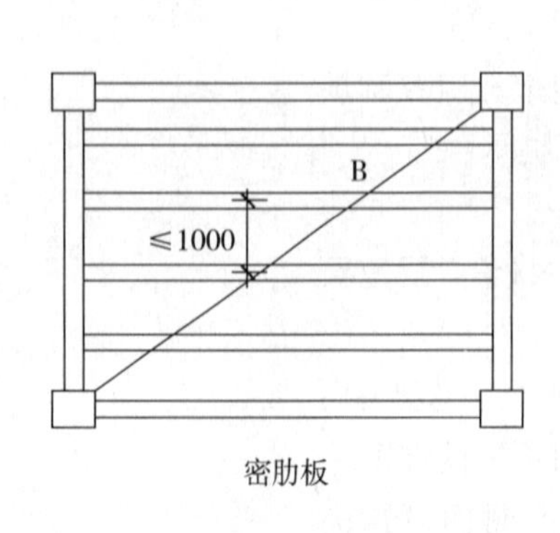

密肋板

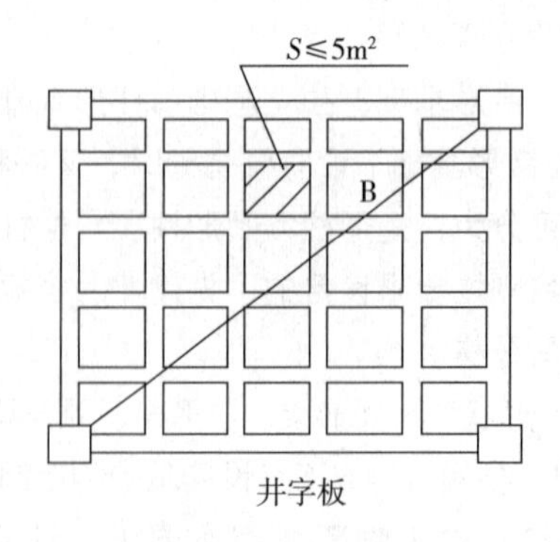

井字板

图9-9 密肋、井字板

注意：弧形板并入板内计算，另按弧长计算套用弧形板增加费定额。

定额规定，如设计采用斜板，坡度≤10°，按定额执行；10°≤坡度≤30°，定额钢支撑含量乘1.3系数，人工乘1.1系数；30°≤坡度≤60°，定额钢支撑

含量乘 1.5 系数；坡度 >60°，按混凝土墙相应定额执行。

计量单位：m^3

工程量计算：V有梁板 = V板 + V梁 + V板垫 + V翻口

V无梁板 = V板 + V柱帽 + V板垫 + V翻口

V平板 = V板 + V板垫 + V翻口

其中：V板按实体积计算，扣除每个面积大于 0.3m^2 孔洞的体积和柱断面积大于 1m^2 重叠体积。

另，预制板之间的板带宽在 8cm 以上时，按一般板计算，套板相应定额，以内时，已包括在预制板安装灌浆定额内，不另计算。

（四）墙

计量单位：m^3

工程量计算：按图示尺寸以体积计算。

墙高：自基础顶面（或楼板上表面）算至上一层楼板上表面。

平行嵌入墙上梁，不论是否凸出均并入墙。

附墙柱、暗柱并入墙内计算。

墙体计算应扣除单个面积大于 0.3m^2 孔洞体积。

（五）楼梯

计量单位：m^2

工程量计算：按楼梯水平投影面积计算。

定额分直形或弧形，定额包括休息平台、平台梁、斜梁与楼层相连梁。计算面积时，有楼层梁的算至楼层梁外侧；无楼层梁时，算至最上一级踏步沿加 30cm 处。不扣除宽度小于 50cm 的楼梯井，伸入墙内部分不另计算。楼梯基础、梯柱、栏板、扶手另行计算。

梁式楼梯的梯段梁并入楼梯底板。

（六）雨篷、阳台、栏板、翻檐、檐沟、挑檐

工程量计算：

雨篷计量单位：m^2，按水平投影面积计算。

阳台计量单位：m^2，按水平投影面积计算。

栏板、翻檐计量单位：m^3，按图示尺寸以体积计算。工程量包括底板侧板及与板整浇的挑梁。

注意：水平遮阳板、空调板套用雨篷相应定额。

三、预制混凝土构件模板与混凝土浇捣

（1）预制构件模板及混凝土浇捣除定额注明外，均按图示尺寸以体积计算。

（2）空心构件工程量按实体积计算，应扣除空心部分体积。

（3）预制方桩按设计截面乘以桩长计算，不扣除桩尖虚体积。

四、钢筋

钢筋部分分为现浇、预制、预应力构件，计算工程量时钢筋的延伸率不扣，冷加工费不计。

计量单位：t

钢筋的工程量 = 钢筋长度 × 每米理论质量

式中　钢筋质量计算公式——$0.00617d^2$（kg/m）；

d——钢筋直径（mm）。

五、构件运输、安装

（一）构件运输

适用于混凝土构件由堆放场地或构件加工厂运至施工现场的运输。定额已综合考虑区域、现场运输道路等级、道路状况等不同因素。

构件运输工程量：按图示尺寸计算。

计量单位：m^3

（二）构件安装

构件安装指在现场将混凝土预制构件安装到设计规定的部位。

构件安装工程量：按施工图工程量计算。

计量单位：m^3

六、计算案例

【例 9-4】 某钢筋混凝土框架梁如图 9-10 所示，混凝土强度等级为 C25，所属楼层的现浇板厚 100mm，柱截面 500mm × 500mm，钢筋保护层按 25mm 计算，请按标准照图集 03G101－1 的三级抗震要求结合某省 2003 预算定额计算该梁的钢筋用量。

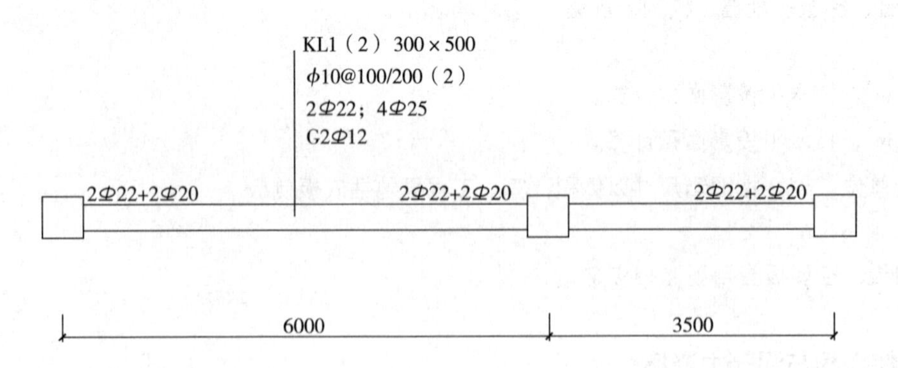

图 9-10　某钢筋混凝土框架梁

【解】 钢筋长度

$\Phi 22$：$L = (6 + 3.5 - 0.5 + 15 \times 0.022 \times 2 + 1.2 \times 35 \times 0.022) \times 2 = 21.17\text{m}$

$\Phi 20$：$L = (1.83 + 0.475 + 15 \times 0.02) \times 2 + (1.83 \times 2 + 0.5) \times 2$

$+ (1 + 0.475 + 15 \times 0.02) \times 2 = 17.08\text{m}$

$\Phi 25: L=(6+3.5-0.5+15\times0.025\times2+1.2\times35\times0.025)\times4=43.2\text{m}$

$\Phi 12: L=(6+3.5-0.5+15\times0.012\times3)\times2=19.08\text{m}$

$\Phi 10: L=(0.3+0.5)\times2\times[(0.75\div0.1+1)\times4+(5.5-1.6)\div0.2-1$

$\quad +(3-1.6)\div0.2-1]=93.6\text{m}$

$\Phi 6: \text{L}=(0.3-0.025\times2+12.5\times0.006)$

$\quad \times(5.5\div0.2+3\div0.2+2)=14.46\text{m}$

工程量汇总：

$\phi \quad W_1=43.2\times3.856+21.17\times2.986+17.08\times2.468$

$\quad +19.08\times0.888=288.89\text{kg}$

$\phi \quad W_2=93.6\times0.617+14.46\times0.222=60.96\text{kg}$

【例9-5】某小区一现浇混凝土亭子如图9-11所示，柱、梁、基础采用混凝土现浇，屋盖为钢结构。计算柱、梁、基础的混凝土浇捣和模板工程量。

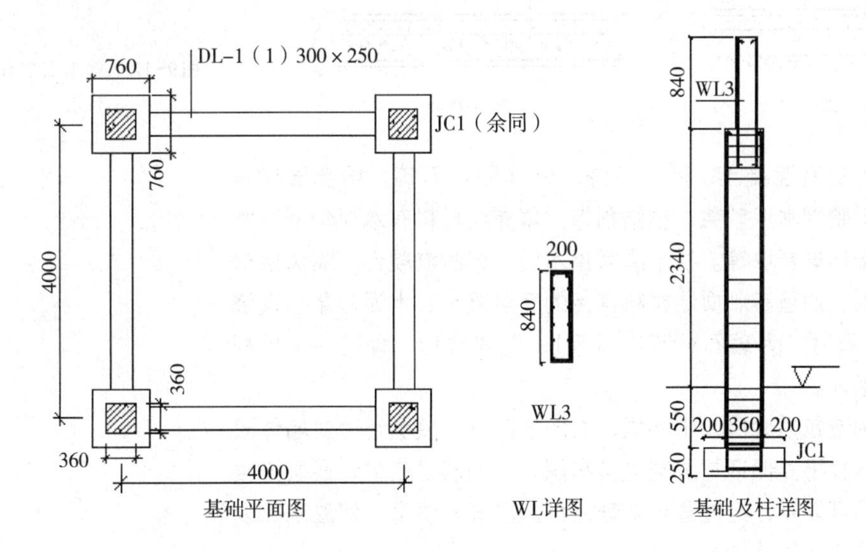

图9-11　现浇混凝土亭子

【解】1. 混凝土浇捣

（1）柱：$V=0.36\times0.36\times2.89\times4=1.5\text{m}^3$

（2）梁WL：$V=0.2\times0.84\times[(4+0.18\times2-0.05\times2)\times2+$

$(4+0.18\times2-0.05\times2-0.2\times2)\times2]$

$=0.2\times0.84\times16.24=2.73\text{m}^3$

（3）地梁DL：$V=0.3\times0.25\times(4-0.38\times2)\times4=0.97\text{m}^3$

（4）独立基础JC：$V=0.76\times0.76\times0.25\times4=0.58\text{m}^3$

2. 模板

（1）柱：$S=0.36\times4\times2.89\times4=16.65\text{m}^2$

（2）梁WL：$S=0.84\times2\times(16.24-0.2\times4)=25.94\text{m}^2$

（3）地梁DL：$S=0.25\times2\times(4-0.38\times2)\times4=6.48\text{m}^2$

（4）独立基础JC：$S=0.2\times0.76\times4\times4-0.3\times0.25\times2\times4=2.44\text{m}^2$

第四节 装饰工程

一、概述

楼地面工程中地面构造一般为面层、垫层和基层（素土夯实）；楼层地面构造一般为面层、填充层和楼板。当地面和楼层地面的基本构造不能满足使用或构造要求时，可增设结合层、隔离层、填充层、找平层等其他构造层，如图9–12所示。

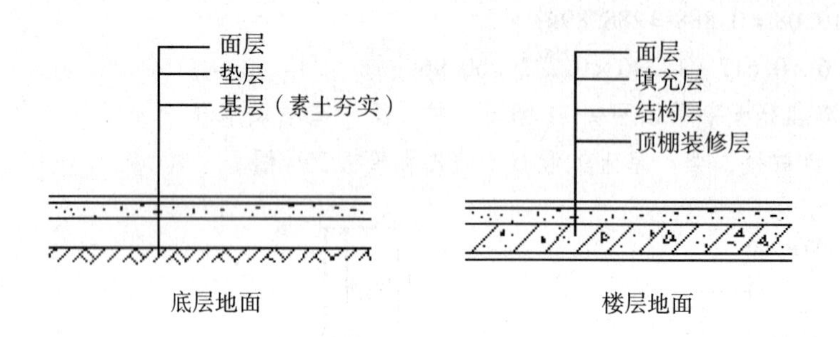

图9–12 楼地面工程构造

地面垫层材料常用的有混凝土、砂、炉渣、碎（卵）石等。结合层材料常用的有水泥砂浆、干硬性水泥砂浆、粘结剂等。填充层材料有水泥炉渣、加气混凝土块、水泥膨胀珍珠岩块等。找平层常用水泥砂浆和混凝土。隔离层材料有防水涂膜、热沥青、油毡等。面层材料常用的有混凝土、水泥砂浆、现浇（预制）水磨石、天然石材（大理石、花岗石等）、陶瓷锦砖、地砖、木质板材、塑料、橡胶、地毯等。

墙面装饰的基本构造包括底层、中间层、面层三部分。底层经过对墙体表面作抹灰处理，将墙体找平并保证与面层连接牢固。中间层是底层与面层连接的中介，除使连接牢固可靠外，经过适当处理还可起防潮、防腐、保温隔热以及通风等作用。面层是墙体的装饰层。

常用的饰面材料有墙纸、墙布、木质板材、石材、金属板、瓷砖、镜面玻璃、织物或皮革及各类抹灰砂浆和涂料等。墙面装饰在多数情况下是两种以上的材料混合使用。

顶棚常用的做法有喷浆、抹灰、涂料吊顶棚等。具体采用根据房屋的功能要求、外观形式、饰面材料等选定。

吊顶的基本构造包括吊筋、龙骨和面层三部分。吊筋通常用圆钢制作，龙骨可用木、钢和铝合金制作。面层常用纸面石膏板、夹板、铝合金板、塑料扣板等。

门窗是重要的建筑构件，也是重要的装饰部件。门窗的种类按材料分有木门窗、钢门窗、铝合金门窗、塑料门窗等。

木门窗包括门框和门扇两部分。框有上框、边框和中框（带亮子的门），各框之间采用榫连接。门扇按结构形式分有贴板门、镶板门和拼板门。

建筑用涂料的分类方法很多，如按涂料使用的部位分类常分为：外墙涂料、内墙涂料、地面涂料、顶棚涂料和屋面涂料。按照主要成膜物质的性质分类可分为：有机涂料，如丙烯酸酯外墙涂料；无机高分子涂料，如硅溶胶外墙涂料；有机无机复合涂料，如硅溶胶一苯丙外墙涂料。

二、定额组成及工程量计算

（一）定额项目组成

楼地面工程包括整体面层、块料面层、踢脚线、扶手栏杆、栏板等。

墙柱面工程包括墙面抹灰、柱梁面抹灰、墙柱面镶贴块料、墙饰面、柱饰面、间壁等。

门窗工程包括木门、金属门、金属卷帘门、木窗、金属窗、门窗套、窗帘盒、窗帘轨等。

顶棚工程包括顶棚抹灰、顶棚吊顶。

顶棚抹灰分混凝土顶棚、钢板网顶棚、板条及其他板面顶棚抹灰。

顶棚吊顶分顶棚骨架和顶棚饰面。

（二）部分定额说明

(1) 定额中砂浆、混凝土等的种类、配合比、厚度等，设计与定额不同时可以按设计调整。装饰材料的品种、规格、间距等设计与定额不同时，除定额另有说明者外，按设计规定调整换算。

(2) 整体面层、块料面层楼地面项目均不包括找平层。整体面层、块料面层、木制面层的楼地面子目均不包括踢脚线。

(3) 零星抹灰和零星镶贴块料适用于挑檐、天沟、腰线、窗台线、门窗套、压顶、扶手、雨篷周边及每个面积在 $1m^2$ 以内的其他各种零星项目。

(4) 本章采用一、二类木材木种编制的定额，如设计采用三、四类木种时，除木材单价调整外，定额人工和机械乘系数 1.35。

(5) 定额所注木材断面、厚度均以毛料为准，如设计为净料，应另加刨光损耗：板枋材单面加 3mm，双面加 5mm，其中普通门门板双面刨光加 3mm。

(6) 木门窗、金属门窗、塑钢门窗定额采用普通玻璃，如设计玻璃品种与定额不同时，单价调整；厚度增加时，另按定额的玻璃面积每 $10m^2$ 增加玻璃工 0.73 工日。

（三）工程量计算

(1) 整体面层楼地面按主墙间的净面积计算，应扣除地沟等所占面积，不扣除柱、垛、间壁墙、附墙烟囱及面积在 $0.3m^2$ 以内的孔洞所占面积，但门洞、空圈的开口部分也不增加。

(2) 墙面、墙裙抹灰面积按设计尺寸计算，应扣除门窗洞口和 $0.3m^2$ 以上的孔洞所占面积，不扣除踢脚线、挂镜线和墙与构件交接处的面积，门窗洞口和孔洞的侧壁及顶面也不增加。附墙柱、梁、垛、烟道等侧壁并入相应的墙面面积内计算。内墙抹灰有吊顶而不抹到顶者，高度算至吊顶底面加 15cm。

(3) 柱面抹灰按设计图示尺寸以柱断面周长乘以高度计算。零星抹灰按设计图示尺寸以展开面积计算。

(4) 楼地面、墙、柱、梁面镶贴块料按设计图示尺寸以实铺面积计算，楼地面的门窗、空圈的开口部分面积并入计算。附墙柱、梁等侧壁并入相应的墙面面积内计算。

(5) 墙面饰面的基层与面层面积按设计图示尺寸的面积计算，应扣除门窗洞口及每个 $0.3m^2$ 以上的孔洞所占的面积。

(6) 柱梁饰面面积按图示外围饰面面积计算。

(7) 顶棚抹灰面积，按设计图示尺寸以水平投影面积计算。不扣除间壁墙（包括半砖墙）、垛、柱、附墙烟囱、检查口和管道所占的面积。带梁顶棚、梁侧面的抹灰并入顶棚抹灰内计算。楼梯底面单独抹灰，套顶棚抹灰定额，其底面抹灰按斜面积计算。

(8) 顶棚吊顶骨架工程量按设计图示尺寸以水平投影面积计算。不扣除间壁墙、检查口、附墙烟囱、柱、垛和管道所占的面积，但应扣除单个 $0.3m^2$ 以上的孔洞及独立柱所占的面积。

(9) 扶手、栏板、栏杆按设计图示尺寸以扶手中心线长度计算，斜扶手栏板、栏杆长度按水平长度乘 1.15 系数计算。

(10) 普通木门窗工程量按设计门窗洞口面积计算，成品木门工程量按扇计算。

(11) 金属门窗（塑钢门窗）安装，工程量按设计门窗洞口面积计算。其中：纱窗扇按扇外围面积计算，防盗窗按外围展开面积计算。不锈钢拉栅门按框外围面积计算。

(12) 油漆涂料工程按定额所列各系数表计算方法计算。

三、计算案例

【例 9-6】 某工程楼面建筑平面如图 9-13 所示，设计楼面做法为 30 厚细石混凝土找平，1:3 水泥砂浆铺贴 300×300 地砖面层，踢脚为 150 高地砖。求楼面装饰的费用。（M1：900×2400，M2：900×2400，C1：1800×1800）

【解】

1. 30 厚细石混凝土找平

工程量：$S = (4.5\times2-0.24\times2)\times(6-0.24)-0.6\times2.4$
$=47.64m^2$

2. 300×300 地砖面层

工程量：$S = (4.5\times2-0.24\times2)\times(6-0.24)$
$-0.6\times2.4+0.9\times0.24\times2=48.07m^2$

3. 地砖踢脚

工程量：$S = [(4.5-0.24+6-0.24)\times2\times2-0.9\times3+0.24\times4]\times0.15=38.34\times0.15$
$=5.75m^2$

图 9-13 某建筑平面

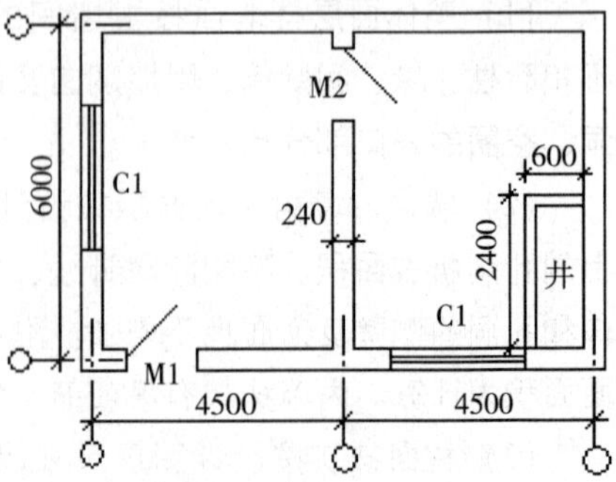

M2
C1
6000
600
240
2400
井
C1
M1
4500
4500

【**例 9-7**】某工程楼面建筑平面如上题图 9-13 所示，该建筑内墙净高为 3.3m，窗台高 900mm。设计内墙裙为水泥砂浆贴 152 × 152 瓷砖，高度为 1.8m，其余部分墙面为混合砂浆底纸筋灰面抹灰，计算墙面装饰费用。

【**解**】1. 瓷砖墙裙

工程量：$S = 1.8 \times [(4.5 - 0.24 + 6 - 0.24) \times 2 \times 2 - 0.9 \times 3] - (1.8 - 0.9) \times 1.8 \times 2 + 0.12 \times (1.8 \times 8 + 0.9 \times 4) = 66.2\text{m}^2$

2. 墙面抹灰

工程量：$S = 3.3 \times (4.5 - 0.24 + 6 - 0.24) \times 2 \times 2 - 1.8 \times 1.8 \times 2 - 0.9 \times 2.4 \times 3 - (67.28 - 3.24) = 55.26\text{m}^2$

复习思考与练习题

1. 试述人工挖土放坡系数的规定。
2. 挖地槽土方计算中地槽长度如何规定？
3. 桩基础定额各自包含的工作内容有哪些？
4. 什么是密肋、井字板？工程量计算上有何规定？
5. 试述块料装饰面层工程量计算的规定。
6. 某工程结构平面如图 9-14，采用 C25 商品混凝土浇捣，模板为木模，层高为 4.2m，柱截面均为 400 × 400，KL1：300 × 650，KL2：300 × 750，LL1、LL2：250 × 650，L：250 × 450。计算：（1）梁、板混凝土浇捣工程量；（2）梁、板的模板工程量。

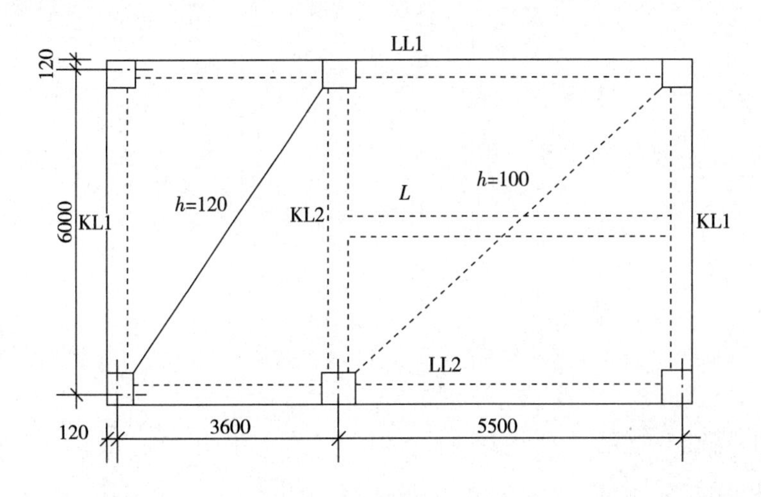

图 9-14　某工程结构平面

第十章　园林工程结算和竣工决算

学习目标：（1）掌握园林工程结算方式和适用；

（2）掌握园林工程结算编制方法。

教学重点：园林工程结算的编审。

教学难点：预付款起扣点计算。

工程结算是指承包商在工程实施过程中，根据承包合同中相应的规定和已经完成的工程量，并按照规定的程序向建设单位（业主）收取工程价款的一项经济活动。

目前我国常用的结算方式有：按月结算、分阶段结算、竣工后一次结算和结算双方约定的其他结算方式。

按月结算：对于实行旬末或月中预支、月终结算、竣工后清算的方法。跨年度竣工的，在年终进行工程盘点，办理年度结算。

分阶段结算：对于当年开工、当年不能竣工的单项工程或单位工程，按照工程进度划分不同阶段进行结算。一般园林工程相对于建筑工程而言，规模较小，当年能竣工，因此，通常不适用于此结算方法。除非有重大的园林工程。

竣工后一次结算：建设项目或单项工程全部建筑安装工程建设期在12个月以内的，或者工程承包价格在100万元以下的，可以实行工程价款每月月中预支、竣工后一次结算。单位工程中园林工程多数采用此结算方法。

园林工程结算主要有预付款和进度款的支付、竣工结算两种方式。

第一节　工程预付款和进度款的支付

一、工程预付款的支付及其扣回

（一）工程预付款

又称备料款，它是建设单位按规定在正式开工前，支付给承包单位的备料周转金。在开工后按照合同中约定的时间和比例逐次扣回。

承包单位向建设单位收取预付款的数额，取决于主要材料（包括构配件）占建筑安装工作量的比重，材料储备期和施工期以及承包方式等因素。工程预付款的数额，可按下列公式计算：

$$\text{预付款的数额}=\frac{\text{年度建安工作量}\times\text{主要材料占建安工作量的比重}}{\text{年度施工日历天数}}\times\text{材料储备天数}$$

在实际工作中，工程备料款的额度应根据工作性质、承包方式和工期长短，在保证建筑安装企业能有计划地生产、供应、储备并促进工程顺利进行的前提下，由地区建设银行和有关部门具体制订拨款细则。一般在20%～50%范围内。

（二）工程预付款的扣回

对于预付款，承包单位只有使用权，而无所有权。发包单位拨付给承包单位的工程预付款属于预支性质，到了工程实施后，随着工程所需主要材料储备的逐步减少，应以抵充工程价款的方式陆续扣回。扣款的方法必须在合同中约定，可以从未施工工程尚需的主要材料及构件的价值相当于工程预付款数额时起扣，从每次结算工程价款中，按材料比重抵扣工程价款，竣工前全部扣清。其基本表达公式是：

$$T = P - M/N$$

式中　T——起扣点，即工程预付款开始扣回时的累计完成工作量金额；

M——工程预付款限额；

N——主要材料所占比重；

P——年度承包工程工作量价值。

【例 10-1】某单位园林工程承包合同价为 201.55 万元，其中主要材料和构件占合同价的 60%，材料储备定额天数为 60d，年度施工天数按 365d 计算，问：

（1）工程预付款为多少？

（2）工程预付款的起扣点为多少？

【解】问题（1）：

按工程预付款的计算公式

$$工程预付款 = \frac{201.55 \times 60\%}{365} \times 60 = 19.88\ 万元$$

问题（2）：

按工程预付款扣回计算公式

$$工程起扣点 = 201.55 - \frac{19.88}{60\%} = 168.42\ 万元$$

在实际经济活动中，由于情况比较复杂，有些工程工期较短，就无需分期扣回。有些工程工期较长，如跨年度施工的，工程预付款可以不扣或少扣，并于次年按应付工程预付款调整，多退少补。具体地说，跨年度工程，预计次年承包工程价值大于或相当于当年承包工程价值时，可以不扣回工程预付款；如小于当年承包工程价值时，应按实际承包工程价值进行调整，在当年扣回部分工程预付款，并将未扣回部分转入次年，直到竣工年度，再按上述办法扣回。

目前，各地在实际操作中对工程预付款的支付和扣回也有差异。如《上海市建设工程价款结算实施办法》规定：施工企业预收的备料款或由建设单位供应材料的料款，按规定应在拨付工程款中抵扣，抵扣的具体办法为：

（1）本市国营施工企业与外省市在沪施工企业一律应在累计已收工程价款占工程合同当年工作量价值 50% 的下月起，按当月工程实际完成工作量的 50% 抵扣。

（2）本市集体施工企业一律应在累计已收工程价款占工程合同当年工作量价值 25% 的下月起，按当月工程实际完成工作量的 67% 抵扣。

（3）抵扣的办法应在工程合同中明确。

二、工程进度款的支付（中间结算）

工程进度款是指为了使承包商在施工过程中耗用的资金及时得到补偿，及时反映工程进度和施工企业的经营成果。

工程进度款结算支付的原则是：工程进度款和预付的备料款之和应等于工程实际完成价值和应付未完工程备料款之和。即工程进度要与付款相对应。正如通常所说的“干多少活，给多少钱”。

工程进度款的支付步骤如图 10-1所示。

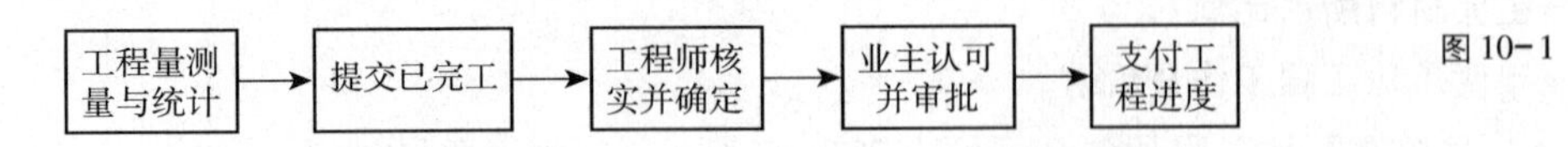

图 10-1 工程进度款的支付步骤

工程进度款结算通常采用按月结算，即根据当月实际完成的工作量进行结算，竣工后办理竣工结算。

在实际操作中，各地对建设工程价款结算的实施办法也有不同。如某地的规定如下：

（1）建筑安装工程价款的拨付，实行月中（每月 16 日）按当月施工计划工作量的 50% 拨付，月末按当月实际完成工作量扣除上半月拨付款进行结算，工程竣工后办理竣工结算的办法。

（2）工程竣工前，施工单位收取的备料款的总额，一般不得超过工程合同（包括工程合同签订后经建设单位签证认可的增减工程价值）的 95%，其余 5% 尾款在工程竣工结算时一并清算。承包方已向发包方出具履约保函或其他保证的，可以不留尾款。

（3）建设项目全部建筑安装工程的建设期在六个月以内（含六个月）和合同预算造价在 30 万元以下（含 30 万元）的工程，为小型工程。小型工程款的拨付，可实行分段预支：

①工程开工前，按合同预算造价预支 30%；

②工程进度达到或超过 50% 时，再预支 30%；

③其余工程款在工程竣工后一次结清。

（4）各级集体施工企业，承包的包清工（即包工不包料）工程，应按单项工程包清工造价结算工程价款：

开工后，预支 20%；基础完成时，预支 30%；结构完成时，预支 30%；竣工后，预支 15%；其余 5% 的工程尾款在办理竣工结算时一并清算。

第二节 工程竣工结算

工程竣工结算是指施工企业按照合同规定的内容全部完成所承包的工程，经质量验收合格，并符合合同要求之后，向建设单位（业主）或发包单位进行的最终工程价款结算。它意味着承包双方经济关系的最后结束，因此承发包双方的财务往来结清。

工程竣工结算一般分为单位工程竣工结算、单项工程竣工结算和建设项目竣工总结算。园林工程多数以单位工程竣工结算为主。

一、工程竣工结算的作用

（1）竣工结算是确定工程最终造价，是完结建设单位与施工单位的合同关系和经济责任的依据。

（2）竣工结算为施工企业确定工程的最终收入，是施工企业经济核算和考核工程成本的依据。

（3）竣工结算反映建筑安装工程工作量和实物量的实际完成情况，是建设单位编报竣工决算的依据。

（4）竣工结算反映建筑安装工程实际造价，是编制概算定额、概算指标的基础资料。

二、编制工程竣工结算书的依据

编制工程竣工结算书，一般要依据如下条件：

（1）工程竣工报告、竣工图及竣工验收单。

（2）工程施工合同或施工协议书。

（3）施工图预算或招投标工程的合同标价。

（4）设计交底及图纸会审记录资料。

（5）设计变更通知单及现场施工变更记录。

（6）经建设单位签证认可的施工技术措施，技术核定单。

（7）其他有关工程经济方面的资料。

三、工程竣工结算书的编审

（一）工程竣工结算书的编制

工程竣工结算书的编制，一般由承包商完成。结算书随承包方式的不同而有差异，主要有施工图预算承包方式工程的预算结算书和采用招投标方式的工程量清单报价的结算书。

采用工程量清单报价的结算书，其结算原则应按中标价格（即合同标价）进行。但是一些工期较长、内容比较复杂的工程，在施工中难免会发生一些较大的设计变更和材料调价。如果在合同中有规定允许调价的条文，承包商在工程竣工结算时，可在中标价格的基础上进行调整。

编制工程竣工结算书的一般方法（采用施工图预算承包方式的工程）：

应根据合同规定的条文进行结算，其计算公式为：

竣工结算工程价款 = 预算或合同价款 + 施工过程中预算或合同价款调整数额 − 预付及已结算工程价款 − 保修金

（1）对确定作为结算对象的工程项目内容作全面认真的清点，并备齐结算依据和基础资料。

（2）以单位工程为基础，对原施工图预算的主要内容（包括定额编号、工程项目、工程量、计算结果等）逐项校对或调整，同时一一清点根据设计修改、工程变更和材料价格变动所编制的增减账有无遗漏。

（3）根据合同条款准许范围，汇总计算出工程结算造价。

（4）拟写竣工结算书文字说明，主要内容为结算书的工程范围、结算依据、存在问题以及其他需加以说明的事宜，最终形成竣工结算报告。

（二）工程竣工结算的审核

工程竣工结算审核是竣工结算阶段的一项重要工作，经审查核定的工程竣工结算是核定建设工程造价的依据，也是编制竣工决算的依据。工程竣工结算由总（承）包人编制，发包人可直接进行审查，也可委托具有相应资质的工程造价咨询机构进行审查。

在竣工结算审核时，一般包括以下几方面内容。

1. 核对合同条款的准许范围

竣工结算是在工程验收合格，并按合同要求完成全部工程并验收合格后才能进行。而且，应按合同约定的结算方法、计算定额、取费标准、主材料和优惠条款等，对工程竣工结算进行审核，若发现合同开口或有漏洞，应请发包人与承包人认真研究，明确结算要求。

2. 检查隐蔽验收记录

凡工程施工中涉及的隐蔽工程都要进行验收，而且由两人以上签证；对有工程监理的项目，应经监理工程师签证确认。在审核竣工结算时，一定要有对隐蔽工程的施工记录和验收签证。

3. 核对和分析各项签证、设计变更和资料等

设计修改变更一般由原设计单位出具设计变更通知单和修改图纸，设计、校审人员签字并加盖公章，经建设单位和监理工程师审查同意、签证。

4. 按图审核工程数量

工程量的审核主要了解其计算数据是否符合工程实物（或竣工图）的实际数量。

竣工结算的工程量应依据竣工图、设计变更单和现场签证等进行核算，并按规定的计算规则计算工程量。

5. 认真核实单价

结算单位应按合同规定的计价原则和计价方法确定，不得违背。

6. 各项费用审核

建设工程的取费标准应按合同要求和工程量清单报价的规范要求进行审核。

7. 防止各种计算差异

一般工程竣工结算子目多、篇幅大，往往有计算误差，应认真核算，防止因计算误差多计或少算。

第三节　工程竣工决算

工程竣工决算是反映建设工程（或建设项目）实际造价和投资效果的文件。通过竣工决算，国家对基本建设投资可实行计划管理，又能反映建设单位新增固定资产的价值。

一、竣工决算的分类

竣工决算主要分为施工企业的竣工决算和建设单位的基本建设项目竣工决算两种。

（一）施工企业工程竣工决算

园林施工企业工程竣工决算，是企业内部对竣工的单位工程进行实际成本分析，反映其经济效果的一项决算工作。它以单位工程为对象、以竣工决算为依据，核算一个单位工程预算成本、实际成本和成本降低额。竣工决算的目的是总结经验教训、提高企业经营管理水平。

（二）建设单位项目竣工决算

建设单位项目竣工决算是由建设单位财务及有关部门进行编制的，以竣工结算等资料为基础，从建设项目的筹建到竣工验收投产的全部实际支出费用的文件。它全面反映竣工项目的建设成果和财务收支情况。

二、竣工决算的主要内容

工程竣工决算的内容包括：竣工财务决算报表、竣工决算报告文字说明、竣工工程概况表和交付使用财产明细表。园林工程竣工决算内容如表 10-1 所示。

园林工程竣工决算内容表　　　　表 10-1

表现形式	内容
文字说明	1. 工程概算。 2. 设计概算和建设项目计划的执行情况。 3. 各项技术经济指标完成情况及各项资金使用情况。 4. 建设工期、建设成本、投资效果等
竣工工程概况表	将设计概算的主要指标与实际完成的各项主要指标进行对比，可采用表格的形式
竣工财务决算表	用表格形式反映出资金来源与资金运用情况
交付使用财产明细表	交付使用的园林项目中固定资产的详细内容，不同类型的固定资产应相应采用不同形式的表格。 例如，园林建筑等可用交付使用财产、结构、工程量（包括设计、实际）概算（实际的建设投资、其他基建投资）等项来表示。 设备安装可用交付使用财产名称、规格型号、数量、概算、实际设备投资、建设基建投资等项来表示

三、竣工决算的编制步骤

（一）收集、整理和分析有关依据资料

在编制建设工程竣工决算文件前，必须准备一套完整齐全的资料。即在工程的竣工验收阶段，应注意收集资料，系统地整理所有的技术资料、工程结算的经济文件、施工图纸和各种变更与签证资料，并分析它们的准确性。这是准确、迅速编制竣工决算的必要条件。

（二）清理各项账务、债务和结余物资

对于建设工程从筹建到竣工验收后投产的全部费用所发生的各项账目，在整理和分析有关资料时，一定要清理和整理发生的账务、债权和债务，做到工完账清。既要核对账目，又要查点库存实物的数量，做到账与物相符，对结余的各种材料、工器具和设备要逐项清点合适，妥善管理，并按规定及时处理，收回资金。对各种往来款项要及时进行全面清理，为编制竣工决算提供准确的数据和结果。

按账填写竣工决算报表。根据编制依据中的有关资料统计或计算各个项目的数量，并将结果填到建设工程决算表格中的相应栏目，应完成所有报表的填写。

（三）编写建设工程竣工决算说明

按照建设工程竣工决算说明的内容要求，根据编制依据材料和填写在报表的结果编写说明。

（四）上报主管部门审查

上述编写的文字说明和填写的表格经核对无误，装订成册，即为建设工程竣工决算文件，将其上报主管部门审查，并把其中财务成本部分送交开户银行签证。竣工决算在上报主管部门的同时，抄送有关设计单位。建设工程竣工决算编制的一般程序如图 10–2所示。

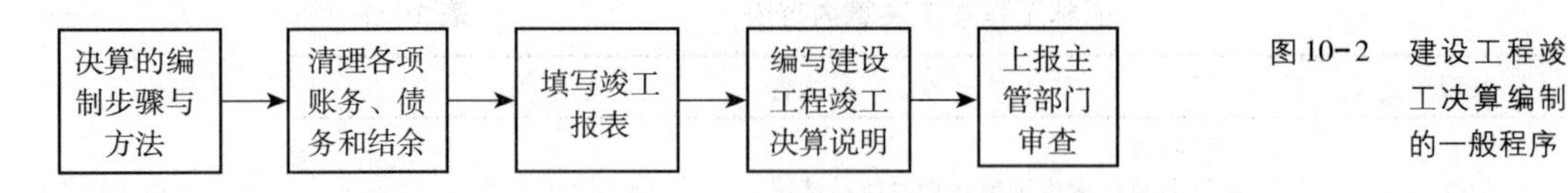

图 10–2 建设工程竣工决算编制的一般程序

复习思考与练习题

1. 什么叫园林工程结算？目前我国常用的结算方式有哪些？

2. 什么叫工程备料款？它的数额大小与哪些因素有关？

3. 某单位园林工程承包合同价为 350 万元，其中主要材料和构建占合同价的 62%，材料储备天数为 65 天，年度施工天数按 365 天计算，试计算：

（1）工程预付款为多少？

（2）工程预付款的起扣点为多少？

4. 什么叫工程竣工结算？它一般分为几种？
5. 园林工程竣工结算如何编制？
6. 园林工程竣工结算主要审核哪些内容？
7. 什么叫竣工决算？它如何分类？
8. 工程竣工决算的内容包括哪些？

第十一章　计算机在园林工程计价中的应用

学习目标：（1）会利用园林工程计价软件进行计价操作；

（2）能处理园林工程计价软件中的常见问题。

教学重点：园林工程计价软件的操作流程。

教学难点：（1）园林工程计价软件操作技巧；

（2）园林绿化项目调整与换算。

第一节　园林计价软件工料单价法操作流程

一、新建工程

点左上方的工程造价菜单的“新建（工程造价）”或是工具栏上的新建按钮，然后输入工程名称。如输入“×.×”工程（图 11-1）。

图 11-1

二、选择模板

点“选择模板”按钮，选择一个需要的模板。如选择【2003】园林工料单价模板（图 11-2）。

图 11-2

三、套用定额

(1) 在套定额窗口的项目编号一列，输入定额编号。输定额编号的方法有两种，一种是拖拉，就是从定额子目窗口拖拉；一种是手动输入，只要输入定额编号按回车就可以了（比如套1-1、9-7）（图11-3）。

图11-3

(2) 套定额过程中的注意点：

①系数换算：如套1-221，其中基价要乘1.06系数。套定额时，直接输入1-221＊1.06回车就表示基价乘1.06了。如果人工乘1.08，只要输1－221＊a1.08回车就可以了。

②含量换算：如果某一个材料乘系数，只要在含量窗口点右键，含量换算，然后把要换算的材料打钩，然后在乘那里填上系数，确认就可以了。

③砂浆、混凝土的换算。如在项目编号里输入6-1，回车，弹出材料换算框，双击所需要的材料即可。

④大理石、花岗石等材料的换算。在项目编号输入7-92，要换成桃花红花岗石，先把项目名称换成桃花红花岗石，然后在含量窗口改成“B桃花红花岗石”。A代表人工，B代表材料，C代表机械。

四、计税不计费、不计税不计费、技术措施定额

在工料模板中，如果某个定额是计税不计费项目，则在清单定额窗口特项那输入字母“a”，不计税不计费输入字母“b”，技术措施项目输入字母“c”，如图11-4所示。

五、套价计算

定额套好后，点“套价库计算”，再点“人材机”，把信息场价填在市场价一列，输完之后点右键，“（倒算）套价库⇒重组（基价）”。（注意：最好在所有定额输入完毕后再倒算，如果倒算之后，又增加或修改了定额，需重新倒算，如果只是修改工程量，可以不用重新倒算，直接套价库计算。）注意，

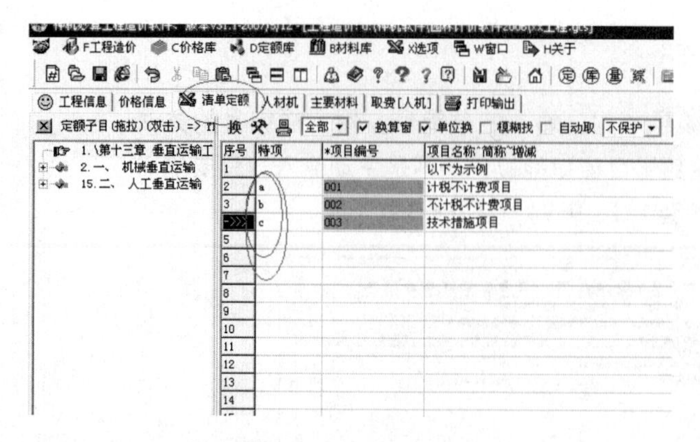

图 11-4

倒算的时候选中“人材机放回价格库”（图 11-5）。

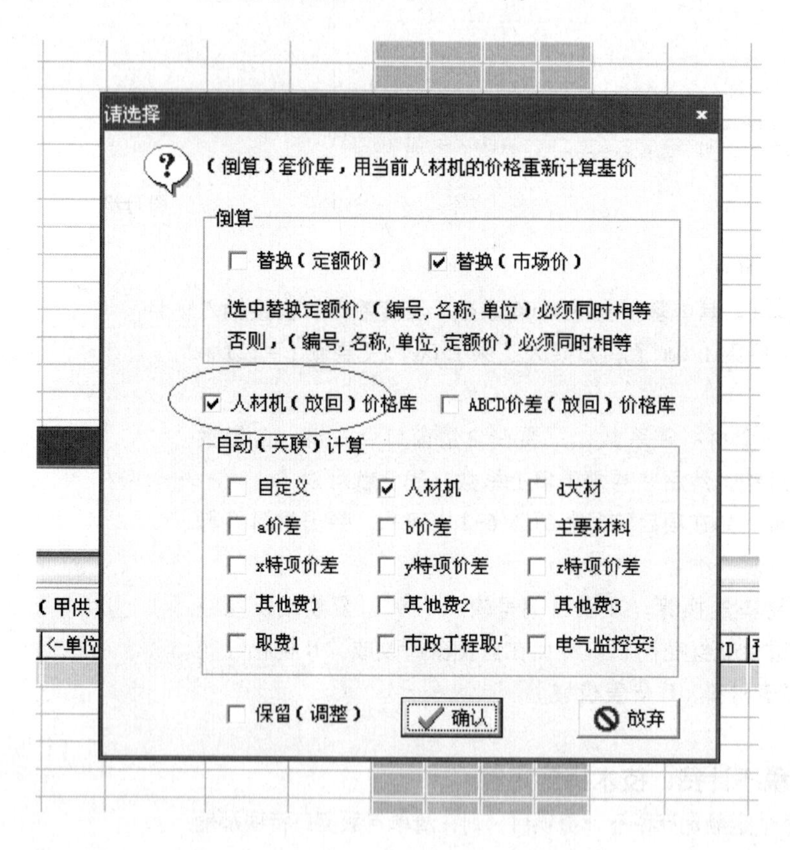

图 11-5

六、主要材料价格表的确定

在主要材料窗口中，点击提取主要材料。如果要增加材料，点右键，手工选择价差项目，选择材料，确认。或是在人材机，在要选择的材料的 c 价差这一列打上“1”，然后回到主要材料界面，点击提取价差项目。

七、组织措施费、规费、税金及单位工程汇总表的确定

在单位工程汇总表中选择费率并计算（图 11-6）。

图 11-6

八、打印输出

在打印输出窗口中选择相应的表格直接打印出来。

第二节　园林计价软件综合单价法操作流程

一、新建工程

点左上方的工程造价菜单的“新建（工程造价）”或是工具栏上的新建按钮，然后输入工程名称。如输入“××××区域绿化改造工程”（图 11-7）。

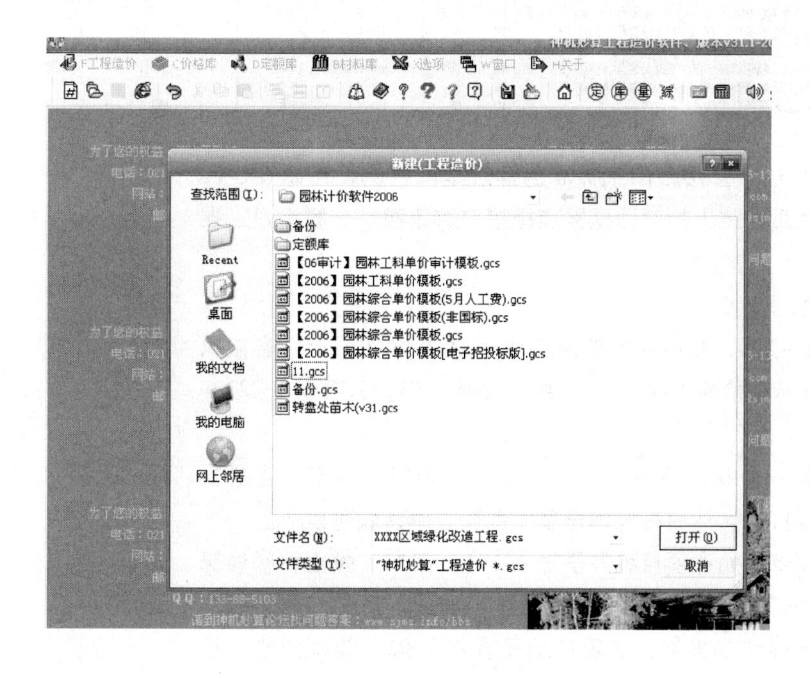

图 11-7

二、选择模板

点“选择模板”按钮，选择一个需要的模板。如选择【2003】园林综合单价模板（图11-8）。

图11-8

三、套用定额

（1）在套定额窗口的项目编号一列，输入国家标准定额。输国家标准定额的方法有两种，一种是拖拉，就是从定额子目窗口拖拉；一种是手动输入，但是只要输入前9位数字就可以了（国家标准清单的后3位数字，软件可帮助自动编排），然后在跳出来的定额指引窗口中，选择对应的子目定额（比如套050102001，消耗定额选择1－157、1－221等）（图11-9）。

序号	*项目编号	项目名称^简称^增减	定额量	<-单位	变量	计算公式	工程量
1	@	（直接费）合计					
2 1	***050102001001	栽植大香樟φ35	1	株;株丛		23	23
3	1-157	大树栽植带土球)土球直径240cm以内	1	株		23	23
4	1-221	常绿乔木胸径40cm以内	10	株		23/10	2.3
5 2	***050102001002	栽植香樟φ14 1-16 全冠	1	株;株丛		37	37
6	1-56	栽植乔木(带土球)土球直径140cm以内	10	株		37/10	3.7
7	1-219	常绿乔木胸径20cm以内	10	株		37/10	3.7
8 3	***050102001003	栽植沙朴φ18 1-20 全冠	1	株;株丛		159	159
9	1-59	栽植乔木(带土球)土球直径160cm以内	10	株		159/10	15.9
10	1-225	落叶乔木胸径20cm以内	10	株		159/10	15.9

图11-9

（2）技术措施项目套法：套法跟国家标准的套法是一样的，可以在定额库列表窗口拖拉定额，然后在跳出的对话框里选择相应的定额。一般土建工程这种情况比较常见。

（3）套定额过程中的注意点：

①系数换算：如套1－221，其中基价要乘1.06系数。套定额时，直接输入1-221＊1.06回车就表示基价乘1.06了。如果人工乘1.08，只要输1-221＊a1.08回车就可以了。

②含量换算：如果某一个材料乘系数，只要在含量窗口点右键，含量换算，然后把要换算的材料打钩，然后在乘那里填上系数，确认就可以了。

③砂浆、混凝土的换算。如在项目编号里输入6-1，回车，弹出材料换算框，双击所需要的材料即可。

④大理石、花岗石等材料的换算。在项目编号输入7-92，要换成桃花红

花岗石，先把项目名称换成桃花红花岗石，然后在含量窗口改成“B 桃花红花岗石”。A 代表人工，B 代表材料，C 代表机械。

⑤补充定额：先补国家标准定额（注意：补国家标准清单定额时在项目编码前加＊＊＊），再补消耗定额。

四、套价计算

定额套好后，点“套价库计算”，再点“人材机”，把信息场价填在市场价一列，输完之后，点右键，“（倒算）套价库⇒重组（基价）”。（注意：最好在所有定额输入完毕后再倒算，如果倒算之后，又增加或修改了定额，需重新倒算，如果只是修改工程量，可以不用重新倒算，直接套价库计算。）注意，倒算的时候选中“人材机放回价格库”（图 11-10）。

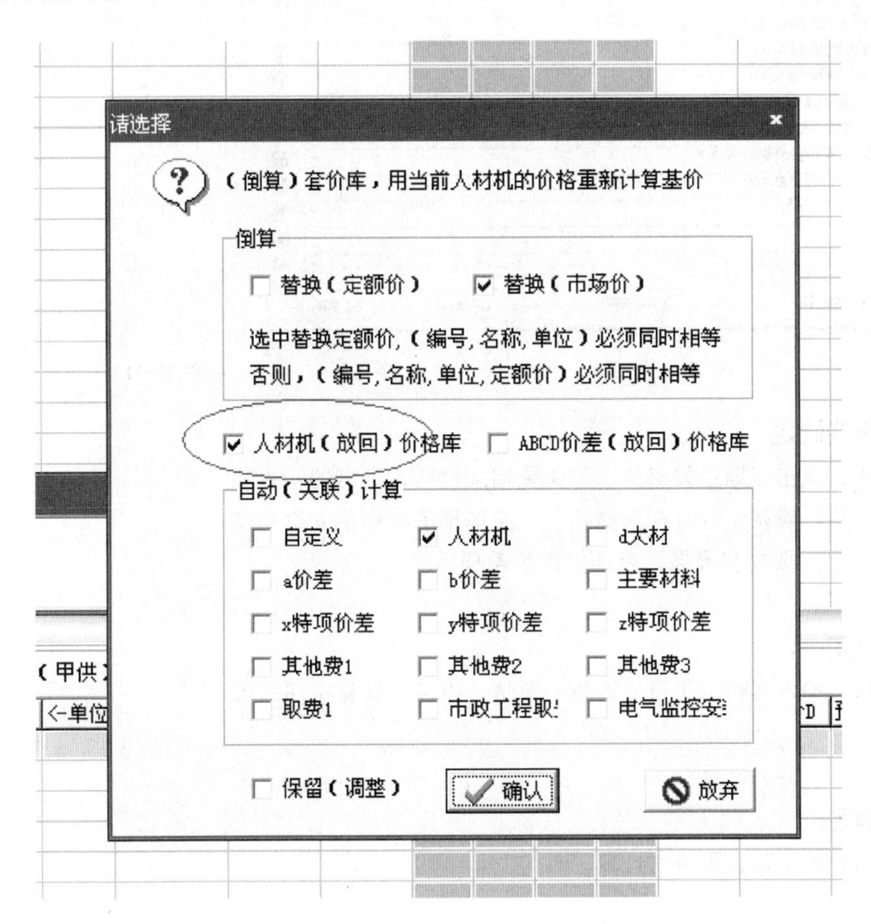

图 11-10

五、动态费率

点动态费率界面，在默认一行填上费率，，如管理费 22.5%，利润 17%，然后回到套定额窗口，重新点套价库计算。如果一个工程有不同的取费，那就要用到特项功能，可以把费率填在“f1”这一行，然后在套定额窗口，把“f1”打在相应的消耗定额的项目编号前的“特项”那里，就表示这条定额的取费方式是按动态费率“f1”这一行来取费。

六、施工组织措施的确定

在组织措施项目窗口中选择“费率”，并选择相应的费率，再点确定按钮（图11-11）。

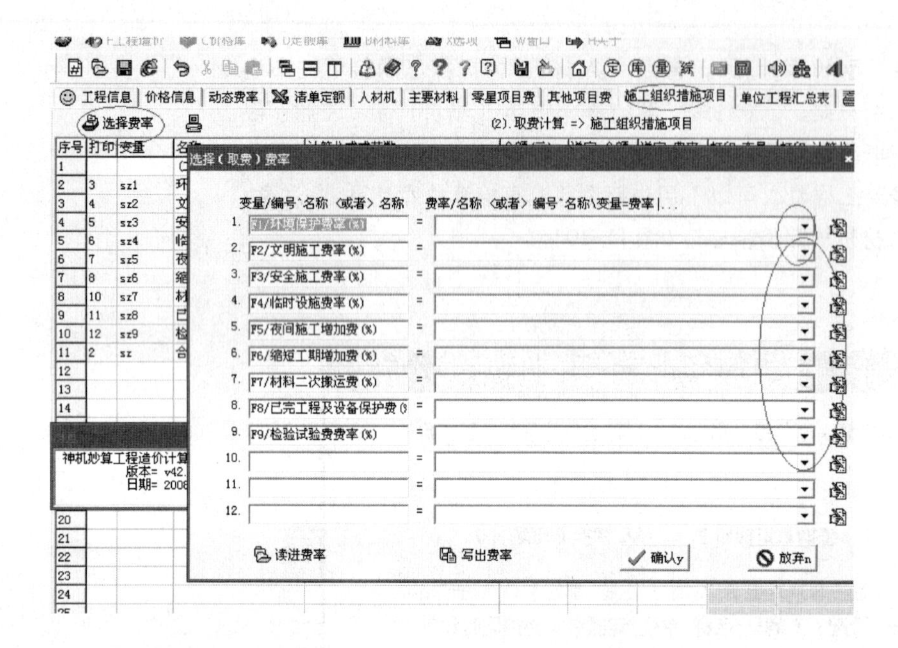

图11-11

七、主要材料价格表的确定

在主要材料窗口中，点击提取主要材料。如果要增加材料，点右键，手工选择价差项目，选择材料，确认。或是在人材机，在要选择的材料的c价差这一列打上“1”，然后回到主要材料界面，点击提取价差项目。

八、零星项目费的确定

在零星项目费窗口，输入名称、工日、数量、单价，再点击计算按钮即可完成。

九、其他项目费的确定

在其他项目费窗口输入金额，再点击计算。

十、规费、税金及单位工程汇总表的确定

在单位工程汇总表中选择费率并计算（图11-12）。

十一、打印输出

在打印输出窗口中选择相应的表格直接打印出来。

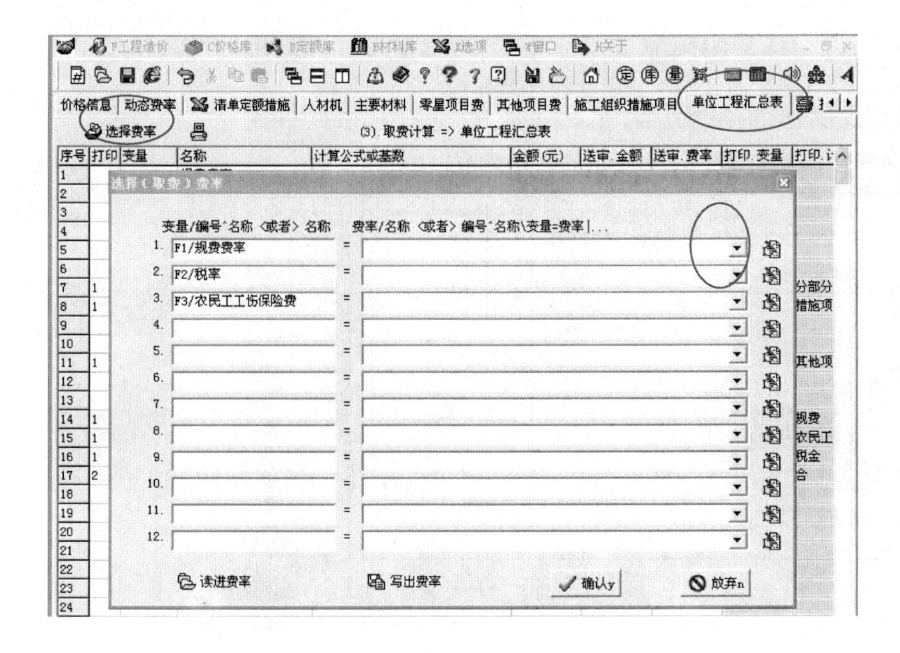

图 11-12

第三节 园林计价软件常见操作技巧

一、套完定额后才发现模板选择错误如何处理?

（1）在套定额窗点右击菜单，点另存为，将该工程定额另存为一个文件，取个临时文件名如 123. des;

（2）退出该工程后重新建一个工程，重新选择模板，在套定额窗口中右击菜单，点打开，打开刚才保存的 123. des 文件;

（3）按新的模板要求完成该工程。

二、如何进行 Excel 的导入、导出?

（一）整理 Excel 表格

（1）点中所需要的 sheet 页面，如土建单位工程，全选（Ctrl + A），点右键设置单元格格式，点对齐，合并单元格勾去掉；如图 11-13 所示。

（2）删去不需要的表头表尾，可按住键盘上 Shift + 鼠标连续选中（图 11-14）。

（3）如有措施项目名称或其他项目等名称未与分部分项在一列的，把它们复制到同一列。

（4）用笔记录一下 sheet 对应的页面，及每页面相应的列数是什么类型数据（图 11-15）。

整理好的 Excel 数据最好另存为，这样老的文档仍在，防止万一改错可以从头再来!

（二）将 Excel 导入到神机

（1）在神机计价清单定额页面，点右键，数据导入导出，导入从 Excel 文件导入。

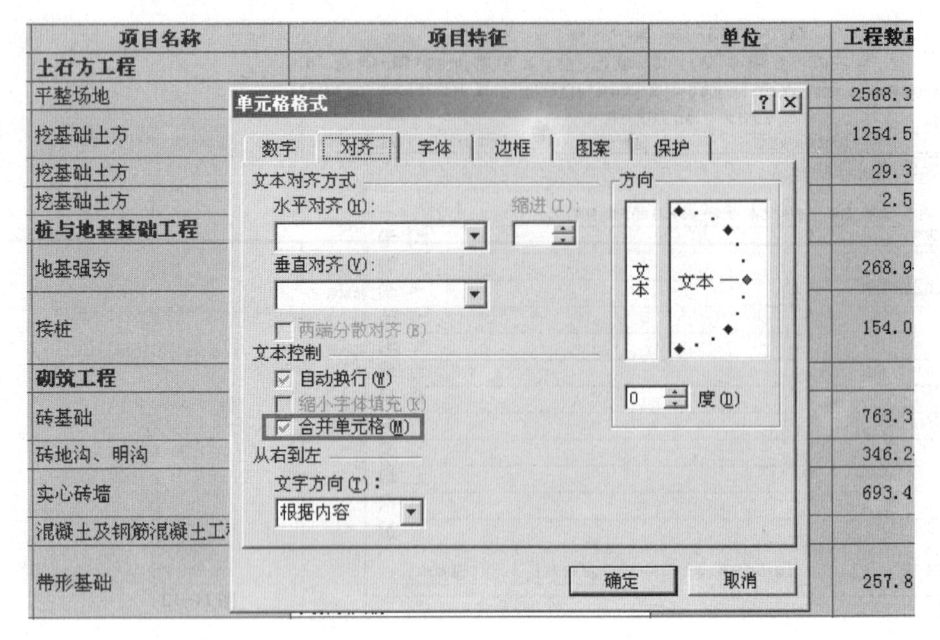

图 11-13

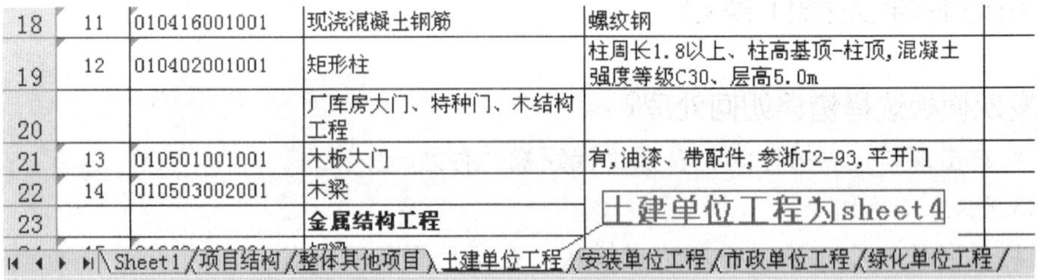

18	11	010416001001	现浇混凝土钢筋	螺纹钢
19	12	010402001001	矩形柱	柱周长1.8以上、柱高基顶-柱顶,混凝土强度等级C30、层高5.0m
20			厂库房大门、特种门、木结构工程	
21	13	010501001001	木板大门	有,油漆、带配件,参浙J2-93,平开门
22	14	010503002001	木梁	
23			金属结构工程	

土建单位工程为sheet4

Sheet1 / 项目结构 / 整体其他项目 / 土建单位工程 / 安装单位工程 / 市政单位工程 / 绿化单位工程 /

图 11-14

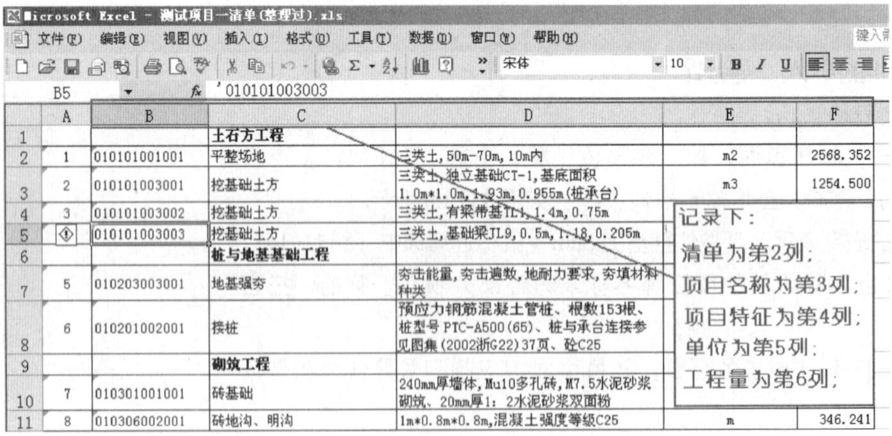

Microsoft Excel - 测试项目一清单(整理过).xls

文件(F) 编辑(E) 视图(V) 插入(I) 格式(O) 工具(T) 数据(D) 窗口(W) 帮助(H)

B5 ’010101003003

	A	B	C	D	E	F
1			土石方工程			
2	1	010101001001	平整场地	三类土,50m-70m,10m内	m2	2568.352
3	2	010101003001	挖基础土方	三类土,独立基础CT-1,基底面积1.0m*1.0m,1.93m,0.955m(桩承台)	m3	1254.500
4	3	010101003002	挖基础土方	三类土,有梁带基TL1,1.4m,0.75m		
5		010101003003	挖基础土方	三类土,基础梁JL9,0.5m,1.18,0.205m		
6			桩与地基基础工程			
7	5	010203003001	地基强夯	夯击能量,夯击遍数,地耐力要求,夯填材料种类		
8	6	010201002001	接桩	预应力钢筋混凝土管桩、根数153根、桩型号PTC-A500(65)、桩与承台连接参见图集(2002浙G22)37页、砼C25		
9			砌筑工程			
10	7	010301001001	砖基础	240mm厚墙体,Mu10多孔砖,M7.5水泥砂浆砌筑、20mm厚1:2水泥砂浆双面粉		
11	8	010306002001	砖地沟、明沟	1m*0.8m*0.8m,混凝土强度等级C25	m	346.241

记录下:
清单为第2列;
项目名称为第3列;
项目特征为第4列;
单位为第5列;
工程量为第6列;

图 11-15

(2)导入后请适当加以调整。如加入分部分项名称等,并加入一级星号和二级星号(图 11-16)。

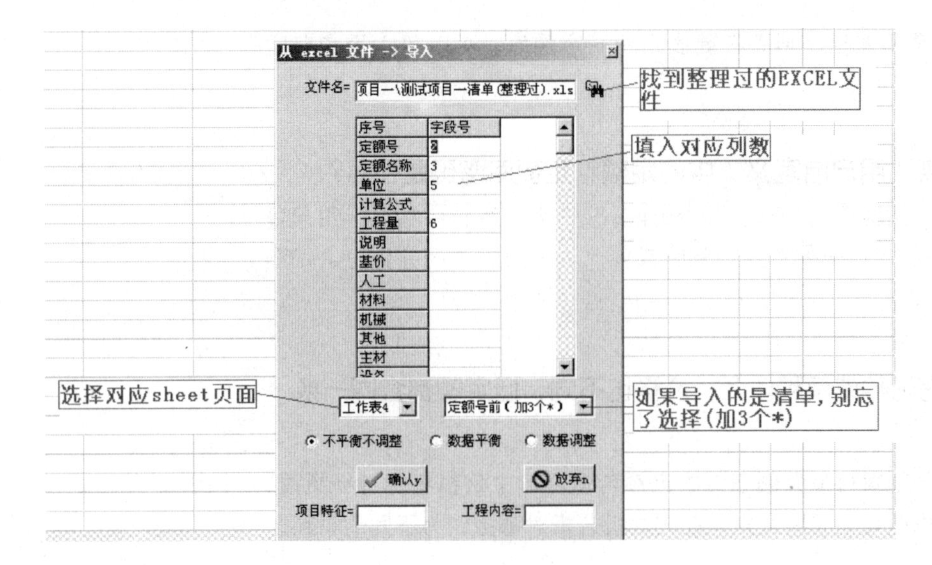

图 11-16

三、如何给一个清单加上项目特征？

（1）点中该清单；

（2）点击右下角项目特征窗口，在项目特征窗口输入相应的内容。

注意：为什么在套定额窗口的项目特征那里写了内容，但是打印预览里没有显示？对该表进行表格编辑，在打印选项中有一行“名称 + 项目特征”，打上勾即可。

四、主要材料价格表中要插入一列“数量”如何编辑？

（1）点击打印输出，选取需要编辑的表格，再点击表格编辑按钮；

（2）点击表格编辑，如需要在单位这一列前插入一列数量，则在单位这一列点右键，插入一列；

（3）在算式这一行填入变量“sl”，在名 1 这一行填入“数量^x1”，^x1 表示向下拉通一格。

五、蚂蚁、猫头、换分别有什么作用？

（1）套定额页面中，套取定额后，定额号一栏中有“蚂蚁”的表示可以以打勾的方式来选择定额系数换算；

（2）“猫头”表示可以对定额进行综合；

（3）“换”表示可以对常用材料进行换算。

六、如何补充定额？

（1）在套定额窗口分别输入定额号（当然也可以是补或估或暂定额价）、名称、定额量、单位，然后在定额含量窗口输入人材机的价格。如有进一步的材料明细还应具体输入各人材机的名称、单位、单价、含量。

（2）如该定额需要保存，则点右键放回补充定额库，可以放入用户自定义这一章节。

七、如何删除修改“用户自定义”中的定额？定额库密码是什么？

点击下拉菜单“定额库”，双击“定额库”文件夹，然后再双击“用户自定义.des”。进入后把您不需要的定额删除或修改，完成后关闭并保存。定额库密码：9158。

八、材料的品种有两种或两种以上，价格也不同，但定额都套同一条，如何处理？

套用定额后，分别对每条定额下面的定额含量窗口中材料名称进行更改，只要材料名称或规格型号上有所区别，在人材机分析时都会作为不同的材料区分开。

九、砂浆或混凝土不作二次分析，整项如何分析出来？

只需在相应定额的含量窗口中将砂浆或混凝土材料前的分解符号｛xxx｝去掉即可，注意字母B不可删掉。

十、措施费用如何处理？

按照国标及2003版《计价规范》的要求，措施项目分为施工技术及施工组织两种措施，技术措施（如脚手架、模板等）是需要用户自己确定并套取定额的，软件操作在特项处打“C”，组织措施是按分部分项及技术措施的人工加机械费用乘费率计算出来的，软件操作只需选取相应的费率计算即可。

十一、在套定额窗口如何显示定额直接费？

在套定额窗口左上角第二个按钮，斧头扳手表示设置（字段、取费、字符），点击后在右边可以看到，有需要的地方打勾。

十二、把原先的定额量为100或10的改成按1来，怎么操作？

点右键，工程量处理—换算定额单位→1单位，所有的定额量都变成1了。

十三、套定额时为什么不会弹出换算窗？

（1）用户没有将套定额窗口的“换算窗”打勾；

（2）套取的定额没有常用的换算项目。

十四、要成批将定额量增加10倍，怎么操作？

对应定额做成一个红色块，右键点击红色块处理，再点击定额含量乘系数

（红色块），输入相应的系数，确认即可。

十五、如果工程使用的是淡化砂，如何处理？

套定额时，在定额含量窗口对相应的砂浆进行分解，再将净砂更名为淡化砂即可。

十六、人材机分析完后对某个材料的数量有疑问怎么办？

在人材机窗口，找到在该材料上，点右键选择“反查定额子目”，就会显示出该材料来自于哪几条定额，以及所占用的百分比，一目了然。

十七、安装专业在倒算时为什么经常出现提示错误的人材机？

软件提示出现错误的人材机，原因是在同一个工程中同一种主材出现不同的主材价格，故软件有此提示，只要对主材的名称或型号作出修改即可。

十八、工程报价优惠10个点，如何操作？

点击动态费率，在人工、材料、机械的优惠费率栏中输入10即可。若想上浮输入—10。

十九、某些要提供的主要材料没有自动提取出来怎么办？

你可以在相应的窗口点右键，点“手工选择价差项目”选择相应的材料。

二十、主要材料表格的材料的规格型号要填写在哪里？

可以写在主要材料界面的厂家品牌那里，那么表格编辑里的规格型号的算式就是“sccj”。

二十一、打印措施项目分析表，既要清单又要消耗定额的项目如何处理？

在套定额窗口把技术措施项目消耗定额的特项也都打上“C”，然后将打印输出的打印选项的“只打印分部”勾去掉。

二十二、措施项目清单计价表里的组织措施项目不要打印出来怎么办？

在打印输出这个页面，选中表格，点击表格编辑，在分部取费那里，把组织措施项目前的“打印”“1”去掉。

二十三、如何输入Φ等特殊字符？

软件提供了一定的特殊字符，但是通常显示的是“?”，这是因为输入法状态的原因，只有在“美国（英语）”状态下，才能显示。

二十四、如何不将工程量是0的项目打印出来?

在该表格的“编辑选中表格”的“打印选项”那里有一个“不打印工程量0项目”，打上勾即可。

二十五、打开的工程文件提示“文件标识错误”，如何解决?

出现这个提示一般是用高一级版本打开了低一级版本的工程。再用原级别的软件就打不开了，可将此文件复制到高版下使用。

二十六、为什么我在打开软件的时候，出现“ys95遇到错误，需要关闭”?

安装本地打印机（只要装个打印机驱动程序即可），然后设置成默认打印机。

二十七、如何查看加密锁的编号?

下拉菜单“关于”中有个“神机妙算软件狗信息”，点击即可看到加密锁编号，如果神机妙算软件狗信息呈灰色无法点击，说明软件是学习版本打开的。

第十二章　园林绿化工程招投标

学习目标：（1）掌握园林工程招标与投标程序；

（2）会按综合评标定标办法进行园林工程评标与定标；

（3）能运用投标决策及报价策略进行园林工程投标。

教学重点：（1）招标文件的内容与编制；

（2）常用评标方法的操作；

（3）园林绿化投标的特点和技巧。

教学难点：（1）常用评标办法及对应投标策略；

（2）投标程序及防止废标的措施；

（3）园林绿化项目投标策略及技巧。

第一节　园林绿化工程招标

一、工程招标范围

（一）必须进行招标的项目

我国2000年1月1日起实施的《中华人民共和国招标投标法》规定，在中华人民共和国境内进行下列工程建设项目包括项目的勘察、设计、施工、监理以及与工程建设有关的重要设备、材料等的采购，必须进行招标。

（二）必须招标的工程范围

（1）大型基础设施、公用事业等关系社会公共利益、公众安全的项目。

（2）全部或者部分使用国有资金投资或者国家融资的项目。

（3）使用国际组织或者外国政府贷款、援助资金的项目。

（三）必须招标的工程规模

（1）施工单项合同估算价在200万元人民币以上的。

（2）重要设备、材料等货物的采购，单项合同估算价在100万元人民币以上的。

（3）勘察设计、监理等服务的采购，单项合同估算价在50万元人民币以上的。

（4）项目总投资额在3000万元人民币以上，但分标单项合同估算价低于本项第（1）、（2）、（3）目规定的标准的项目原则上都必须招标。

（四）国家法律、法规规定强制实行招标制度以外的工程，业主可以自行决定是否招标

二、招标条件

（一）建设单位招标应当具备的条件

（1）是法人或依法成立的其他组织。

（2）有与招标工程相适应的经济、法律咨询和技术管理人员。

（3）有组织编制招标文件的能力。

(4) 有审查投标单位资质的能力。

(5) 有组织开标、评标、定标的能力。

若不具备上述 (2) ~ (5) 项条件的，须委托具有相应资质的咨询、监理等单位代理招标。另外，招标项目按照国家有关规定需要履行项目审批手续的，应当先履行审批手续，取得批准。招标人应当有进行招标项目的相应资金或者资金来源已经落实，并应当在招标文件中如实载明。

(二) 招标项目应具备的条件

(1) 初步设计和概算已被批准；

(2) 建设项目已正式列入国家、部门或地方的年度固定资产投资计划；

(3) 建设项目用地的征用工作已经完成；

(4) 有能够满足要求的施工图纸及技术资料；

(5) 建设资金和主要建筑材料、设备的来源已经落实；

(6) 已经建设项目所在地规划部门批准，施工现场的“三通一平”已经完成或一并列入施工招标范围。

三、招标方式

建设工程招标发包的方式，主要有公开招标、邀请招标和议标。在公开招标和邀请招标中，还常常采用两阶段招标方式。所谓两阶段招标，是指在工程招标投标时将技术标和商务标分开，先投、先评技术标，后投、后评商务标，如同时投技术标、商务标的，也须将两者分开密封包装，先开、先评技术标，经评标后淘汰其中技术标不合格的投标人，然后再由技术标通过的投标人投商务标，或再开、再评技术标通过的投标人的商务标。

公开招标，又称无限竞争性招标，是指由招标人通过报纸、刊物、广播、电视等大众媒体，向社会公开发布招标公告，凡对此招标项目感兴趣并符合规定条件的不特定的承包商，都可以自愿参加投标的一种工程发包方式。

公开招标一般应按下列程序进行：

(1) 提出招标申请书，由招标投标管理机构对招标单位和招标工程的条件进行审核；

(2) 编制招标文件和标底；

(3) 发布招标公告；

(4) 对投标单位进行资格审查，并将审查结果通知各投标单位；

(5) 向合格的投标单位分发招标文件和有关资料；

(6) 组织投标单位踏勘现场，并对有关问题作介绍和说明；

(7) 建立评标小组，制定评标、定标办法；

(8) 组织开标、评标、定标；

(9) 发出中标通知书；

(10) 签订合同。

邀请招标，又称有限竞争性招标或选择性招标，是指由招标人根据自己的经验和掌握的信息资料，向被认为有能力承担工程任务经预先选择的特定的承包商发出邀请书，要求他们参加工程任务的投标竞争。

议标，又称非竞争性招标或谈判招标，是指由招标人选择两家以上的承包商，以议标文件或拟议合同草案为基础，分别与其直接协商谈判，选择自己满意的一家，达成协议后将工程任务委托给这家承包商承担。

公开招标、邀请招标、议标流程比较如表12-1所示。

建设工程招标投标工作流程比较表　　　　表12-1

公开招标流程	邀请招标流程	议标流程	管理机构监管内容
（1）报建	（1）报建	（1）报建	备案登记
（2）审查招标人资质	（2）审查招标人资质	（2）审查招标人资质	审批发证
（3）招标申请	（3）招标申请	（3）招标申请	审批
（4）资格预审文件、招标文件的编审	（4）招标文件的编审	（4）招标文件的编审	审查
（5）标底编制	（5）标底编制		
（6）发布资格预审通告、招标公告	（6）发出投标邀请书	（5）发出投标邀请书	
（7）资格预审			复核
（8）发放招标文件	（7）发放招标文件	（6）发放招标文件	
（9）勘察现场	（8）勘察现场		
（10）投标预备会	（9）投标预备会		现场监督
（11）投标文件的编制、递交	（10）投标文件的编制、递交	（7）投标文件的编制、递交	
（12）标底的报审	（11）标底的报审		审定
（13）开标（资格后审）	（12）开标	（8）开标、评标（议标）	现场监督
（14）评标	（13）评标		现场监督
（15）中标	（14）中标	（9）中标	核准
（16）合同签订	（15）合同签订	（10）合同签订	协调、审查

四、招标组织

招标人应当建立招标组织，或者委托具有相应资质登记的招标代理机构负责实施招标事宜。招标人具有编制招标文件和组织评标能力的，可以自行办理招标事宜。依法必须进行招标的项目，招标人自行办理招标事宜的，应当向有关行政监督部门备案。

五、招标文件

招标文件是向投标单位说明招标程序和办法、招标工程的内容及其各项要求、投标单位须填写的内容及合同的主要条件的文件。招标文件由招标人或其委托的招标代理机构编制，招标文件制定后应报招标投标管理机构审核。招标投标管理机构应在接到招标文件后7日内审核完毕，大型、复杂的工程，审核时间可适当延长，但最长不得超过15日。招标文件一经发出，招标单位不得擅自变更其内容，确需变更的，报招标投标管理机构批准后，在投标截止日期7日前通知所有投标单位。招标文件的内容对招标投标双方具有约束力。

招标人根据施工招标项目的特点和需要编制招标文件。招标文件一般包括下列内容：

（1）投标邀请书；

（2）投标人须知；

（3）合同主要条款；

（4）投标文件格式；

（5）采用工程量清单招标的，应当提供工程量清单；

（6）技术条款；

（7）设计图纸；

（8）评标标准和方法；

（9）投标辅助材料。

六、评标方式

我国目前招投标评标办法主要有两种：一是报价评标定标法，二是百分制综合评标定标法。前一种方法是以最接近标底价或最低价者中标；后一种方法则根据企业报价接近标底价程度计算报价分，再加上质量分、工期分、企业信誉分和施工组织设计分，以总分最高者中标。

评标由评标小组负责，评标小组由招标单位代表和招标单位聘请的具备相应资格的专家、工程技术人员组成，不得少于五人。

评标办法举例如下。

（一）报价评标定标法评标办法

【例12-1】 浙江省重大工程交易中心示范文本

一、评标原则

评标应遵循公平、公正、科学、择优的原则。

二、评标组织

评标工作由招标人依法组建的评标委员会负责，评标委员会成员为5人及以上单数，其中2/3以上的成员在浙江省重大建设工程评标专家库中随机选聘。评标委员会组建后报浙江省招标投标办公室（以下简称省招标办）备案。

评标委员会对投标文件作出的评审结论，应当符合有关法律、法规、规章和招标文件的规定。

三、评标程序和内容

1. 评标的一般程序

（1）熟悉招标文件和评标办法；

（2）投标文件的符合性审查；

（3）投标文件的技术审查；

（4）投标文件的商务审查；

（5）必要时对投标文件中的问题进行询标；

（6）完成评标报告，推荐中标候选人和预备中标候选人。

2. 投标文件的符合性审查

评标委员会应依照招标文件的要求和规定，首先对投标人的投标资格和投标文件进行符合性审查。

投标人不得通过补充、修改或撤销投标文件中的内容使其成为实质性响应的投标。投标人在投标截止以后不得提交任何资料作为评标依据。

投标文件如存在以下情况之一的，经评标委员会审核认定，作为符合性审查未通过予以废除，不再进行技术和商务审查：

（1）投标人的投标资格不满足国家有关规定或招标文件载明的投标资格条件的；

（2）未按招标文件的要求签署和盖章的（仅限于单位印章和法定代表人或其委托代理人签字或盖章）；

（3）不响应招标文件规定的实质性要求的；

（4）投标人不以自己的名义或未按招标文件要求提供投标保证金或提供的投标保证金有缺陷而不能接受的；

（5）改变招标人提供的工程量清单中的内容或招标文件规定的投标暂定价的（但按照国家规范所作的修改除外）；

（6）采用的验收标准或主要技术指标达不到国家强制性标准或招标文件要求的；

（7）采用的施工工艺、方法或质量安全管理措施不能满足国家强制性标准或要求的；

（8）存在法律、法规、规章规定的其他无效投标情况的。

3. 投标文件的技术审查

评标委员会的技术专家应对符合性审查通过的投标文件进行技术审查。专家审查采用集体评议，记名表决，少数服从多数的方法进行。

如投标文件有以下情况之一的，按技术审查不合格处理：

（1）项目经理、技术负责人不明确的；

（2）主要的施工技术方案或安全保障措施不可行的；

（3）主要施工机械设备不能满足施工需要的；

（4）附有工程无法适用的其他技术和管理条款。

4. 投标文件的商务审查

评标委员会的商务专家应对符合性审查通过和技术性审查合格的投标文件进行商务报价审查。评标委员会的商务专家应对商务报价的范围、数量、单价、费用组成和总价等进行全面审阅和对比分析，找出报价差异的原因及存在的问题。

报价审查应以报价口径范围一致的评标价为依据。评标价应在最终报价的基础上，按照招标文件约定的因素和方法进行计算。凡属招标文件的原因造成报价口径范围不一致的，应调整投标人报价，但因投标人自身失误造成多算、少算、漏算的，不得调整。

如商务报价中有以下情况之一的，按商务审查不合格处理：

（1）投标人严重未按招标文件规定要求进行报价，拒绝修正不平衡报价，拒绝提供报价分析说明和证明材料的；

（2）符合性审查通过的最低评标价低于符合性审查通过的次低评标价一定比例的（该比例由业主根据工程特点在招标文件发布时确定），且投标人对其报价不能充分说明理由，或提供的相关材料无法证明报价不低于其成本价的；

（3）评标委员会认定属投标人自身原因有重大漏项的。

经上述审查为合格的投标文件，按自低到高排列，以此作为推荐中标候选人的次序。

5. 评标报告

评标委员会应根据评标情况和结果，向招标决策组织提交评标报告。评标报告由评标委员会起草，按少数服从多数的原则通过。评标委员会全体成员应在评标报告上签字确认，评标专家如有保留意见可以在评标报告中阐明。

评标委员会在评标报告中应推荐技术审查和商务审查合格的最低评标价的投标人为中标候选人，次低评标价的投标人为预备中标候选人。

评标报告应包括以下内容：

（1）开标记录；

（2）评标内容、过程和结果；

（3）废标情况说明及依据；

（4）询标澄清纪要；

（5）中标候选人和预备中标候选人的优劣对比和存在的问题；

（6）其他建议。

评标结果按照《浙江省招标投标条例》要求进行公示，投标人如发现权益受到侵害，可以按照《工程建设项目招标投标活动投诉处理办法》（七部委11号令）的规定向有关监督部门提出投诉。

四、决标

决标由招标人负责，参与决标的人员不少于应到成员的2/3。招标人也可以授权评标委员会直接确定中标人。

在能够满足招标文件的实质性要求，经评审的投标价格不低于成本价格的投标人中，按照报价最低的原则，确定中标人。

招标人将招标投标情况和决标结果报省招标办备案后，向投标人发出中标或招标结果通知书。

（二）综合评标定标法评标办法

【例 12-2】浙江省重大工程交易中心示范文本

一、评标原则

评标应遵循公平、公正、科学、择优的原则。

二、评标组织

评标工作由招标人依法组建的评标委员会负责，评标委员会成员为 5 人及以上单数，其中 2/3 以上的成员在浙江省重大建设工程评标专家库中随机选聘。评标委员会组建后报浙江省招标投标办公室（以下简称省招标办）备案。

评标委员会对投标文件作出的评审结论，应当符合有关法律、法规、规章和招标文件的规定。

三、评标程序和内容

1. 评标的一般程序

（1）熟悉招标文件和评标办法；

（2）投标文件的符合性审查；

（3）投标人的资信、业绩评审；

（4）投标文件的技术评审；

（5）投标文件的商务评审；

（6）必要时，对投标文件中的问题进行询标；

（7）根据评标方法和标准对投标文件进行评分；

（8）完成评标报告，推荐中标候选人。

2. 投标文件的符合性审查

评标委员会应依照招标文件的要求和规定，首先对投标人的投标资格和投标文件进行符合性审查。

投标人不得通过补充、修改或撤销投标文件中的内容使其成为实质性响应的投标。投标人在投标截止以后不得提交任何资料作为评标依据。

投标文件存在以下情况之一的，经评标委员会审核认定，作为符合性审查未通过予以废除，不再进行资信业绩、技术和商务的评审：

（1）投标人的投标资格不满足国家有关规定或招标文件载明的投标资格条件的；

（2）未按招标文件的要求签署和盖章的（仅限于单位印章和法定代表人或其委托代理人签字或盖章）；

（3）不响应招标文件规定的实质性要求的；

（4）投标人不以自己的名义或未按招标文件要求提供投标保证金或提供的投标保证金有缺陷而不能接受的；

（5）改变招标人提供的工程量清单中的内容或招标文件规定的投标暂定价的（但按照国家规范所作的修改除外）；

（6）存在法律、法规、规章规定的其他无效投标情况的。

3. 评标委员会对通过符合性审查的投标文件就以下三部分内容，按评标

细则的规定和要求进行评审

（1）资信、业绩评审。由评标委员会全体成员查阅投标文件及相关证明材料并进行集体讨论后统一评分。

（2）技术评审。由技术评标专家负责对投标文件的技术部分采用记名方式各自评分。如发现某个单项的评分超出了评分细则所规定的分值范围的，则该张评分表无效。

此项得分为：从评标专家的有效评分中扣除一个最高总分和一个最低总分（当专家人数超过9人时，扣除一个最高、次高总分和一个最低、次低总分）后的算术平均值（保留小数点后2位）。

（3）商务评审。由商务评标专家对投标文件进行商务评审。商务评标专家应对商务报价的范围、数量、单价、费用组成和总价等进行全面审阅和对比分析，找出报价差异的原因及存在的问题。

商务报价评审应以报价口径范围一致的评标价为依据。评标价应在最终报价的基础上，按照招标文件约定的因素和方法进行计算。凡属招标文件的原因造成报价口径范围不一致的，应调整投标人报价，但因投标人自身失误造成多算、少算、漏算的，不得调整。

（4）投标人的综合得分为以上三部分评分的总和。

4. 评标报告

评标委员会应根据评标情况和结果，向招标人提交评标报告。评标报告由评标委员会起草，按少数服从多数的原则通过。评标委员会全体成员应在评标报告上签字认可，评标专家如有保留意见可以在评标报告中阐明。

评标委员会应在评标报告中推荐得分排序前一至三名的为中标候选人。得分相同时，报价低者优先。

评标报告应包括以下内容：

（1）开标记录；

（2）评标内容、过程和结果；

（3）废标情况说明及依据；

（4）询标澄清纪要；

（5）中标候选人的优劣对比和存在问题；

（6）其他建议。

评标结果按照《浙江省招标投标条例》要求进行公示，投标人如发现权益受到侵害，可以按照《工程建设项目招标投标活动投诉处理办法》（七部委11号令）的规定向有关监督部门提出投诉。

四、评标细则

1. 资信、业绩评审　0～5分

（1）通过ISO9000质量体系认证，且在有效期内的，得1分；

（2）投标人的主项资质与投标某一项资质要求相一致的，得1分；

（3）拟派项目经理，以项目经理的身份承担过类似工程的，得1分，具有一级项目经理资格的，加1分；

（4）拟派技术负责人承担过类似工程的，得1分；

（5）投标人或拟派项目经理近二年内（从投标截止日及行贿行为记录之日起算）有行贿行为记录的，扣2分；

（6）投标人近二年内（从投标截止日及下达行政处罚通知书之日起算）在工程投标中有串通投标、弄虚作假等违法违规行为受到行政处罚的，扣2分。

如果存在以上第（5）、（6）条情况而隐瞒不报的，资信、业绩的评审不得分。

2. 技术评审　15～25分

（1）派驻现场的工程技术管理人员的专业配置是否合理，1～2分；

（2）总分包之间的关系是否明确，各项管理手段是否科学，是否考虑为招标人另行发包工程的承包人提供便利的施工条件，1～2分；

（3）施工现场总平布置的合理性，1～2分；

（4）施工进度网络计划、关键节点和线路的保证措施是否具有针对性和可行性，2～3分；

（5）施工质量的控制和检验手段是否科学、可靠，2～3分；

（6）原材料、半成品、外购件的质量保证措施是否可靠，1—2分；

（7）施工机具和检验仪器的投入是否能够满足工程质量和进度的要求，2～3分；

（8）各专业工种的配置和劳动力的投入是否能满足工程的需要，2～3分；

（9）工程关键部位的施工方案及保证措施是否具有针对性、科学合理，2～3分；

（10）安全、文明施工及市政、市容、环保、消防等的保证措施是否科学、合理、到位，1～2分。

以上评分保留小数点后1位。

3. 商务评审　30～70分

（1）符合性审查通过的投标评标价的算术平均值为报价平均值（评标价在5个及以上时，去除一个最高价和一个最低价；评标价在8个及以上时，去除一个最高、次高价和一个最低、次低价）。

（2）报价平均值与符合性审查通过的投标评标价中的次低评标价（不足4个的与最低评标价）的算术平均值为最佳报价值。

（3）根据投标人的评标价与最佳报价值对比，计算投标人的商务报价的评分值，即：

a. 评标价等于最佳报价值时，得65分；

b. 评标价每低于最佳报价值1个百分点，扣1分；

c. 评标价每高于最佳报价值1个百分点，扣2分。

以上报价评分不足1个百分点时，使用直线插入法计算。

（4）报价书质量3～5分，如发现报价存在遗漏、多计或少算（采用工程量清单报价时，属于更改工程量清单内容的，不在此列），及其他差错，视涉及金额大小和差错次数酌情评分。

以上评分保留小数点后2位。

五、决标

决标由招标人负责，参与决标的人员不少于应到成员的2/3。招标人也可以授权评标委员会直接确定中标人。

决标按照原国家发展计划委员会等七部委30号令的有关规定，确定中标人。

招标人将招标情况和决标结果报省招标办备案后，向投标人发出中标或招标结果通知书。

七、园林绿化工程招标

园林绿化工程是一门艺术性、综合性很强的建设工程，它囊括了建筑、装饰、材料、给水排水、电力电气、照明、气候、地质、植物生态以及环保等学科所包含的造园要素。因此，每项园林绿化工程具有涉及专业面广、特色不同、风格各异、工艺要求不尽相同的特点，而且项目零星，地点分散，工程量小，工作面大，花样繁多，形式各异，同时也受气候条件的影响。对园林绿化工程项目的规范化管理和合理计价已成为园林行业普遍关注的难点问题。园林工程不同于一般工业、民用建筑，是园林艺术与建筑艺术、园林艺术与生物工程的有机结合。因此，园林绿化产品不可能确定一个统一的价格，而必须根据设计文件的要求，对园林绿化工程事先从经济上加以计算，以便获得合理的工程造价，保证工程的质量。

（一）园林工程招标的计价方法

园林工程的招标投标活动经历了定性评议阶段、接近标底评议阶段、加权评分评议阶段、低价评议阶段，由于这些阶段可能存在人为操控的可能性，已不能够适应我国园林工程建设发展的需要。随着我国建设市场的快速发展，招标投标制度的逐步完善，以及中国加入WTO等对我国工程建设市场提出的新要求，改革现行按预算定额计价方法，实行工程量清单计价法，这是建立公开、公正、公平的工程造价计价和竞争定价的市场环境，逐步解决定额计价中与工程建设市场不相适应的因素，彻底铲除现行招标投标工作中弊端的根本途径之一。

工程量清单招标是园林绿化工程提高建设工程招标计价管理水平，规范招标人和投标人的计价行为的有效方法。

（1）由于工程量清单明细地反映了工程的实物消耗和有关费用，因此，这种计价模式易于结合建设工程的具体情况，变现行以预算定额为基础的静态计价模式为将各种因素考虑在单价内的动态计价模式。

（2）采用工程量清单招投标，要求招投标双方严格按照规范的工程量清单标准格式填写，招标人在表格中详细、准确描述应该完成的工程内容；投标人根据清单表格中描述的工程内容，结合工程情况、市场竞争情况和本企业实力，充分考虑各种风险因素，自主填报清单，列出包括工程直接成本、间接成本、利润和税金等项目在内的综合单价与汇总价，并以所报综合单价作为竣工结算调整价。它明确划分了招投标双方的工作，招标人计算量，投标人确定价，互不交叉、重复，不仅有利于业主控制造价，也有利于承包商自主报价；不仅提高了业主的投资效益，还促使承包商在施工中采用新技术、新工艺、新材料，努力降低成本、增加利润，在激烈的市场竞争中保持优势地位。

(3) 评标过程中，评标委员会在保证质量、工期和安全等条件下，根据《招标投标法》和有关法规，按照“合理低价中标”原则，择优选择技术能力强、管理水平高、信誉可靠的承包商承建工程，既能优化资源配置，又能提高工程建设效益。

(二) 园林工程招标与投标活动中存在的问题

(1) 近年来，随着经济的高速发展，人居环境的改善需求同样得到社会的认同，园林建设工程市场因而呈现生机勃勃的繁荣景象。有相当一部分人误认为园林建设工程低风险、易做、技术含量低、成本低、利润高，导致许多非专业人士通过拉关系、走后门开办园林公司，进入园林行业，采用恶意竞标，干扰园林市场。

(2) 部分企业受利益驱使，以“价低者得”干扰正常招投标。有相当的企事业单位不按照政府或相关部门对园林绿地管理指标的规定保证绿地率；企业、公司只顾眼前利益，对需配套的园林绿地建设缺少认同；为节约总体成本，尽量压减对环境绿化的投入和维护经费等。

(3) 恶性竞争对园林建设工程市场秩序的影响。园林绿化建设是环境保护与生态建设的重要内容，低价竞争导致施工质量低下的严重后果均会在若干年的环境影响中体现出来。因此，那些通过不择手段得到实施的园林绿化工程，建成后都会因功能、质量、效果达不到应有的要求而最终使建设单位和人民的利益受损。

目前，园林工程的恶性竞争主要表现有：

(1) 以低价竞得园林工程转手给没有技术保障的无牌队伍施工，坐享不劳而获的挂靠费；

(2) 部分即将倒闭的施工企业或苗场带着转嫁风险和捞一把的侥幸心理在竞标市场上扰乱倾销；

(3) 有实力却没有足够提升资质硬件而无法参加招投标的企业，为获取业绩而抱着“搏一回”的心态低价竞标。这种情况，在一些要求有一、二级资质才能参与工程投标的施工项目中表现尤为激烈。

园林建设工程市场的恶性竞争，直接导致工程材料（如苗木、土壤等）质量、施工（如偷工减料等）质量和养护（成品以次充优等）质量低下，这些低质工程一旦移交使用，就将代表地方政府对外展示城市形象。因此，低质工程对环境造成的恶性影响在若干年内是难以弥合的。园林建设工程市场的恶性竞争，对今天现代化建设实在是耗时伤财、影响大局的坏事，其结果会直接影响社会人文环境和投资环境。

第二节　园林绿化工程投标

一、工程投标程序及各阶段工作内容

投标程序从过程上可分为投标前期、投标书编制期、投标决策期三个阶段。下面我们就按三个阶段对投标程序进行阐述。

（一）投标前期阶段

1. 取得招标信息

取得招标信息的途径很多，有报纸、电视、网络、建筑市场公告栏等。广开渠道获取招标信息非常重要，信息量的不足会使企业在竞争中处于劣势，投标人仅靠从建筑市场获取工程招标信息是远远不够的。因为在建筑市场发布的信息中，并非所有项目多采用公开招标的形式，相当一部分项目是采取邀请招标的方式。邀请招标的项目在发布信息时，业主常常已完成了考察已选择招标邀请对象的工作，投标人此时才去报名参加投标，已经错过了被邀请的机会。所以投标人日常建立起严密、广泛的信息网络是非常重要的。收集招标信息时应该有目的、有重点地进行，如有些有过业务往来的建设单位的工程信息应该重点收集，因为这些项目的中标可能性比较大，中标后获利可能性也比较大。

2. 报名参加投标和资格审查

投标人得到招标公告及业主的邀请之后应及时报名参加投标，明确向业主表明参加投标的意愿，以便得到资格审查的机会，同时向业主提交一份内容齐全、符合要求的资格审查文件。

3. 组织人员详细研究招标文件

为了在投标竞争中获胜，投标人平时就应该设置投标工作机构，掌握市场动态，积累有关信息资料等。一旦通过资格审查得到招标文件，就能立即组织人员研究招标文件。

详细列出招标文件所示的关键信息，如招标单位、招标工程范围、投标资格要求、项目建设的依据和条件、施工工期和质量要求、招标答疑时间地点、投标保证金及其要求、投标有效期、标书送达地点、投标截止时间、开标会时间地点、评标办法、投标书无效的情况、主要技术标准、施工图纸、合同主要条款等，以免发生意外造成投标无效或失利。

与此同时对于清单模式下要求的合理低价中标应进行很好的分析，招标人选择中标人，就是在质量、工期等对招标文件的响应达到要求后，谁的报价最低谁中标。投标人降低报价虽然有利于中标，但会降低预期利润，增大风险，因此低报价是中标的重要因素，但不是唯一的因素。

（二）投标书编制期

1. 现场勘察、调查投标对手及外围环境

参加招标单位组织的现场勘察，详细核对招标文件列出的现场条件和现场实际的相符性，主要核对运输道路与最大构件运输条件、生产生活用水及废水排放条件、生产生活用电及最大负荷，现场场地平整情况、土质及地下水位情况、现场场地自然地坪标高、现场地表附着物的迁移情况、地下构筑物和管线情况等。发现问题，应当向招标单位提出问题所在，请求答复。提出疑议要注意方式方法，尽量避免和招标单位发生争执，尽可能让其他投标单位提出来。因为招标单位对招标文件的变更是一致的，不会针对某个投标单位作出改变，所以完全没有必要和招标单位发生不愉快。

清单模式下招标文件中的工程量清单计算的是图纸上实体标注尺寸的工程量，不考虑投标人施工方案中工程量的增加，所以在编制投标书之前必须调查现场，尽量避免出现不必要的风险。在报价前一定要详尽了解项目所在地的环境、自然条件、生产和生活条件等。除此之外，对竞争对手的调查也显得特别重要，投标人只有做到知己知彼才能制定适合自身条件的施工方案及切实可行的投标策略。

2. 编制施工组织设计

施工组织设计是招标人评标时考虑的主要因素之一。施工组织设计考虑的施工方法和施工工艺等不仅关系到工期，而且与工程成本和报价也有密切关系。在清单报价中，与方案有关的措施费是一项主要的费用，因此一份好的施工组织设计，既要紧紧抓住工程特点，降低工程成本、缩短工期，又要充分地利用机械设备和劳动力。施工组织设计的主要内容是施工方案、施工进度计划和施工平面布置图。

3. 清单项目组价

清单计价就是要求投标人根据市场价格自由组价。因此，在投标报价前必须对项目所涉及的人工、材料、机械单价进行广泛的调查，尤其是对于约占工程总造价60%左右的材料价格，在报价时应十分谨慎。由于建筑材料的价格波动很大，因而应分析材料价格的变化情况，并很好地预测未来价格的变化趋势，以减少价格波动引起的损失。

（三）投标决策期

在投标书递交之前应当对报价进行多方面的分析，目的是研究报价的合理性、竞争性，从而作出最终的报价策略。在投标报价策略中必须考虑不平衡报价及风险防范，将一些对投标人不利的因素考虑周全，为以后的索赔设下伏笔。

投标人要在利润和风险之间作出正确决策需要分析方方面面的因素，由于投标情况的复杂性，每次组价中碰到的情况并不相同。一般说来报价决策并不是具体计算的结果，而是加入了投标人对工程期望利润和承揽风险能力的多种考虑。投标人在投标过程中应该在事前考虑好如何采取措施转移和防范风险，尽可能地避免较大的风险，以使企业获得更多的利润。

二、投标策略

投标是建筑业企业最重要的经营内容，研究投标报价的技巧是非常必要的。在投标工作中，企业整体战略决定了投标报价和策略，而事先掌握充分而准确的工程招标信息是做好投标工作的基础。

（一）掌握招标工程基础信息

搜集招标工程的信息。掌握国家和地方的建设计划和技术改造计划，了解国际、国内建筑市场的情况，最好能在招标工程发出公告之前就顺利地掌握情报。

了解招标工程所在地的政治经济形势、自然条件、交通运输、物价行情、风俗习惯、经济法规、税收制度、银行贷款利率、保险手续、常发疾病等方面的历史、现状和发展动态。此外，还要进行招标工程的现场考察，考察的主要内容包括地形、地质、气候、交通运输、材料来源、施工及生活设施布置等。

掌握当地劳动力情况。

了解有关报价的参考资料。如当地近年来同类工程的报价资料和承包企业的实际工程成本资料，当地的物价、工资和生活水平等情况。还要知道有哪些承包者参加投标？各有多大实力？在当地的信誉如何？投标过程中，各个竞争对手的报价情况与动态也要尽可能做些了解。

（二）明确投标目的性

当得到一个招标消息后，投标单位首先要进行初步调查和分析判断，然后作出决策，是否参加投标。这主要是考虑能获利多少和自己的能力能否胜任，即明确投标目的性。

确定投标目的性应当从近期和长远利益全面衡量，如果看到了某项工程的广阔发展前途，想在该地区打开局面，创出企业的社会信誉，应将它列为有较大积极性。如果工程的困难很大，把握性很小，应列为较小积极性。根据常规，若承包企业对工程的积极性大，往往采取“低价”策略以争取得标；对工程的积极性小则往往采取“高价”策略，即投不中标也无关紧要，投中了就可以大幅赢利。

根据工程的积极性类别确定“预计利润”。对有较大积极性的工程可采取薄利保本政策；对较小类积极性工程可适当增加利润指标。任何积极性和利润率都不是一成不变的，需要根据竞争形势的变化随时加以修改。这就要涉及投标技巧的问题。

三、投标技巧

竞争取胜的基本规律就是“以优胜劣”，或“以长胜短”，通过加强经营管理使自己处于优势。投标单位的优势一般表现在：劳动力技术水平高、劳动态度好、工效高、便宜；施工机具先进、轻便可靠、价廉；材料质量好、运费低、价格便宜；施工方案先进合理、切实可行、经济效果好；管理组织机构少而精，办事效率高。总之，物美价廉，技术先进，管理水平高就是优势，反之，则是劣势。如何发挥自己的优势，以优胜劣，这有个技巧问题。

投标技巧是指投标工作中针对具体情况而采取的对策和方法。常见的投标技巧主要有：竞争对手多的投标工程作价宜低，自己有特长又较少竞争对手的工程则作价可高。比较简单、工程量大的工程作价宜低；比较复杂、地处交通要道、施工条件不好的工程作价可高。靠改进设计取胜，即仔细研究原设计图纸，发现有不够合理之处，提出能降低造价的修改设计建议，以提高对招标单位的吸引力，从而在竞争中获胜。

四、园林绿化工程投标

（一）详细研究招标文件，获得招标关键信息

投标单位通过资格预审，取得招标文件，即进入投标前的准备工作阶段。

（1）研究工程综合说明，以对工程作一整体性的了解。

（2）熟悉并详细研究设计图纸和技术说明书，使制定施工方案和报价有明确的依据。对不清楚或矛盾之处，要请招标单位解释订正。

（3）研究合同的主要条款，明确中标后应承担的义务、责任及应享有的权利。包括承包方式；开工和竣工时间及提前或推后交工期限的奖罚；材料供应及价款结算办法；预付款的支付和工程款结算办法；工程变更及停工、窝工等造成的损失处理办法等。

（4）明确招标要求，在投标文件中要尽量避免出现与招标要求不相符合的情况。

（二）踏勘工程建设环境

工程建设环境是招标工程项目施工的自然、经济和社会条件。工程建设环境直接影响工程成本，因而要完全熟悉掌握投标市场环境，才能做到心中有数。

主要内容包括：场地的地理位置；地上、地下障碍物种类、数量及位置；土壤（质地、含水量、pH 值等）；气象情况（年降雨量、年最高温度、最低温度、霜降日数及灾害性天气预报的历史资料等）；地下水位；冰冻线深度及地震烈度；现场交通状况（铁路、公路、水路）；给水排水；供电及通信设施。材料堆放场地的最大可能容量，绿化材料苗木供应的品种及数量、途径以及劳动力来源和工资水平、生活用品的供应途径等。

（三）编制施工组织设计

施工组织设计是招标单位评价投标单位水平的重要依据，也是投标单位实施工程的基础，应由投标单位的技术负责人编制。

（1）施工的总体部署和场地总平面布置。

（2）施工总进度和单位工程进度。

（3）施工顺序和主要项目施工方法。

(4) 主要施工机械数量及配置。

(5) 劳动力来源及配置。

(6) 主要材料品种的规格、需用量、来源及分批进场的时间安排。

(7) 大宗材料和大型机械设备的运输方式。

(8) 现场水电用量、来源及供水、供电设施。

(9) 临时设施数量及标准。

(10) 特殊构件的特定要求与解决的方法。

投标阶段的施工组织设计的编制格式，编排方式要和招标文件的要求一致，不可拘泥于以往经验。因为投标阶段的施工组织设计主要目的是竞标，一般情况下施工组织设计的评分标准是按招标文件的要求来制定的。

(四) 编制预算报价

1. 搜集各种编制依据

搜集施工图设计图纸、施工组织设计、预算定额、施工管理费和各项取费定额、材料价格预算表、地方预决算材料、预算调价文件、标准和通用图集、地方有关技术经济资料等。

2. 熟悉施工图纸和施工说明书，参加技术交底解决疑难问题

设计图纸和施工说明书是编制工程预算的重要基础资料，它为选择套用定额子目、取定尺寸和计算各项工程量提供重要的依据，因此，在编制预算之前，必须对设计图纸和施工说明书进行全面细致的熟悉和审查，参加技术交底，共同解决疑难问题，从而掌握及了解设计意图和工程全貌，以免在选用定额子目和工程量计算上发生错误。

3. 熟悉施工组织设计和了解现场情况

施工组织设计是由施工单位根据工程特点、施工现场的实际情况等各种有关条件编制的，它是编制预算的依据。因此，必须熟悉施工组织设计的全部内容，并深入现场了解实际情况，才能准确编制预算。

4. 学习并掌握好工程预算定额及有关规定

为了提高工程预算的编制水平，正确地运用预算定额及其有关规定，必须认真地熟悉现行预算定额的全部内容，了解和掌握定额子目的工程内容、施工方法、材料规格、质量要求、计量单位、工程量计算规则等，以便能熟练地查找和正确地应用。

5. 确定工程项目，计算工程量

(1) 确定工程项目：按照定额项目确定工程项目，如水景工程、绿化工程等，防止丢项、漏项。

(2) 计算工程量：按照定额规定和工程量计算规则计算工程量；计算单位应与定额单位一致。

取定的建筑尺寸和苗木规格要准确；计算底稿要整齐、详细。尽可能保留计算过程；要按照一定的计算顺序计算，便于审核工程量；利用基数连续计算。

6. 编制工程预算书

①录入工程信息和编制依据；②录入工程项目及工程量；③录入定额；④材料录入及调整；⑤调整费用标准；⑥全面校核；⑦编制预算说明书；⑧打印并装订预算文件。

7. 工料分析

根据工程数量及定额中用工、用料数量，计算整个工程工料所需数量。

8. 复核、签章及审批

（五）影响园林工程预算的因素

1. 分部分项子目列错

原因：施工图纸没有详细看清楚，甚至没有看懂，对定额上的分部分项子目不熟悉；没有看清各分部分项的工作内容；列分部分项子目时故意做错或匆匆忙忙、疏忽大意。

2. 工程量算错

原因：没有看清施工图纸上所示具体尺寸；套的计算公式不对；工程量计算过程中弄错数据；不注意定额表上所示计量单位；故意冒算工程量。

3. 单价算错

原因：对定额不熟悉；故意套用费用较高的单价。

4. 费率取错

原因：对当地执行的费用定额不熟悉，甚至不会计取；故意计取高费率。

5. 各项费用计算差错

原因：运算过程中疏忽大意；结费汇总时有漏项现象；乘费率时弄错小数点。

五、投标文件的编制

（一）投标文件的形式

（1）商务标、技术标、经济标。

（2）投标函、商务标、技术标。

（二）投标文件的编制

1. 商务标的内容

（1）投标函：对本项工程投标的函，包括投标报价及相关承诺。按招标文件规定的内容及格式填写。

（2）法定代表人授权委托书：按招标文件提供的内容及格式填写，附委托代理人身份证、职称证、学历证。

（3）法定代表人证明：附法人证书、法定代表人身份证、职称证、学历证。

（4）已完类似工程业绩表：根据本项工程的特点和招标文件提供的表格格式填写相关的业绩，附相关业绩的证明文件。

（5）企业资质证明文件：提供企业有关的资信证件扫描件。主要有营业执照副本、资质证副本、组织机构代码、税务登记证、取费证或规费证、安全文明施工许可证、银行资信等级、ISO9001 质量认证、优质工程证、财务审计报告等。

（6）项目经理部组成人员：项目经理、技术负责人、各专业施工员、安全员、质量员、预算员、资料员、采购员、财会员等相关人员的名单、职称证、学历证、业绩资料及相关的证明文件。

2. 经济标

即投标报价，包括按招标文件格式要求提供的投标报价表、预算书等。投标报价要做到均衡报价并考虑企业的成本、利润和风险因素。

3. 技术标

根据本项工程的特点和施工现场的实际情况编制用于指导工程施工的技术性文件。其核心内容是如何科学合理地安排好劳动力、材料、设备、资金和施工方法这五个主要的施工因素。根据园林工程的特点和要求，以先进的、科学的施工方法与组织手段将人力和物力、时间和空间、技术与经济、计划和组织等诸多因素合理优化配置，从而保证施工任务依质量要求按时完成。

技术标的主要内容：

（1）研究本项工程的有利条件与不利条件以及对工程不利条件的应对措施。

（2）研究本项工程的重点与难点以及其对应的优化措施。

（3）对本项工程设计意图的理解并提出相应的调整方案。

（4）施工组织机构的设置及人员配备。

（5）施工进度表。

（6）机械设备的配备及进出场计划，施工材料的准备及进出场计划，劳动力的配备及劳动力计划表。

（7）主要工程项目的施工方案或施工技术要点，包括施工顺序、施工准备、施工方法、重点施工环节的技术措施及误差修正。

（8）各种保证措施：质量保证措施；工期保证措施；冬雨期施工防范措施；夜间加班措施；安全文明施工措施；绿化与土建、土建与水电、水电与绿化的交叉施工相互影响的应对措施；施工单位与建设单位、施工单位与监理单位、施工单位与其他施工单位的协调配合措施。提高植物成活率、保证景观效果的绿化养护技术措施、环境保护措施等。

（9）新工艺、新技术、新材料的应用意见。

六、园林工程投标报价的策略

（1）看图算量报价：如果招标文件提供的工程量清单与设计图存在较大的偏差，要低报价。依靠低价中标。

（2）依据施工工艺的难易度报价：如果施工工艺难度较小，采取低价报价；如果施工工艺难度较大，要合理低价报价，依靠技术标获胜。

（3）依据施工现场的施工条件报价：如果施工场地的条件较好（土壤条件、气候条件、水源条件、住宿条件、交通条件、场地条件、生活条件、材料条件等），能够顺利施工，采用合理低价报价。否则，采用高报价依靠施工组织设计（技术标）取胜。

（4）依据设计图纸的完整性、合理性报价：如果施工图纸不全或存在大量的错误，采用低报价。否则，采用合理低价报价。

（5）依据招标文件的条件报价：如果招标文件要求的工期较长，质量要求高，工程存在变化的可能性较大，工程施工的管理费较大，要合理低价报价；如果招标文件要求的工期短，质量要求合格，工程存在变化的可能性较小，要低价报价；如果工期短，质量高，工程变化的可能性较小，要高报价。

（6）依据招标文件提供的合同条款报价：如果合同约定的工程款的支付情况好，要低报价，如果要求垫支工程款的比例大，工程款的支付额度较小，要高报价。

（7）依据施工材料采购的难易程度和植物材料成活率情况报价：如果植物材料普遍容易在苗圃中采购到，植物栽植后成活率较高，可以采取合理低价报价。否则采取高报价。

（8）根据工程施工的季节与绿化材料的年度波动价格情况报价：一般情况，冬季及春节前施工，香化植物、色带植物及草坪的价格较高；春季施工，大乔木树的价格较高，夏季施工，小乔木树的价格较高；秋季施工，彩叶植物的价格较高，在投标报价时，根据施工的季节和使用的绿化主体材料的价格波动情况进行合理报价。

（9）根据工程项目的主体性质报价：国资项目（公园、游园、广场）、市政公用项目（高速公路、道路）要偏高报价，因其要求质量高、绿化破坏率高、养护成本高；事业、企业单位绿化、小区绿化要偏低报价。

（10）根据工程项目绿化、景观建筑、水电安装所占的比例报价：绿化比例多，施工难度小，要低报价；景观建筑的比例多，施工难度小但工艺要求高，要高报价；水电比例多，要合理低价报价，因为其定额有较大的利润空间，材料的价格波动较大。

七、防止废标的方法

（1）标书的装订和密封按招标文件要求。

（2）标书的格式如字体、字号、行间距、段落值、表格的形式等按招标文件要求。

（3）标书的签字和盖章按招标文件要求。

（4）提供的附件材料或证明文件要齐全。

（5）预算文件措施费中文明施工费、安全施工费、临时设施费的取费标准按省市建设行政主管部门颁发的文件执行，不得改动。

（6）录入的工程量清单的编码与招标文件保持一致。

（7）工程项目的名称、工程量一定与招标文件的名称和工程量保持一致。

（8）录入的工作内容、项目特征与招标文件一致。

（9）实际工程量与定额单位要进行转换。

（10）对清单项目的计价以现行消耗量定额为计算基价时，要注意定额的内容与设计要求相符合，计价标准基本上接近企业的施工定额。如果有太大的差异，要进行系数换算。

（11）计价材料的调价按建设行政主管部门发布的信息价。

（12）要记住添加未计价材料，未计价材料调价要做到均衡报价，不可以低于成本价报价。特别注意未计价材料的报价单位要与招标文件要求一致。

（13）预算文件的打印报表格式与招标文件要求一致。

（14）技术标中进度计划、材料进出场计划、机械设备进出场计划、劳动力计划相互协调，要周密。

（15）技术标中的技术指标要正确，不能出现错误或重大偏差。

（16）技术标中的施工技术措施要科学合理，安排恰当。

复习思考题与练习题

1. 哪些项目必须进行招标？
2. 建设单位招标应具备哪些条件？
3. 招标项目应具备哪些条件？
4. 试述公开招标的一般程序。
5. 招标文件一般应包括哪些内容？
6. 我国目前招投标评标办法主要有哪几种？
7. 试述园林绿化工程投标程序及各阶段工作内容。
8. 防止废标主要有哪些办法？
9. 园林工程招标与投标活动中恶性竞争主要表现在哪些方面？
10. 园林工程投标报价可利用哪些策略？

附录：园林工程计价案例

案例一：　　　　　　　× ×住宅小区园林工程预算书

上海市＊＊＊＊区的园林工程，包括绿化工程和园路、中心广场等土建筑项目。工程原土壤质地为三类土，绿化用土参照《上海市园林栽植土质量标准》执行。花叶蔓常春、麦冬、马尼拉草等地被类植物换土深度为25cm；珊瑚、小叶栀子等植物片植换土深度为50cm；丰花月季、红花檵木、瓜子黄杨、八角金盘、杜鹃植物片植换土深度为40cm；广玉兰、香樟栽植时采用营养土，并用树棍四脚桩固定。《工程苗木汇总清单》由设计单位提供，苗木栽植密度按常规计算。

施工图总面积 = 2935m^2；中心广场面积 = 339m^2；园路面积 = 193m^2；停车场（不属于本实例预算范围）面积 = 202m^2，绿化施工面积 = 2935 －（339 + 193 + 202）= 2201m^2

要求：按照《上海市园林工程预算定额（2000）》、《上海市建设工程施工费用计算规则（2000）》及其《工程量计算规则》计算工程量和预算费用。

相关费用按以下条件取定：

（1）综合费用：绿化工程按人工费用之和的90%取定，园路和中心广场按直接费用的8%取定。

（2）施工措施费、税前补差、税后补差，甲供材料等，实例中未作考虑。

（3）定额编制管理费：按0.05%计算。

（4）工程质量监督费：按0.15%计算。

（5）税金：按3.41%取定。

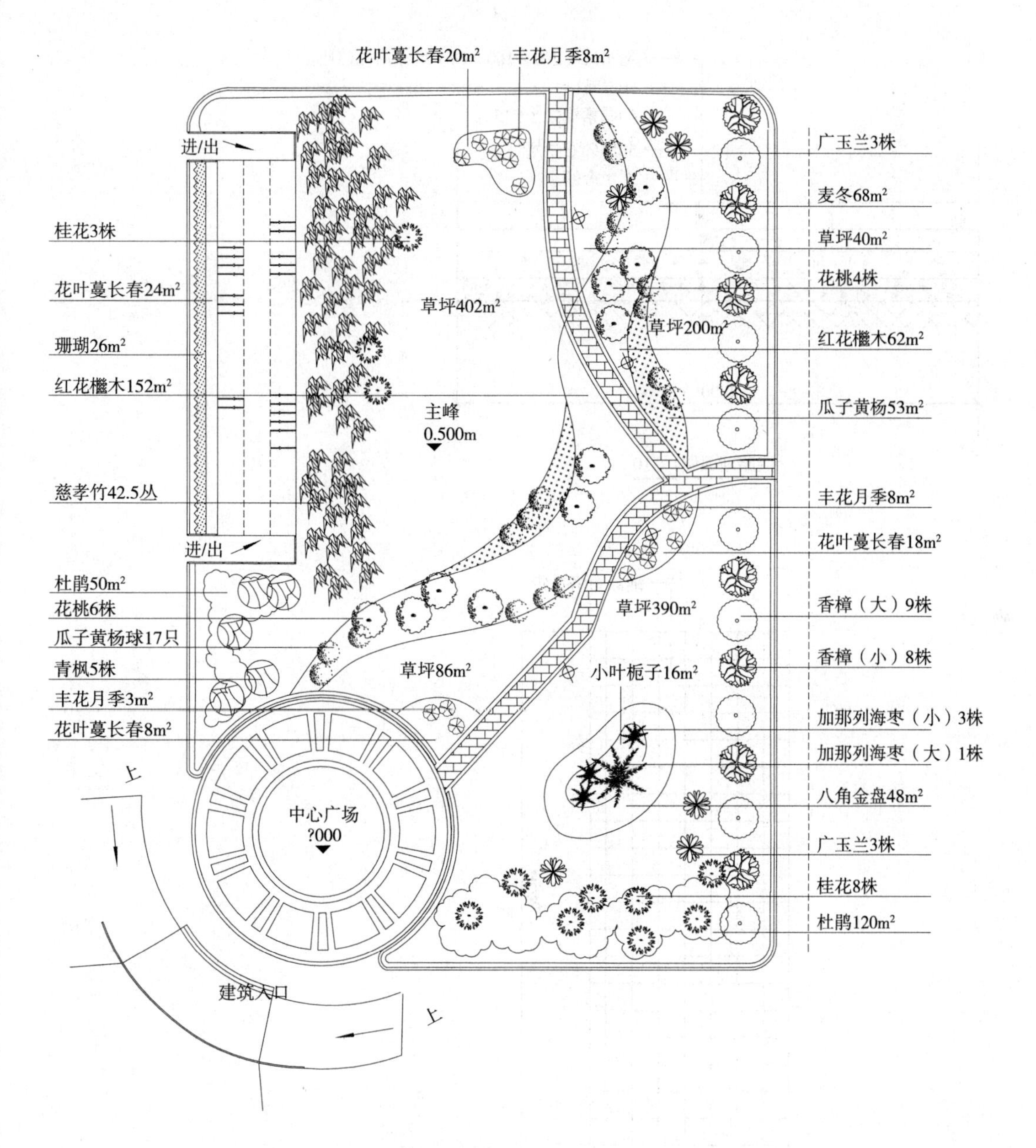
花叶蔓长春20m²
丰花月季8m²
进/出
桂花3株
花叶蔓长春24m²
珊瑚26m²
红花檵木152m²
慈孝竹42.5丛
进/出
杜鹃50m²
花桃6株
瓜子黄杨球17只
青枫5株
丰花月季3m²
花叶蔓长春8m²
草坪402m²
主峰
0.500m
草坪200m²
草坪390m²
草坪86m²
小叶栀子16m²
中心广场
?000
上
建筑入口
上
广玉兰3株
麦冬68m²
草坪40m²
花桃4株
红花檵木62m²
瓜子黄杨53m²
丰花月季8m²
花叶蔓长春18m²
香樟（大）9株
香樟（小）8株
加那列海枣（小）3株
加那列海枣（大）1株
八角金盘48m²
广玉兰3株
桂花8株
杜鹃120m²

绿化总平面图1：300

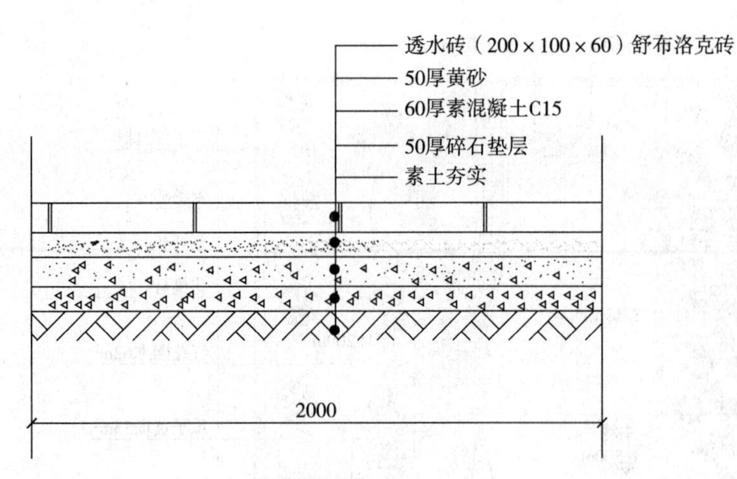

园路断面图1：10

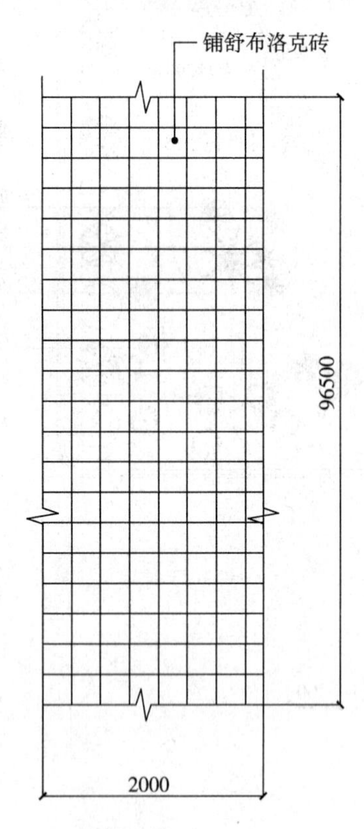

园路断面图1：10

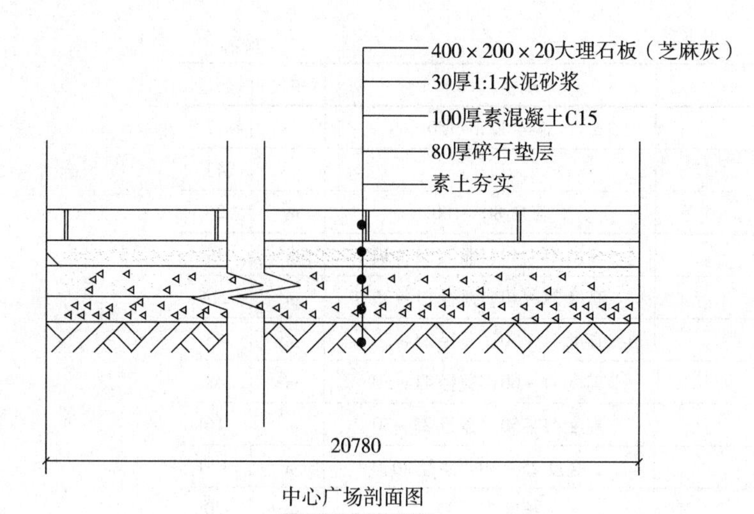

中心广场剖面图

中心广场平面图

工程量计算

苗木工程量清单

序号	苗木名称	规格（cm）	单位	数量
1	广玉兰	胸径13~16	株	6
2	香樟（大）	胸径12~14，全冠	株	9
3	香樟（小）	胸径10~12，全冠	株	8
4	加那利海枣（大）	头径大于35	株	1
5	加那利海枣（小）	头径等于20	株	3
6	桂花	高度181~220，蓬径161~220	株	11
7	青枫	高度大于200，胸径7~9	株	5
8	红叶桃	高度270~300，胸径5~6	株	10

续表

序号	苗木名称	规格（cm）	单位	数量
9	瓜子黄杨球	蓬径121～150	株	17
10	慈孝竹		丛	43
11	珊瑚	高度80～100	m^2	26
12	丰花月季	高度21～40，蓬径21～30	m^2	19
13	红花檵木	高度31～40，蓬径31～35	m^2	214
14	瓜子黄杨	高度41～50，蓬径25～30	m^2	53
15	八角金盘	高度41～60，蓬径41～50	m^2	48
16	小叶栀子	高度41～50，蓬径25～30	m^2	16
17	杜鹃	高度25～30，蓬径20	m^2	170
18	花叶蔓常春	长度21～25	m^2	70
19	麦冬		m^2	68
20	马尼拉草坪		m^2	1118

苗木补充规格表

序号	苗木名称	苗木分类	补充规格（cm）	单位	数量	备注
1	广玉兰	常绿乔木	球径120	株	6	
2	香樟（大）	常绿乔木	球径110	株	9	
3	香樟（小）	常绿乔木	球径100	株	8	
4	加那利海枣（大）	棕榈类	球径40	株	1	
5	加那利海枣（小）	棕榈类	球径30	株	3	
6	桂花	常绿花灌木	球径40	株	11	
7	青枫	落叶花灌木	球径55	株	5	
8	红叶桃	落叶花灌木	球径55	株	10	
9	瓜子黄杨球	造型球类植物类	球径100	株	17	
10	慈孝竹	竹类	球径30	丛	43	10枝/丛
11	珊瑚	常绿灌木	球径30	m^2	26	9株/m^2
12	丰花月季	落叶花灌木	球径15	m^2	19	12株/ m^2
13	红花檵木	常绿花灌木	球径15	m^2	214	9株/ m^2
14	瓜子黄杨	常绿花灌木	球径20	m^2	53	20株/ m^2
15	八角金盘	常绿花灌木	球径20	m^2	48	6株/ m^2
16	小叶栀子	常绿花灌木	球径35	m^2	16	16株/ m^2
17	杜鹃	常绿花灌木	球径20	m^2	170	16株/ m^2
18	花叶蔓常春	攀缘类	球径40	m^2	70	20株/ m^2
19	麦冬	地被类		m^2	68	20kg/ m^2
20	马尼拉草坪	地被类	满铺	m^2	1118	

工程苗木换土土方量计算——土方换土量计算参考表

名称	规格		单位	根幅（cm）	挖塘（坑）直径×高（cm）	挖沟槽长×宽×高（cm）	换土量
带土球乔灌木	土球直径在厘米以内	20	株	—	40×30	—	0.02
		30	株	—	50×40	—	0.03
		40	株	—	60×40	—	0.09
		50	株	—	70×50	—	0.11
		60	株	—	90×50	—	0.21
		70	株	—	100×60	—	0.28
		80	株	—	110×80	—	0.50
		100	株	—	130×90	—	0.64
		120	株	—	150×100	—	0.87
		140	株	—	180×100	—	1.16
裸根乔木	胸径在厘米以内	4	株	30~40	40×30	—	0.04
		6	株	40~50	50×40	—	0.08
		8	株	50~60	60×50	—	0.14
		10	株	70~80	80×50	—	0.25
		12	株	80~90	90×60	—	0.38
		14	株	100~110	110×60	—	0.57
		16	株	120~130	130×60	—	0.80
		18	株	130~140	140×70	—	1.08
		20	株	140~150	150×80	—	1.41
		24	株	160~180	180×80	—	2.03
裸根乔木	冠丛高在厘米以内	100	株	25~30	30×30	—	0.02
		150	株	30~40	40×30	—	0.04
		200	株	40~50	50×40	—	0.08
		250	株	50~60	60×50	—	0.14
双排绿篱	绿篱高在厘米以内	40	m	—	—	100×30×25	0.08
		60	m	—	—	100×35×30	0.11
		80	m	—	—	100×40×35	0.14
		100	m	—	—	100×50×40	0.20
单排绿篱	绿篱高在厘米以内	40	m	—	—	100×25×25	0.06
		60	m	—	—	100×30×25	0.08
		80	m	—	—	100×35×30	0.11
		100	m	—	—	100×40×35	0.14
		120	m	—	—	100×45×35	0.16
		150	m	—	—	100×45×40	0.18

摘自《上海市建设工程预算（园林）》马顺道主编。

工程苗木换土土方量计算——苗木种植换土土方量计算

序号	苗木名称	设计规格（cm）	苗木分类	补充规格（cm）	单位	数量	换土量（m^3）	小计（m^3）
1	加那利海枣（大）	头径大于35	棕榈类	球径40	株	1	0.08	0.08
2	加那利海枣（小）	头径20	棕榈类	球径30	株	3	0.03	0.09
3	桂花	高度181～220 蓬径161～220	常绿花灌木	球径40	株	11	0.08	0.88
4	青枫	高度大于200，胸径7～9	落叶花灌木	球径55	株	5	0.21	1.05
5	红叶桃	高度270～300，胸径5～6	落叶花灌木	球径55	株	10	0.21	2.1
6	瓜子黄杨球	蓬径121～150	造型球类植物类	球径100	株	17	0.64	10.88
7	慈孝竹		竹类	球径30	丛	43	0.02	0.86
	小计1							15.94
序号	苗木名称	设计规格（cm）	苗木分类	补充规格（cm）	单位	数量	换土深度（m）	小计（m^3）
8	珊瑚	高度80～100	常绿灌木	球径30	m^2	26	0.50	13.00
9	丰花月季	高度21～40，蓬径21～30	落叶花灌木	球径15	m^2	19	0.40	7.60
10	红花檵木	高度31～40，蓬径31～35	常绿花灌木	球径15	m^2	214	0.40	85.60
11	瓜子黄杨	高度41～50，蓬径25～30	常绿花灌木	球径20	m^2	53	0.40	21.20
12	八角金盘	高度41～60，蓬径41～50	常绿花灌木	球径20	m^2	48	0.40	19.20
13	小叶栀子	高度41～50，蓬径25～30	常绿花灌木	球径35	m^2	16	0.50	8.00
14	杜鹃	高度25～30，蓬径20	常绿花灌木	球径20	m^2	170	0.40	68.00
15	花叶蔓常春	球径2.1～3.0	攀缘类	球径40	m^2	70	0.25	18.75
16	麦冬		地被类		m^2	68	0.25	17.00
17	马尼拉草坪		地被类	满铺	m^2	1118	0.25	279.50
	小计2							537.85
	合计	小计1＋小计2						553.79

营养土土方量计算

序号	苗木名称	设计规格（cm）	苗木分类	补充规格（cm）	单位	数量	换土量	小计（m^3）
1	广玉兰	胸径 13～16	常绿乔木	球径 120	株	6	0.87	5.22
2	香樟（大）	胸径 12～14，全冠	常绿乔木	球径 110	株	9	0.87	7.83
3	香樟（小）	胸径 10～12，全冠	常绿乔木	球径 100	株	8	0.64	5.12
	合 计							18.17

园路和中心广场工程量计算书

工程名称：园路和中心广场

序号	项目名称	单位	工程量	计算式
1	平整场地	m^2	541.65	S＝园路平整场地面积＋园广场平整场地面积 依据：园路工程量计算规则，园路两边垫层可放宽 5cm
				园路平整场地面积＝长×宽
				$=96.5\times(2+0.05\times2)=202.65m^2$
				S 平整 $=202.65+339=541.65m^2$
2	素土夯实	m^2	541.65	与平整场地面积相同
3	碎石垫层	m^3	37.25	V 碎石＝V 园路碎石＋V 广场碎石
				$=96.5\times2.1\times0.05+339\times0.08=37.25m^3$
4	C15 混凝土	m^3	46.06	V 混凝土＝V 园路混凝土＋V 广场混凝土
				$=96.5\times2.1\times0.06+339\times0.1=46.06m^3$
5	黄砂	m^3	9.65	V 黄砂 $=96.5\times2\times0.05=9.65m^3$
6	透水砖	m^2	193	S 面层 $=96.5\times2=193m^2$
7	1:1 水泥砂浆（厚 1cm）	m^2	3.39	$S=339\times(0.03-0.02)=3.39m^2$
8	大理石面层	m^2	339	与园广场面积相同

××住宅小区园林工程预算书

建设单位：××住宅小区

工程名称：××住宅小区园林工程

工程地点：上海市青浦区× ×路× ×号

施工单位：× ×绿化工程公司

施工总面积：2733m^2

绿化面积：2201m^2

工程施工费用：296259.00元

工程施工费用（大写）：贰拾玖万陆仟贰佰伍拾玖圆整

编制人：× ××

编制日期：× ×× ××

编制说明

1. 工程概况

工程地点：上海市青浦区

工程类型：园林工程，包括绿化工程和园路、中心广场等土建筑项目。

2. 施工设计图：

由设计单位提供。

3. 苗木数量和规格

（1）《工程苗木汇总清单》由设计单位提供，苗木栽植密度按常规计算。

（2）《苗木补充规格表》依据《上海市工程苗木预算调整价格（2006年度）》。

4. 土壤质地和换土土方量的计算

工程原土壤质地为三类土，绿化用土参照《上海市园林栽植土质量标准》执行。花叶蔓常春、麦冬、马尼拉草坪等地被类植物换土深度为25cm；珊瑚、小叶栀子等植物片植换土深度为50cm；丰花月季、红花檵木、瓜子黄杨、八角金盘、杜鹃植物片植换土深度为40cm；广玉兰、香樟栽植时采用营养土，并用树棍四脚桩固定。

5. 工、料、机单价和苗木单价匹配清单

单价来源：

（1）"上海市建筑建材业门户网站"造价信息（2007年12月）。

（2）《上海市工程苗木预算调整价格（2006年度）》。

（3）对于较大规格的苗木，其单价采用市场价。

（4）废弃土外运和种植土内运的单价取定按每立方米30元计算。

6. 施工面积计算

经测算：施工图总面积 = $2935m^2$；中心广场面积 = $339m^2$；园路面积 = $193m^2$；停车场（不属于本实例预算范围）面积 = $202m^2$；

绿化施工面积 = 2935 －（339 + 193 + 202）= $2201m^2$

7. 定额耗用量计算

按照《上海市园林工程预算定额（2000）》及其《工程量计算规则》。

8. 费率和工程施工费用计算

（1）综合费用：绿化工程按人工费用之和的90%取定，园路和中心广场按直接费用的8%取定。

（2）施工措施费、税前补差、税后补差，甲供材料等，实例中未作考虑。

（3）定额编制管理费：按0.05%计算。

（4）工程质量监督费：按0.15%计算。

（5）税金：按3.41%取定。

(6) 工程施工费用计算:

按《上海市建设工程施工费用计算规则(2000)》规定计算。

××住宅小区园林工程施工费用 **例表 1-1**

序号	项目名称	施工费用(元)
1	绿化工程	217015.00
2	园路和中心广场	79244.00
	合计	296259.00

绿化工程施工费用表 **例表 1-2**

序号	费用名称	取费内容	金额
1	直接费合计	直接费+苗木费	187073
2	其中直接费	直接费	64812
3	其中苗木费	苗木费	122261
4	人工费	人工费	24968
5	材料费	材料费	38715
6	机械费	机械费	1130
7	综合费用	(1) ×90%	22471

续表

序号	费用名称	取费内容	金额
8	施工措施费	施工措施费	0
9	其他费用	[(1)+(7)+(8)]×0.05%+[(1)+(7)+(8)]×0.15%	314
10	税前补差	税前补差	0
11	税金	[(1)+(7)+(8)+(9)+(10)]×3.41%	7156
12	税后补差	税后补差	0
13	甲供材料	甲供材料	0
14	工程施工费	(1)+(7)+(8)+(9)+(10)+(11)+(12)-(13)	217015

绿化工程预算书 **例表 1-3**

序号	定额编号	项目名称（cm）	单位	数量	基价	复价
1	1-2-9	栽植 广玉兰 胸径 15~18 球径 120	株	6	88.16	528.95
2	1-2-9	栽植 香樟 胸径 12~14 全冠 球径 110	株	9	88.16	793.43
3	1-2-8	栽植 香樟 胸径 10~12 全冠 球径 100	株	8	61.45	491.57
4	1-2-23	栽植 加那利海枣（灌木）头径 31~35	株	1	5.24	5.24
5	1-2-22	栽植 加那利海枣（灌木）头径 21~25	株	3	3.47	10.40
6	1-2-23	栽植 桂花 高度 181~210 蓬径 81 以上 球径 40	株	11	5.24	57.59
7	1-2-25	栽植 青枫 地径 7.1~8.0 高度 271 以上 蓬径 181 以上 球径 55	株	5	14.57	72.85
8	1-2-25	栽植 红叶桃 地径 5.1~6.0 高度 211 以上 球径 55	株	10	14.57	145.70
9	1-2-28	栽植 瓜子黄杨球 蓬径 121~150 球径 100	株	17	63.80	1084.53
10	1-2-40	栽植 孝顺竹 每丛 10 枝	丛	43	2.47	106.10
11	1-2-60	栽植 珊瑚树 高度 81~100 分枝数 3 枝以上 球径 30	m^2	26	11.39	296.26
12	1-2-57	栽植 丰花月季 蓬径 21~30	m^2	19	4.61	87.67
13	1-2-57	栽植 红花檵木 高度 31~40 蓬径 31 以上 球径 15	m^2	214	4.61	987.45
14	1-2-57	栽植 瓜子黄杨 高度 41~50 蓬径 31 以上 球径 15	m^2	53	4.61	244.56

续表

序号	定额编号	项目名称（cm）	单位	数量	基价	复价
15	1－2－58	栽植 八角金盘 高度51～60 蓬径41以上 球径20	m^2	48	5.48	263.08
16	1－2－58	栽植 小叶栀子 高度41～50 蓬径25～30	m^2	16	5.48	87.69
17	1－2－57	栽植 夏鹃类 蓬径21～30 高度21以上 球径20	m^2	170	4.61	784.43
18	1－2－72	栽植 花叶蔓长春	m^2	70	4.23	296.17
19	1－2－72	栽植 麦冬	m^2	68	4.23	287.71
20	1－2－75	栽植 马尼拉	m^2	1118	6.43	7183.15
小计1						1381.5

土方费用和技术措施费 **例表1-4**

序号	定额编号	项目名称	单位	数量	基价	复价
1	1－5－62补	废气土外运	m^3	571.96	30.00	17158.80
2	1－5－61补	种植土内运	m^3	553.79	30.00	16613.70
3	1－5－11换	人工换土 土球直径在120cm以内	株	6	176.35	1058.10
4	1－5－11换	人工换土 土球直径在120cm以内	株	9	176.35	1587.15
5	1－5－10换	人工换土 土球直径在100cm以内	株	8	129.80	1038.40
6	1－5－5换	人工换土 土球直径在40cm以内	株	12	2.13	25.50
7	1－5－4换	人工换土 土球直径在30cm以内	株	3	1.70	5.10
8	1－5－7换	人工换土 土球直径在60cm以内	株	15	4.75	71.25
9	1－5－10换	人工换土 土球直径在100cm以内	株	17	14.60	248.20
10	1－5－4换	人工换土 土球直径在30cm以内	株	43	1.70	73.10
11	3－3－2	干土 深度在2m以内 三类土	m^3	537.85	11.10	5970.14
12	3－7－4	回填土 地面 松填	m^3	537.85	2.70	1452.20
13	1－5－1	绿地平整	m^2	2201	1.93	4247.93
14	1－4－6	树棍四脚桩	株	23	62.98	1448.43
小计2						50998
直接费（小计1＋小计2）						64812

工程苗木费 **例表 1-5**

编号	名称	规格型号	单位	用量	单价	金额
239654	花叶蔓长春		株	1400	8.07	11298.00
245678	小叶栀子	高度 41～50 蓬径 25～30	株	256	15.24	3901.44
540101250011	广玉兰	胸径 15～18 球径 120	株	6	2500.00	15000.00
540101310009	小香樟	胸径 12～14 全冠 球径 110	株	9	450.00	4050.00
540101310010	小香樟	胸径 10～12 全冠 球径 100	株	8	300.00	2400.00
540301230060	八角金盘	高度 51～60 蓬径 41 以上 球径 20	株	288	19.41	5590.08
540301270100	珊瑚树	高度 81～100 分枝数 3 枝以上 球径 30	株	234	13.63	3189.42
540301310040	红花檵木	高度 31～40 蓬径 31 以上 球径 15	株	1926	17.42	33550.92
540301330040	瓜子黄杨	高度 31～40 蓬径 31 以上 球径 15	株	1060	6.73	7133.80
540301530030	夏鹃类	蓬径 21～30 高度 21 以上 球径 20	株	2720	6.24	16972.80
540301710210	桂花	高度 181～210 蓬径 81 以上 球径 40	株	11	145.41	1599.51
540401270006	红叶桃	地径 5.1～6.0 高度 211 以上 球径 55	株	10	80.14	801.40
540501190150	瓜子黄杨球	蓬径 121～150 球径 100	株	17	184.81	3141.77
540901010010	孝顺竹	每丛 10 枝	株	43	32.41	1393.63
541301230001	麦冬		Kg	1360	1.45	1972.00
541301390001	马尼拉草		m^2	1229.8	6.16	7575.57
562143	丰花月季	蓬径 31～40	株	228	3.18	725.04
B20041165	青枫	地径 7.1～8.0 高度 271 以上 蓬径 181 以上球径 65	株	5	110.01	550.05
B20041380	加那利海枣（灌木）	头径 21～25	株	3	216.27	648.81
B20041382	加那利海枣（灌木）	头径 31～35	株	1	766.58	766.58
	苗木费合计					122260.82
	直接费合计	直接费＋苗木费合计				187073

绿化工程工、料、机单价匹配清单　　例表 1-6

苗木代码	名称	规格型号	单位	单价
239654	花叶蔓长春		株	8.07
245678	小叶栀子	高度 41~50 蓬径 25~30	株	15.24
540101250011	广玉兰	胸径 15~18 球径 120	株	2500.00
540101310009	香樟	胸径 12~14 全冠 球径 110	株	450.00
540101310010	香樟	胸径 10~12 全冠 球径 100	株	300.00
540301230060	八角金盘	高度 51~60 蓬径 41 以上 球径 20	株	19.41
540301270100	珊瑚树	高度 81~100 分枝数 3 枝以上 球径 30	株	13.63
540301310040	红花檵木	高度 31~40 蓬径 31 以上 球径 15	株	17.42
540301330040	瓜子黄杨	高度 31~40 蓬径 31 以上 球径 15	株	6.73
540301530030	夏鹃类	蓬径 21~30 高度 21 以上 球径 20	株	6.24
540301710210	桂花	高度 181~210 蓬径 81 以上 球径 40	株	145.41
540401270006	红叶桃	地径 5.1~6.0 高度 211 以上 球径 55	株	80.14
540501190150	瓜子黄杨球	蓬径 121~150 球径 100	株	184.81
540901010010	孝顺竹	每丛 10 枝	株	32.41
541301230001	麦冬		kg	1.45
541301390001	马尼拉草		m^2	6.16
562143	丰花月季	蓬径 31~40	株	3.18
B20041165	青枫	地径 7.1~8.0 高度 271 以上 蓬径 181 以上 球径 65	株	110.01
B20041380	加那利海枣(灌木)	头径 21-25	株	216.27
B20041382	加那利海枣(灌木)	头径 31~35	株	766.58
1011	其他工		工日	30.00
1016	土方工		工日	30.00
1019	种植工		工日	35.00
临时材料	营养土		m^3	180.00
2095	工业用水		m^3	2.70
E0023	黏土		m^3	30.00
E4012	种植土		m^3	30.00
3013	汽车式起重机 8t		台班	560.39
3019	载重汽车 8t		台班	397.46
2059	镀锌钢丝 12 号		kg	5.75
2333	树棍		根	10

园路和中心广场施工费用表　　　　例表 1-7

行号	费用名称	取费内容	金额
1	直接费	直接费	70848
2	人工费	人工费	11865
3	材料费	材料费	57660
4	机械费	机械费	1036
5	综合费用	(1)×8.0%	5668
6	施工措施费	施工措施费	0
7	其他费用	[(1)+(5)+(6)]×0.05%+[(1)+(5)+(6)]×0.15%	115
8	税前补差	税前补差	0
9	税金	[(1)+(5)+(6)+(7)+(8)]×3.41%	2613
10	税后补差	税后补差	0
11	甲供材料	甲供材料	0
12	工程施工费	(1)+(5)+(6)+(7)+(8)+(9)+(10)-(11)	79244

园路和中心广场施工费用表　　　　例表 1-8

序号	类别	定额编号	项目名称	单位	数量	单价	合价
1	园	3-7-1	平整场地	m^2	541.65	1.68	909.97
2	园	3-7-3	原土打夯 基槽（坑）	m^2	541.65	0.41	222.92
3	园	12-1-7	碎石（碎砖）干铺	m^3	37.25	146.47	5456.19
4	园	12-1-20	混凝土（无筋）	m^3	46.06	285.94	13170.38
5	园	12-1-13	砂	m^3	9.65	156.31	1508.38
6	园	12-6-22 换	舒布洛克砖（彩色）	m^2	193	77.53	14963.91
7	园	12-3-1 换	水泥砂浆（1cm 厚）	m^2	3.39	4.16	14.11
8	园	12-5-4 换	大理石面层 水泥砂浆粘结	m^2	339	102.07	34602.30
分项小计							70848.16
总计							70848

园路和中心广场工、料、机汇总表　　　　例表 1-9

编号	名称	规格型号	单位	消耗量		单价	金额
				总数	含甲供		
1001	糙场工		工日	24.58		30.00	737.55
1007	抹灰工		工日	90.98		33.00	3002.26
1011	其他工		工日	87.728		30.00	2631.62
1016	土方工		工日	32.50		30.00	974.97
1017	瓦工		工日	83.72		35.00	2930.32
1021	混凝土工		工日	46.72		34.00	1588.40
临时材料	舒布洛克砖		m^2	194.93		50.00	9746.50
临时材料	芝麻灰花岗石	400×200×20	m^2	342.39		80.00	27391.20
2003	32.5 级水泥		t	2.82		310.00	873.52
2095	工业用水		m^3	40.9		2.70	110.54
2149	黄砂中砂		t	40.77		80.00	3261.56
2272	煤油		kg	13.56		18.00	244.08
2302	清油		kg	1.70		25.00	42.38
2304	溶剂油 200 号		kg	1.70		21.00	35.60
2366	碎石 5～25		t	61.46		52.92	3252.60
2427	硬白蜡		kg	9.15		30.00	274.59
D0002	水泥	32.5 级	kg	17847.44		0.31	5474.52
E0010	黄砂中砂		kg	51068.054		0.08	4085.44
E0138	碎石	5～20	kg	53545.214		0.05	2833.61
X0045	其他材料费		%	286.95		1.00	286.95
Z0006	水		m^3	12.39		2.70	33.46
3001	电动夯实机	20～62kg·m	台班	5.05		25.49	128.79
3002	电动卷扬机单快速桶		台班	1.05		78.07	82.26
3005	滚筒式混凝土搅拌机	电动 600L	台班	1.92		325.00	624.23
3006	灰浆搅拌机	400L	台班	3.10		65.00	201.22
							70848.16

案例二：　　　　　　　　　　　伞亭工程预算书编制

上海市浦东新区××××路×××号某伞亭工程，按照《上海市园林工程预算定额（2000)》、《上海市建设工程施工费用计算规则（2000)》及其《工程量计算规则》编制工程预算书。相关取费按以下内容确定：

（1）综合费用：按直接费的10%取定。

（2）施工措施费、税前补差、税后补差，甲供材料等，实例3中未作考虑。

（3）定额编制管理费：按0.05%计算。

（4）工程质量监督费：按0.15%计算。

（5）税金：按3.41%取定。

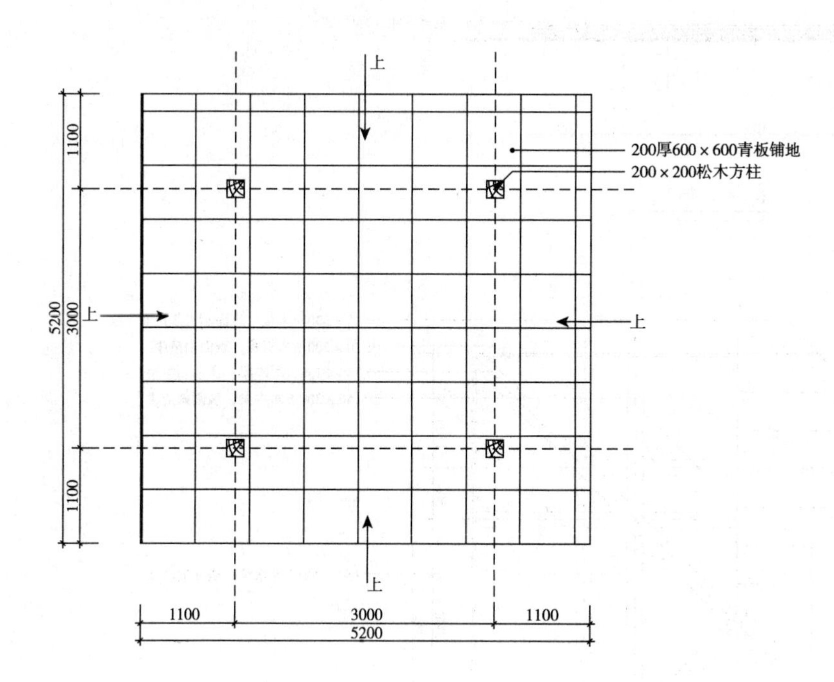

木亭柱网平面图

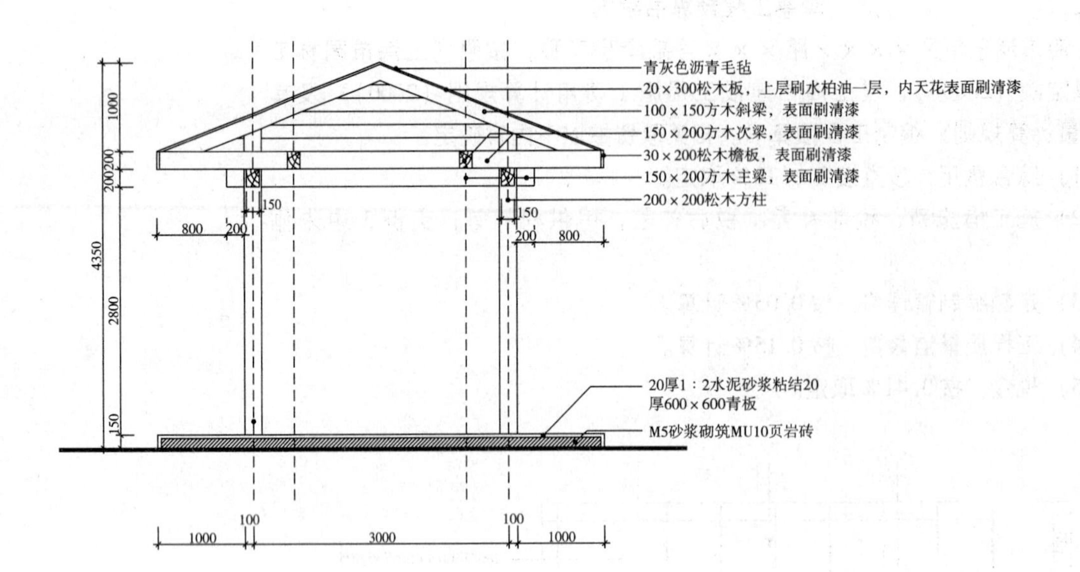

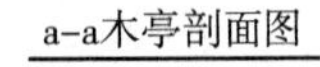
a-a木亭剖面图

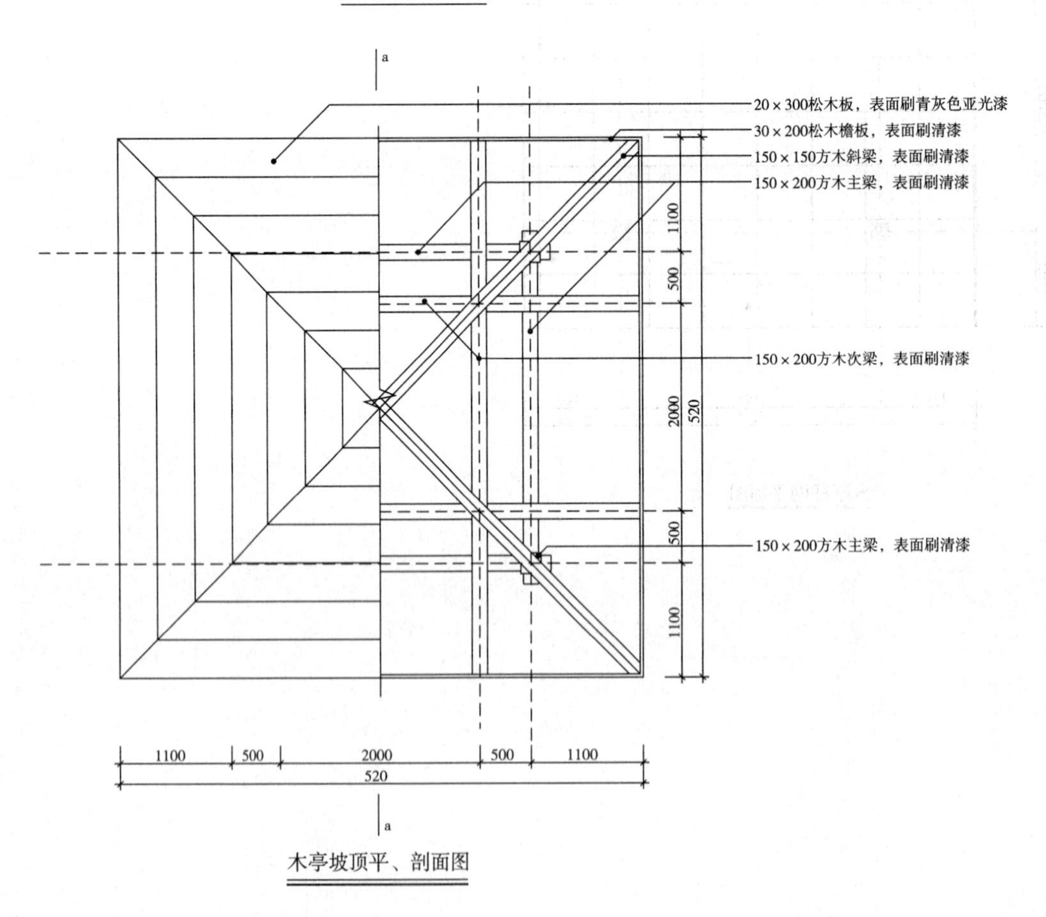

木亭坡顶平、剖面图

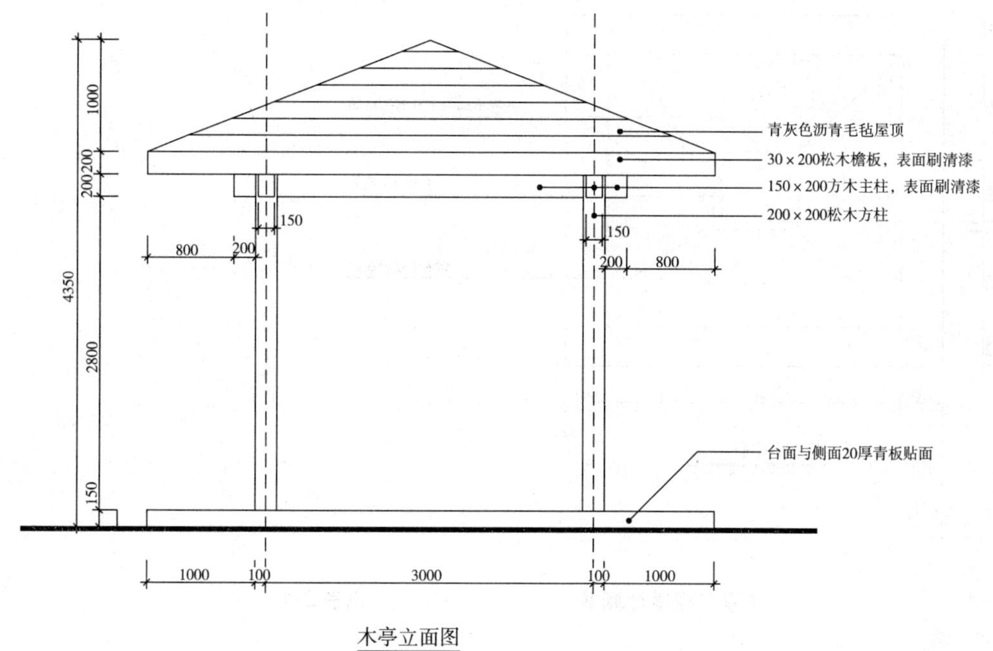

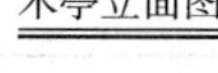
木亭立面图

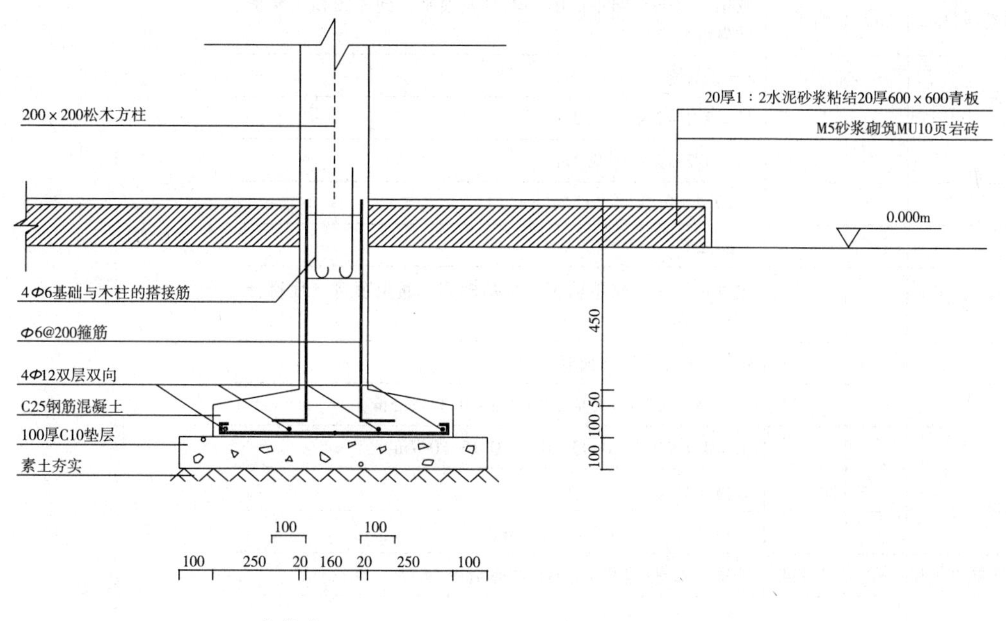

柱基础1：20

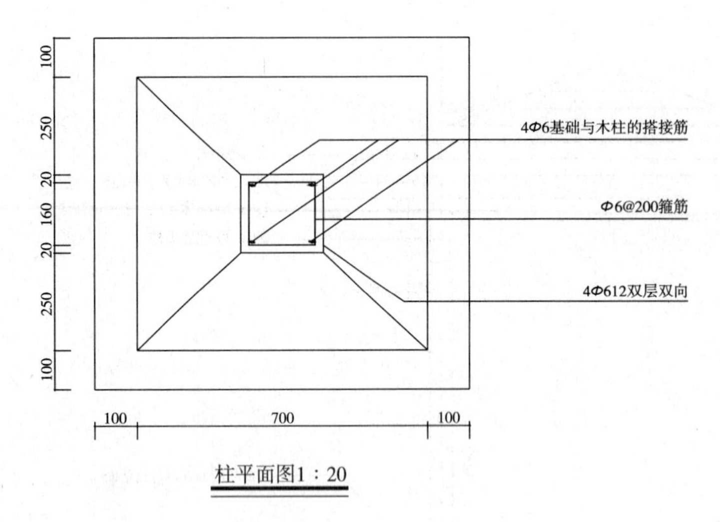

柱平面图1：20

工程量计算书

伞亭工程量计算书 **例表 2-1**

工程名称：伞亭工程

序号	项目名称	单位	工程量	计算式
1	平整场地	m^2	84.64	依据：木亭柱网平面图；木亭坡顶平、剖面图和工程量计算规格
				S=长×宽
				长=5.2+2×2=9.2m
				宽=5.2+2×2=9.2m
				S=9.2×9.2
				=84.64（m^2）
2	人工挖土	m^3	6.3	依据：木亭柱网平面图；柱基础图；通用项目工程量计算书规则
				V=长×宽×深×数量
				长=宽=0.7+0.1+0.1+0.3+0.3=1.5m
				深=0.1+0.1+0.05+0.6−0.15=0.7m
				数量=4只
				V=1.5×1.5×0.7×4=6.3m^3
3	混凝土垫层 C10	m^3	0.324	依据；木亭柱网平面图；柱基础图
				V=长×宽×厚×数量
				长=宽=0.7+0.1+0.1=0.9m
				厚=0.1m
				数量=4只
				V=0.9×0.9×0.1×4
				=0.324m^3

续表

序号	项目名称	单位	工程量	计算式
4	独立基础钢筋混凝土	m^3	0.313	依据：木亭柱网平面图；柱基础图；木亭立面图
				$V=(V_1+V_2+V_3)\times$数量
				$V_1=$长×宽×厚$=0.7\times0.7\times0.1=0.049m^3$
				$S_1=0.7\times0.7=0.49m^2$
				$S_2=0.2\times0.2=0.04m^2$
				高度0.05m
				$V_2=\frac{1}{3}\times(0.49+0.04+\sqrt{0.49\times0.04})\times0.05$
				$=0.0112m^3$
				$V_3=$长×宽×深
				长=宽=0.2
				深=0.6−0.15=0.45m
				$V_3=0.2\times0.2\times0.45$
				$=0.018m^3$
				数量=4只
				$V=(0.049+0.0112+0.018)\times4=0.3128m^3$
5	独立基础模板	m^2	0.84	依据；附录《模板、钢筋、混凝土工程量参考表》
				$S=V\times$模板系数
				$V=0.313m^3$
				模板系数=2.67
				$S=0.313\times2.67$
				=0.836
6	独立基础钢筋	t	0.013	依据；附录1《模板、钢筋、混凝土工程量参考表》
				$T=V\times$钢筋系数
				$V=0.313$
				钢筋系数=0.04
				$T=0.313\times0.04$
				=0.01252t
7	人工回填土	m^3	5.66	$V_{回填}=V_{挖土}-(V_{素混凝土垫层}+V_{钢混凝土基础})$
				$V_{挖土}=6.3m^3$
				$V_{素混凝土}=0.324m^3$
				$V_{钢筋混凝土基础}=0.313m^3$
				$V_{回填}=6.3-(0.324+0.313)$
				$=5.663m^3$
8	余土外运	m^3	0.64	$V_{余土}=V_{挖土}-V_{回填}$或者$V_{余土}=V_{素混凝土}+V_{钢筋混凝土基础}$
				$V_{余土}=6.3-5.66$

续表

序号	项目名称	单位	工程量	计算式
				$=0.64m^3$
9	余土外运（增加20m）	m^3	0.64	计算式与第8项相同
10	柱钢筋混凝土	m^3	0.024	V=长×宽×高×数量
				长×宽=0.2m
				高=0.15m　数量=4根
				$V=0.2\times0.2\times0.15\times4$
				$=0.024m^3$
11	柱钢筋混凝土模板	m^2	0.436	依据；附录《模板、钢筋、混凝土工程量参考表》
				$S=V\times$模板系数
				$V=0.024$
				模板系数=18.18
				$=0.4363m^2$
12	柱钢钢筋混凝土钢筋	t	0.003	依据；附录《模板、钢筋、混凝土工程量参考表》
				$T=V\times$钢筋系数
				$V=0.024m^3$
				钢筋系数=0.125
				$T=0.024\times0.125$
				$=0.003t$
13	木方柱	m^3	0.584	依据：木亭柱网平面图；木亭剖面图；柱基础图
				V=长×宽×高度×数量
				长=宽=0.2m
				高度=2.8+0.2+0.2+0.3+0.15=3.65m
				数量=4根
				$V=0.2\times0.2\times3.65\times4=0.584m^3$
14	木方柱刷清漆	m^2	11.68	依据：木亭柱网平面图；木亭立面图；木亭坡顶平、剖面图
				S=周长×高度×数量
				周长=（长+宽）×2
				=（0.2+0.2）×2=0.8m
				高=3.65m
				数量=4根
				$S=0.8\times3.65\times4$
				$=11.68m^2$
15	方木主梁	m^3	0.432	依据：木亭坡顶平、剖面图；木亭剖面图；木亭立面图

续表

序号	项目名称	单位	工程量	计算式
				V=宽×厚×长×数量
				宽=0.15m
				厚=0.20m　长=3.2+0.2×2=3.6m
				数量=4 根
				V=0.15×0.2×3.6×4
				=0.432m^3
16	方木主梁刷清漆	m^2	10.08	依据：木亭坡顶平、剖面图；木亭剖面图；木亭立面图
				S=周长×长度×数量
				周长=（宽+厚）×2
				宽=0.15m　厚=0.20m
				周长=（0.15+0.2）×2
				=0.7m
				长度=3.6
				数量=4 根
				S=0.7×3.6×4=10.08m^2
17	木方次梁	m^3	0.624	依据：木亭坡顶平、剖面图；木亭剖面图；木亭立面图
				V=宽×厚度×长度×数量
				宽=0.15m
				厚=0.20m
				长度=3.6+0.8×2=2.5m
				数量=4 根
				V=0.15×0.2×5.2×4
				=0.624m^3
18	木次梁刷清漆	m^2	14.56	依据：木亭坡顶平、剖面图；木亭剖面图；木亭立面图
				S=周长×长度×数量
				周长=（宽+厚）×2
				=（0.15+0.2）×2=0.7m
				长度=5.2m
				数量=4 根
				S=0.7×5.2×4
				=14.56m^2
19	木斜梁	m^3	0.24	依据：木亭坡顶平、剖面图；木亭剖面图；木亭立面图
				V=长×厚×宽×数量
				宽=0.10m　厚=0.15m　tgα=1/2.6=0.384 α=21°
				长=2.6×cos21°=3.94m

续表

序号	项目名称	单位	工程量	计算式
				$V=0.1\times0.15\times3.94\times4=0.24m^3$
20	木斜梁刷清漆	m^2	7.88	$S=$周长×长×数量
				周长=（0.1+0.15）×2=0.5m
				长=3.94m　$S=0.5\times3.94\times4=7.88m^2$
21	柱、梁表面刷清漆	m^2	44.2	$S=S_{木柱}+S_{主梁}+S_{次梁}+S_{斜梁}$
				$=11.68+10.08+14.56+7.88=44.2m^2$
22	30厚木檐板	m	20.8	依据：木亭柱网平面图；木亭坡顶平、剖面图；木亭剖面图
				$L=$长度×数量
				长=3+0.1×2+1×2
				=5.2m
				数量=4块
				$L=5.2\times4$
				=20.8m
23	封沿板刷清漆	m^2	45.76	依据：第三章工程量计算规则，折算油漆面积系数
				油漆面积系数=2.2　$S=$长×系数
				长=5.2×4=20.8
				$S=20.8\times2.2$
				$=45.76m^2$
24	松木望板	m^2	28.97	依据：木亭柱网平面图；木亭坡顶平、剖面图；木亭剖面图；木亭立面图
				$S=$长×宽÷$\cos\alpha$
				长=宽=5.2m
				$\cos\alpha=\cos21°=0.9333$
				$S=5.2\times5.2\div0.9333$
				$=28.97m^2$
25	松木望板表面刷清漆	m^2	28.97	计算式与松木望板面积一样
26	铺卷材	m^2	28.97	计算式与第24项相同
27	沥青油毛毡	m^2	28.97	计算式与第24项相同
28	素土夯实	m^2	27.04	依据：木亭柱网平面图；木亭剖面图；木亭立面图
				$S=$长×宽
				长=宽=5.2m
				$S=5.2\times5.2$
				$=27.04m^2$
29	砖砌体	m^3	2.97	依据：木亭柱网平面图；木亭剖面图；木亭立面图

续表

序号	项目名称	单位	工程量	计算式
				V＝长×宽×厚度
				长＝宽＝5.2m
				厚度＝0.15－0.04＝0.11m
				V＝5.2×5.2×0.11
				＝2.974m^3
30	铺青石板	m^2	27.04	依据：木亭柱网平面图；木亭剖面图；木亭立面图
				S＝长×宽
				长＝宽＝5.2m
				S＝5.2×5.2
				＝27.04m^2
31	青石板侧面	m	3.12	依据：木亭柱网平面图；木亭剖面图；木亭立面图
				周长＝长度×4　S＝周长×厚度
				长度＝5.2m
				周长＝5.2×4
				＝20.08m
				厚度＝0.15
				S＝20.08×0.15＝3.12m^2
32	脚手架	m^2	75.92	S＝3.65×20.80＝75.92m^2

伞亭工程量汇总清单　　　　**例表 2-2**

序号	项目名称	单位	数量
1	平整场地	m^2	84.64
2	人工挖土	m^3	6.3
3	素土垫层 C10	m^3	0.324
4	独立基础混凝土	m^3	0.313
5	独立基础模板	m^2	0.84
6	独立基础钢筋	t	0.013
7	人工回填土	m^3	5.66
8	余土外运	m^3	0.64
9	余土外运（增加20m）	m^3	0.64
10	柱钢筋混凝土	m^3	0.024
11	柱钢筋混凝土模板	m^2	0.436
12	柱钢筋混凝土钢筋	t	0.003
13	木方柱	m^3	0.584
14	方木主梁	m^3	0.432

续表

序号	项目名称	单位	数量
15	方木次梁	m^3	0.624
16	木斜梁	m^3	0.24
17	柱、梁表面刷清漆共计	m^2	44.2
18	30厚木檐板	m	20.8
19	封沿板刷清漆	m^2	45.76
20	松木望板	m^2	28.97
21	松木望板表面刷清漆	m^2	28.97
22	铺卷材	m^2	28.97
23	油毛毡	m^2	28.97
24	素土夯实	m^2	27.04
25	砖砌体	m^3	2.97
26	铺青石板	m^2	27.04
27	青石板侧面	m^2	3.12
28	脚手架	m^2	75.92

模板、钢筋、混凝土工程量参考表 **例表 2-3**

序号	子目名称	单位	混凝土工程量	模板工程量	钢筋工程量
			m^3	m^2	t
1	带形基础毛石混凝土	m^3	1.000	2.860	0.000
2	带形基础无筋混凝土	m^3	1.000	3.330	0.000
3	带形基础钢筋混凝土有梁式	m^3	1.000	2.760	0.069
4	带形基础钢筋混凝土无梁式	m^3	1.000	0.980	0.069
5	基础梁	m^3	1.000	11.670	0.118
6	独立基础毛石混凝土	m^3	1.000	3.070	0.000
7	独立基础无筋混凝土	m^3	1.000	3.850	0.000
8	独立基础钢筋混凝土	m^3	1.000	2.670	0.040
9	杯形基础	m^3	1.000	2.850	0.030
10	整板基础无梁式	m^3	1.000	0.260	0.079
11	整板基础有梁式	m^3	1.000	1.520	0.112
12	矩形柱（断面周长在70cm以内）	m^3	1.000	25.000	0.125
13	矩形柱（断面周长在100cm以内）	m^3	1.000	18.180	0.125
14	矩形柱（断面周长在150cm以内）	m^3	1.000	11.430	0.163
15	矩形柱（断面周长在150cm以上）	m^3	1.000	9.300	0.163
16	圆形柱（直径在20cm以内）	m^3	1.000	22.240	0.146
17	圆形柱（直径在30cm以内）	m^3	1.000	16.020	0.146
18	圆形柱（直径在30cm以上）	m^3	1.000	10.000	0.146

续表

序号	子目名称	单位	混凝土工程量	模板工程量	钢筋工程量
			m^3	m^2	t
19	矩形梁（梁高在20cm高以内）	m^3	1.000	19.840	0.142
20	矩形梁（梁高在30cm高以内）	m^3	1.000	14.000	0.142
21	矩形梁（梁高在30cm高以上）	m^3	1.000	9.670	0.142
22	圆形梁（直径在20cm以内）	m^3	1.000	17.790	0.154
23	圆形梁（直径在30cm以内）	m^3	1.000	12.820	0.154
24	圆形梁（直径在30cm以上）	m^3	1.000	9.000	0.154
25	圈 梁	m^3	1.000	8.330	0.056
26	过 梁	m^3	1.000	12.680	0.081
27	老嫩戗	m^3	1.000	17.790	0.154
28	矩形桁条、梓桁（断面高在20cm以内）	m^3	1.000	23.620	0.142
29	矩形桁条、梓桁（断面高在20cm以上）	m^3	1.000	14.780	0.142
30	圆形桁条、梓桁（直径在15cm以内）	m^3	1.000	22.940	0.154
31	圆形桁条、梓桁（直径在15cm以上）	m^3	1.000	16.460	0.154
32	枋 子	m^3	1.000	25.000	0.142
33	连 机	m^3	1.000	35.110	0.142
34	有梁板（板厚在10cm以内）	m^3	1.000	10.700	0.099
35	有梁板（板厚在10cm以上）	m^3	1.000	8.070	0.140
36	平板（板厚在10cm以内）	m^3	1.000	12.060	0.074
37	平板（板厚在10cm以上）	m^3	1.000	8.040	0.064
38	椽望板	m^3	1.000	28.710	0.083
39	戗翼板	m^3	1.000	30.150	0.083
40	亭屋面板（板厚在6cm以内）	m^3	1.000	22.000	0.083
41	亭屋面板（板厚在6cm以上）	m^3	1.000	14.000	0.083
42	整体楼梯	m^3	1.000	2.120	0.012
43	雨篷	m^3	1.000	1.440	0.006
44	阳台	m^3	1.000	1.530	0.014
45	压顶有筋	m^3	1.000	11.100	0.056
46	压顶无筋	m^3	1.000	11.100	0.000
47	古式栏板	m^3	1.000	2.107	0.002
48	古式栏杆	m^3	1.000	0.813	0.002
49	吴王靠简式	m	1.000	0.590	0.002
50	吴王靠繁式	m	1.000	0.590	0.002
51	斗栱	m^3	1.000	37.500	0.091
52	梁垫、蒲鞋头短机、云头等古式零件	m^3	1.000	37.720	0.091
53	其他零星构件	m^3	1.000	26.450	0.091

续表

序号	子目名称	单位	混凝土工程量	模板工程量	钢筋工程量
			m^3	m^2	t
54	矩形柱（断面周长在70cm以内）	m^3	1.000	12.500	0.156
55	矩形柱（断面周长在100cm以内）	m^3	1.000	9.090	0.156
56	矩形柱（断面周长在100cm以上）	m^3	1.000	5.710	0.156
57	圆形柱（直径在20cm以内）	m^3	1.000	17.800	0.168
58	圆形柱（直径在30cm以内）	m^3	1.000	12.810	0.168
59	圆形柱（直径在30cm以上）	m^3	1.000	9.000	0.168
60	矩形梁（梁高在20cm以内）	m^3	1.000	14.290	0.135
61	矩形梁（梁高在30cm以内）	m^3	1.000	10.000	0.135
62	矩形梁（梁高在30cm以上）	m^3	1.000	8.000	0.135
63	圆形梁（直径在20cm以内）	m^3	1.000	17.800	0.168
64	圆形梁（直径在30cm以内）	m^3	1.000	12.820	0.168
65	圆形梁（直径在30cm以上）	m^3	1.000	9.000	0.168
66	异形梁	m^3	1.000	22.060	0.168
67	基础梁	m^3	1.000	9.100	0.073
68	过 梁	m^3	1.000	8.800	0.087
69	老嫩戗	m^3	1.000	17.790	0.168
70	屋架人字	m^3	1.000	14.400	0.145
71	屋架中式	m^3	1.000	15.120	0.145
72	矩形桁条、梓条（高在20cm以内）	m^3	1.000	17.250	0.217
73	矩形桁条、梓条（高在20cm以上）	m^3	1.000	12.330	0.217
74	圆形桁条、梓条（直径在15cm以内）	m^3	1.000	22.940	0.217
75	圆形桁条、梓条（直径在15cm以上）	m^3	1.000	16.460	0.217
76	枋 子	m^3	1.000	25.000	0.217
77	连 机	m^3	1.000	30.140	0.217
78	平 板	m^3	1.000	6.100	0.055
79	空心板（板长在4m以内）	m^3	1.000	32.400	0.061
80	空心板（板长在4m以上）	m^3	1.000	33.500	0.061
81	槽形板、单肋板	m^3	1.000	7.200	0.094
82	椽望板	m^3	1.000	28.710	0.099
83	戗翼板	m^3	1.000	30.150	0.099
84	椽子（方直形、高在8cm以内）	m^3	1.000	40.000	0.217
85	椽子（方直形、高在8cm以上）	m^3	1.000	25.000	0.217
86	椽子（圆直形、直径在8cm以内）	m^3	1.000	50.000	0.217
87	椽子（圆直形、直径在8cm以上）	m^3	1.000	33.330	0.217
88	弯形板	m^3	1.000	37.980	0.217

续表

序号	子目名称	单位	混凝土工程量	模板工程量	钢筋工程量
			m^3	m^2	t
89	平 板	m^3	1.000	6.100	0.041
90	空心板（板长在4m以内）	m^3	1.000	32.400	0.049
91	空心板（板长在4m以上）	m^3	1.000	33.500	0.066
92	桁条	m^3	1.000	21.500	0.109
93	楼梯斜梁	m^3	1.000	6.900	0.101
94	楼梯踏步	m^3	1.000	13.900	0.054
95	斗 栱	m^3	1.000	37.500	0.056
96	梁垫、蒲鞋头、短机、云头等古式零件	m^3	1.000	37.720	0.056
97	挂 落	m	1.000	0.765	0.003
98	花窗复杂	m^3	1.000	2.900	0.003
99	花窗简单	m^3	1.000	1.700	0.003
100	门 框	m^3	1.000	0.950	0.002
101	窗 框	m^3	1.000	0.550	0.002
102	零星构件有筋	m^3	1.000	13.300	0.056
103	零星构件无筋	m^3	1.000	9.500	0.000
104	预制栏杆件	m^3	1.000	1.946	0.005
105	预制吴王靠件	m^3	1.000	1.681	0.005
106	预制水磨石零件（窗台板类）	m^3	1.000	13.090	0.148
107	预制水磨石零件（隔板及其他）	m^3	1.000	4.100	0.103
108	预制水磨石板（墙/地面、有筋）	m^3	1.000	1.200	0.004
109	预制水磨石板（墙/地面、无筋）	m^3	1.000	1.200	0.000
110	预制水磨石板（踢脚线、有筋）	m^3	1.000	1.008	0.005
111	预制水磨石板（踢脚线、无筋）	m^3	1.000	1.008	0.000
112	预制水磨石板（楼梯、有筋）	m^3	1.000	0.840	0.006
113	预制水磨石板（楼梯、无筋）	m^3	1.000	0.840	0.000
114	预制混凝土地面块矩形	m^3	1.000	2.400	0.000
115	预制混凝土地面块异形	m^3	1.000	3.600	0.000
116	预制混凝土地面块席纹	m^3	1.000	2.400	0.000
117	预制混凝土假方砖有筋	m^3	1.000	2.400	0.043
118	预制混凝土假方砖无筋	m^3	1.000	2.400	0.990

注：摘自（《上海市园林工程预算定额（2000）》交底培训讲义。）

伞亭工程预算书

建设单位：× ×××
工程名称：× ×伞亭工程
工程地点：上海市浦东新区××××路×××号
施工单位：× ×园林建筑工程公司
施工总面积：
工程施工费用：21121.00 元
工程施工费用（大写）：贰万壹仟壹佰贰拾壹圆整
编制人：× ××
编制日期：× ××× ××

编制说明

1. 工程概况

工程地点：上海市浦东新区××××路×××号。

工程类型：园林建筑工程。

2. 施工设计图：

由设计单位提供。

3. 工、料、机单价

单价来源："上海市建筑建材业门户网站"造价信息（2007年12月）以及市场价。

4. 定额耗用量和工程量计算

按照《上海市园林工程预算定额（2000）》及其《工程量计算规则》；《上海市园林工程预算定额（2000）》交底培训讲义。

5. 费率和工程施工费用计算

（1）综合费用：按直接费的10%取定。

（2）施工措施费、税前补差、税后补差，甲供材料等，实例3中未作考虑。

（3）定额编制管理费：按0.05%计算。

（4）工程质量监督费：按0.15%计算。

（5）税金：按3.41%取定。

（6）工程施工费用计算

按《上海市建设工程施工费用计算规则（2000）》规定计算。

施工费用表 **例表 2-4**

行号	费用名称	取费内容	金额
1	直接费	直接费	18540
2	人工费	人工费	3094
3	材料费	材料费	15285
4	机械费	机械费	110
5	综合费用	1×10.0%	1854
6	施工措施费	施工措施费	0
7	其他费用	（1+5+6）×0.05%+（1+5+6）×0.15%	31
8	税前补差	税前补差	0
9	税金	（1+5+6+7+8）×3.41%	696
10	税后补差	税后补差	0
11	甲供材料	甲供材料	0
12	工程施工费	1+5+6+7+8+9+10−11	21121

注："取费内容"栏中整数均表示行号。

工程预算书 **例表 2-5**

行号	类别	定额	名称	单位	数量	单价	合价
			土石方				
1	园	3−7−1	平整场地	m^2	84.64	1.68	142.20
2	园	3−2−1	一、二类土 干土深度（在1m以内）	m^3	6.3	9.60	60.48
3	园	3−7−7	回填土 基槽（坑）夯实	m^3	5.66	9.02	51.06
4	园	3−8−1	人工挑抬土 运距在20m以内	m^3	0.64	10.20	6.53
5	园	3−8−4	人工挑抬土 每增加20m	m^3	0.64	1.20	0.77
6	园	3−7−2	原土打夯 地面	m^2	27.04	0.32	8.75
分项小计		269.78					
			砌筑				
1	园	4−1−21	砖砌体 标准砖	m^3	2.97	1961.34	5825.18
分项小计		5825.18					
			混凝土及钢筋混凝土				
1	园	5−1−68	独立基础 钢筋 混凝土	m^3	0.313	277.86	86.97
2	园	5−1−8	独立基础 钢筋 混凝土	m^2	0.84	10.42	8.75
3	园	5−1−38	独立基础 钢筋 混凝土	t	0.013	5241.21	68.14
4	园	5−2−62	柱混凝土 断面周长100cm以内	m^3	0.024	373.45	8.96
5	园	5−2−2	柱混凝土模板 断面周长100cm以内	m^2	0.436	24.82	10.82
6	园	5−2−32	柱混凝土钢筋 断面周长100cm以内	t	0.003	5415.46	16.25
分项小计		199.89					

续表

行号	类别	定额	名称	单位	数量	单价	合价
大木作工程							
1	园	8-2-2换系	立柱 方柱14~22cm	m^3	0.584	1842.00	1075.73
2	园	8-3-3	扁作梁（厚度：24cm以内）主梁	m^3	0.432	2118.36	915.13
3	园	8-3-3	扁作梁（厚度：24cm以内）次梁	m^3	0.624	2118.36	1321.85
4	园	8-3-3	扁作梁（厚度：24cm以内）斜梁	m^3	0.24	2118.36	508.41
5	园	8-8-2换	封沿板2.5×2cm以内	m	20.8	22.86	475.46
分项小计		4296.57					
屋面工程							
1	园	9-1-3换	铺松木望板	m^2	28.97	51.46	1490.84
2	土	8-1-8换	沥青油毛毡 屋面板	m^2	28.97	51.00	1477.40
分项小计		2968.24					
楼地面工程							
1	园	12-1-20换	混凝土（无筋）	m^3	0.324	267.06	86.53
2	园	12-5-5换	青石板面层 水泥砂浆粘结	m^2	27.04	71.61	1936.40
3	园	12-5-6换	青石板踢脚线 水泥砂浆粘结	m^2	3.12	77.52	241.85
4	园	12-2-11	坡顶望板上防水层 一毡二油	m^2	28.97	64.45	1867.18
分项小计		4131.96					
油漆彩画工程							
1	园	13-1-44	柱，梁，底油，油色，清漆两遍	m^2	44.2	9.19	405.98
2	园	13-1-50	封沿板 底油，油色，清漆两遍	m^2	45.76	2.26	103.24
3	园	13-1-41	望板里面 底油，油色，清漆两遍	m^2	28.97	8.09	234.47
分项小计		743.69					
脚手架工程							
1	园	15-2-3	悬空脚手 竹制	m^2	75.92	1.37	104.32
分项小计		104.32					
总计		18540					

工料机汇总表 **例表2-6**

编号	名称	规格型号	单位	消耗量		单价	金额
				总数	含甲供		
1001	糙场工		工日	4.0689		30.00	122.07
1003	钢筋工		工日	0.1451		34.00	4.93
1006	架子工		工日	1.8221		35.00	63.77
1007	抹灰工		工日	10.1561		36.00	365.62
1008	木工		工日	26.8098		35.00	938.34
1009	木模工		工日	0.5978		35.00	20.92

续表

编号	名称	规格型号	单位	消耗量		单价	金额
				总数	含甲供		
1010	普通油漆工		工日	15.5924		30.00	467.77
1011	其他工		工日	0.2278		30.00	6.83
1011	其他工		工日	11.4533		30.00	343.60
1016	土方工		工日	7.7381		30.00	232.14
1017	瓦工		工日	6.1127		35.00	213.94
1021	混凝土工		工日	0.5657		34.00	19.23
RG014	其他工		工日	1.3239		30.00	39.72
RG038	木工		工日	7.3004		35.00	255.52
临时材料	600×600青石板		m^2	30.7632		50.00	1538.16
临时材料	松木		m^3	0.6477		1450.00	939.10
临时材料	青灰色毛毡		m^2	29.5494		35.00	1034.23
2023	草袋		m^2	0.0395		3.00	0.12
2029	成型钢筋		t	0.0162		4773.00	77.13
2050	电焊条结422		kg	0.0290		10.00	0.29
2052	调合漆		kg	0.3674		12.00	4.41
2063	镀锌钢丝22号		kg	0.0503		6.33	0.32
2080	酚醛清漆F01-1		kg	8.6836		8.00	69.47
2092	钢支撑		kg	0.5867		5.08	2.98
2094	工具式组合钢模板		kg	1.0803		5.95	6.43
2095	工业用水		m^3	1.7131		2.70	4.63
2108	含模量		m^2	-1.2760		26.00	-33.18
2184	零星卡具		kg	0.3684		6.00	2.21
2269	毛竹周长14˝		根	0.6074		15.00	9.11
2272	煤油		kg	1.2064		18.00	21.72
2279	木柴		kg	53.9132		8.00	431.31
2282	木模板成材		m^3	0.0071		1562.20	11.11
2302	清油		kg	1.0609		25.00	26.52
2304	溶剂油200号		kg	5.6314		21.00	118.26
2317	石膏粉特制		kg	1.8813		0.34	0.64
2328	石油沥青30号		kg	145.6901		4.50	655.61
2330	石油沥青油毡350号		m^2	33.7501		20.00	675.00
2332	熟桐油Y00-7		kg	1.5870		8.00	12.70
2373	铁件		kg	0.6480		5.20	3.37
2382	统一砖240×115×53		百块	15.6816		350.00	5488.56
2423	一般木成材		m^3	1.4336		1300.00	1863.70

续表

编号	名称	规格型号	单位	消耗量		单价	金额
				总数	含甲供		
2427	硬白蜡		kg	0.8143			
2440	圆钉		kg	2.4844		5.00	12.42
C0096	木板		m^3	0.8691		1400.00	1216.74
C0130	一般木成材		m^3	0.3328		1300.00	432.64
D0002	水泥	32.5 级	kg	745.4573		0.31	228.66
E0010	黄砂中砂		kg	2832.6793		0.08	226.61
E0014	碎石	5 ~40	kg	792.3217		0.05	41.93
E0058	石灰膏		kg	67.4309		0.12	8.41
E0138	碎石	5 ~20	kg	29.0822		0.05	1.54
J0098	玻璃胶（硅胶）	310ml	支	8.2188		18.00	147.94
M0043	煤焦油（水柏油）		kg	1.5941		1.39	2.21
X0045	其他材料费		%	50.7773		1.00	50.78
Z0006	水		m^3	0.6031		2.70	1.63
3001	电动夯实机 20 ~62kg · m		台班	0.3947		25.49	10.06
3002	电动卷扬机单快 1t		台班	0.4715		78.07	36.81
3004	钢筋切断机 Φ 40		台班	0.0133		75.00	1.00
3005	滚筒式混凝土搅拌机电动 600L		台班	0.0277		325.00	9.01
3006	灰浆搅拌机 400L		台班	0.4848		65.00	31.51
3008	木工平刨机 450mm		台班	0.1599		50.00	7.99
3009	木工圆锯机 Φ 500		台班	0.0886		55.00	4.87
3012	汽车式起重机 5t		台班	0.0214		400.00	8.55
合计				18539.64			

案例三：　　　　园林工程清单及计价编制

××公园北入口，如附图所示，设计总面积为 $118m^2$，原有场地简单平整一下即可，土壤类别为二类土，要求绿化地内平均回填种植土方 600mm 厚，以利于植物增长，苗木胸径 10cm 以上的采用毛竹桩三脚桩支撑，胸径 10cm 以内的采用毛竹短单桩支撑，苗木养护期为一年。该公园工程类别为园林景区三类工程，主要材料价格见例表 3-2，根据《建设工程工程量清单计价规范》GB 50500—2008 及 2003 版《浙江省园林绿化及仿古建筑工程预算定额》、2003 版《浙江省建设工程施工取费定额》，编制该入口工程量清单及招标控制价（即预算价）。

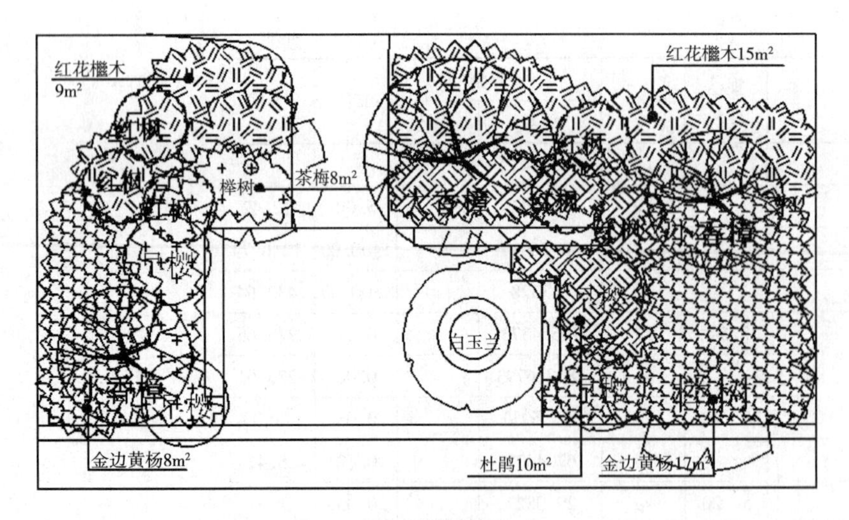

（1）总平面图

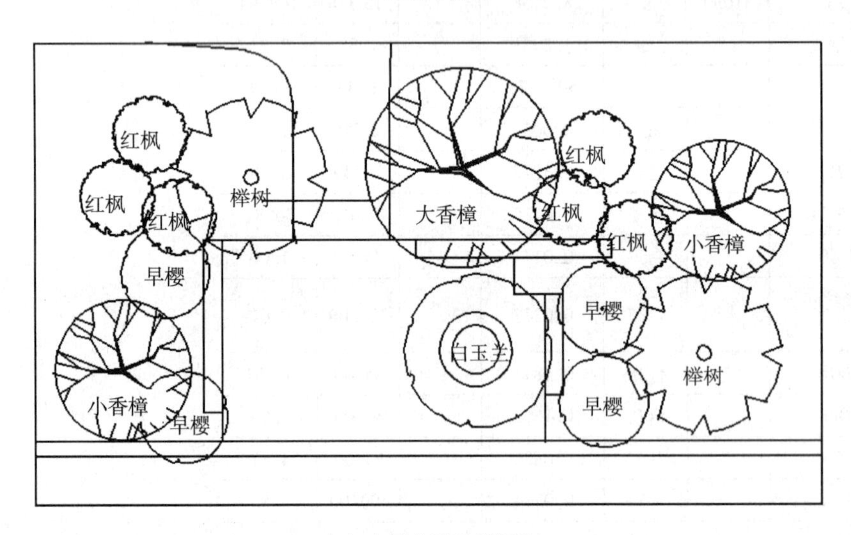

（2）上层木平面布置图

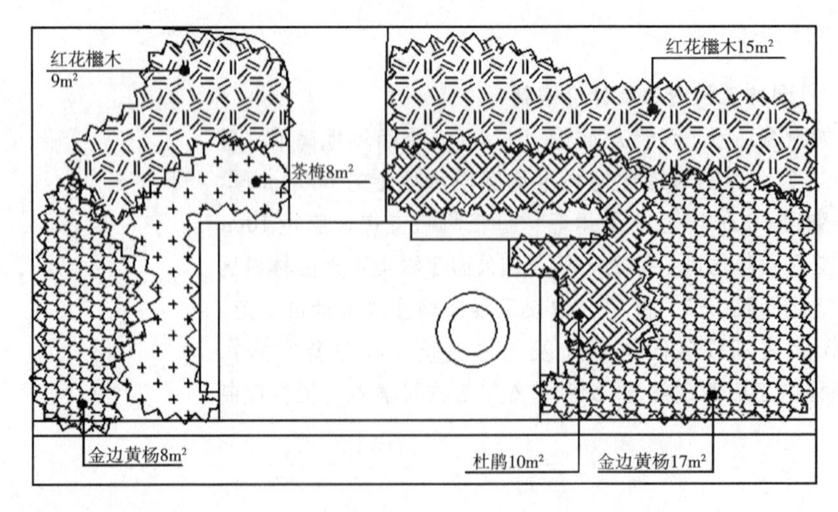

（3）下层木平面布置图

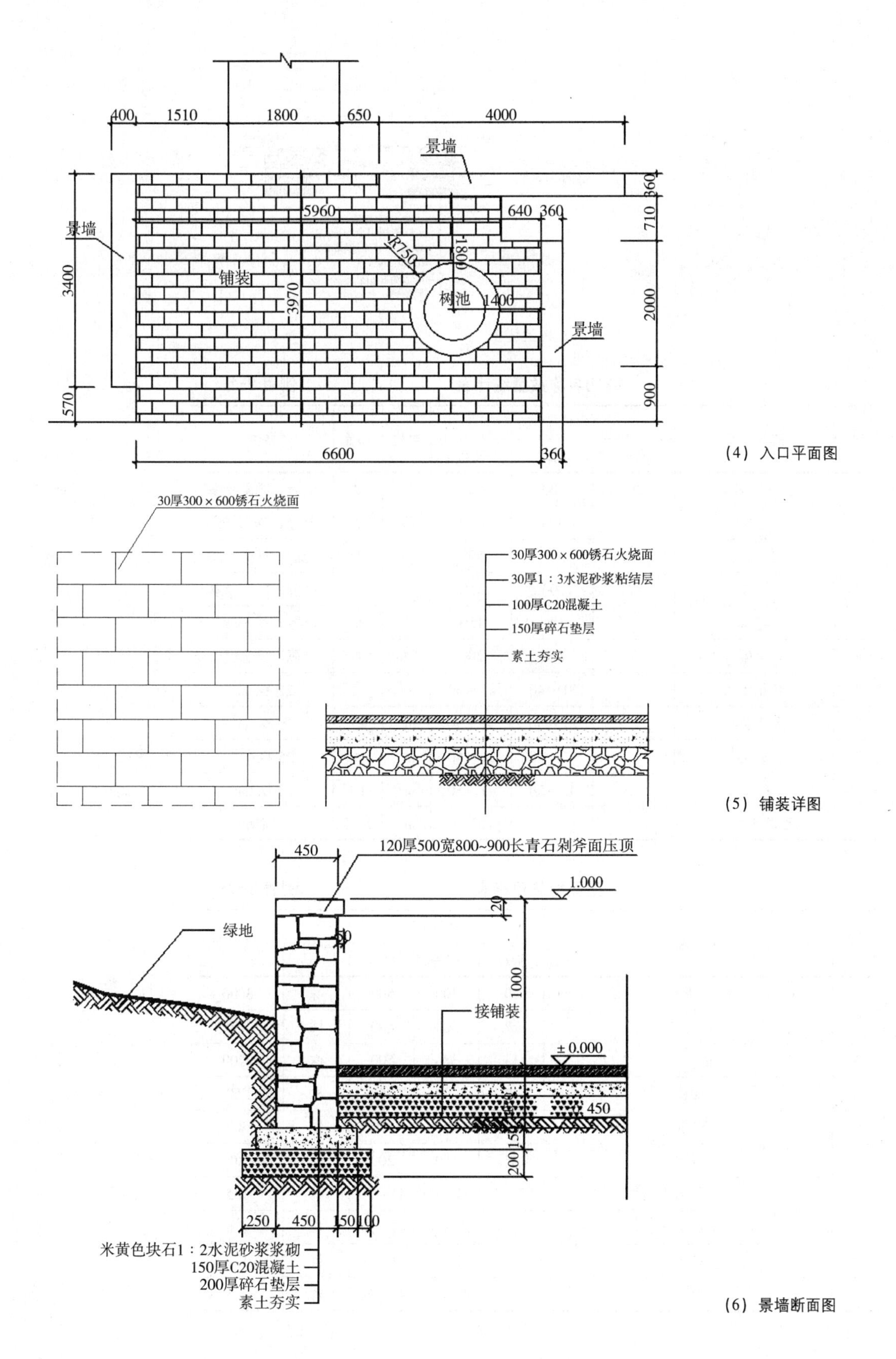

（4）入口平面图

（5）铺装详图

（6）景墙断面图

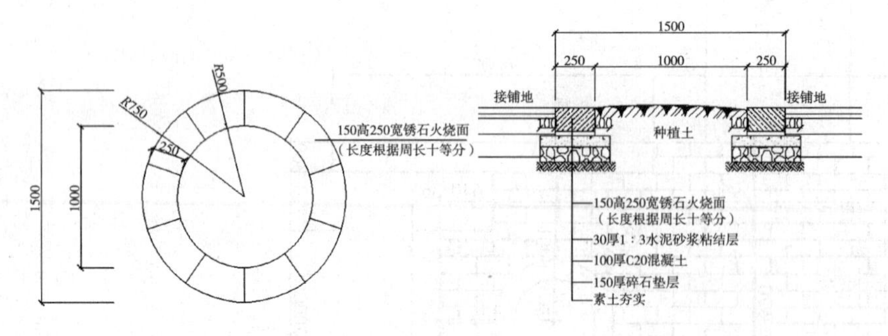

（7）树池详图

植物名称数量统计表 例表 3-1

序号	植物名称	规格（cm）			单位	数量	备注
		胸径	冠幅	高度			
1	大香樟	20	400	500	株	1	全冠，株形优美
2	小香樟	12	300	400	株	2	全冠，株形优美
3	白玉兰	18	380	500	株	1	全冠，株形优美
4	榉树	12	300	350	株	2	全冠，株形优美
5	红枫	5	100	150	株	6	全冠，株形优美
6	早樱	5	150	200	株	4	全冠，株形优美
7	红花檵木		31～40	41～50	m^2	24	25 株/m^2
8	金边黄杨		21～30	41～50	m^2	25	36 株/m^2
9	茶梅		31～40	31～40	m^2	8	25 株/m^2
10	杜鹃		41～50	41～50	m^2	10	20 株/m^2
11	百慕大草坪				m^2	23.5	满铺

主要材料价格表 例表 3-2

序号	植物名称	规格（cm）			单位	价格（元）
		胸径	冠幅	高度		
1	大香樟	20	400	500	株	3000
2	小香樟	12	300	400	株	350
3	白玉兰	18	380	500	株	2200
4	榉树	12	300	350	株	550
5	红枫	*D*5	100	150	株	500
6	早樱	*D*5	150	200	株	80
7	红花檵木		31～40	41～50	株	1.5
8	金边黄杨		21～30	41～50	株	1.6
9	茶梅		31～40	31～40	株	1.2
10	杜鹃		41～50	41～50	株	2.5

续表

序号	植物名称	规格（cm）			单位	价格（元）
		胸径	冠幅	高度		
11	百慕大草坪				m^2	3.5
12	水泥 32.5				t	320
13	黄砂				t	60
14	碎石				t	40
15	600×300×30 火烧面锈石				m^2	120
16	120 厚 500 宽 800~900 长剁斧面青石				m^3	3000
17	米黄色块石				t	50
18	150×250 火烧面锈石弧形树池围边				m	125

【解】

一、计算各分部分项工程量清单

1. 绿化工程清单计算

（1）整理绿化地：S = 总设计面积 − 硬地面积 = $118-[3.4\times0.4+6.6\times2.9+(6.6-0.64)\times0.71+3.96\times0.36+4\times0.36+2\times0.36-\pi\times0.5^2]=90.5m^2$

或把下层木累加，即：$24+25+8+10+23.5=90.5m^2$

（2）种植土回填：$V=90.5\times0.6=54.3m^3$

（3）苗木数量计算：根据苗木表内的数量即可，本题不再详列。

2. 铺装及景观小品计算

（1）入口铺装：

30 厚 300×600 锈石火烧面，30 厚 1∶3 水泥砂浆粘结层，100 厚 C20 混凝土垫层，150 厚碎石垫层，整理路床

$S=6.6\times2.9+5.96\times0.71+3.96\times0.36-\pi\times0.75^2=23.03m^2$

（2）树池围牙

$L=2\pi\times0.625=3.925m$

其中：150 高 250 宽锈石火烧面圆形树池围牙，30 厚 1∶3 水泥砂浆粘结：3.925m

100 厚 450 宽 C20 混凝土垫层：$V=0.1\times0.45\times3.925=0.18m^3$

150 厚 450 宽碎石垫层：$V=0.15\times0.45\times3.925=0.26m^3$

素土夯实：$S=0.45\times3.925=1.78m^2$

（3）景墙

$L=4+2+3.4=9.4m$

其中：120 厚 500 宽 800~900 长青石剁斧面压顶：$S=9.4\times0.5=4.7m^2$

米黄色块石，1∶2 水泥砂浆浆砌景墙：$V=0.4\times(1+0.45-0.12)\times9.4=5m^3$

150 厚 C20 混凝土垫层：$V=0.15\times0.75\times9.4=1.06\text{m}^3$

200 厚碎石垫层：$V=0.2\times0.95\times9.4=1.79\text{m}^3$

素土夯实：$S=0.95\times9.4=8.93\text{m}^2$

（4）挖土方

树池基槽开挖：$0.45\times(0.15+0.03+0.1+0.15)\times3.925=0.76\text{m}^3$

景墙基槽开挖：$0.95\times(0.45+0.15+0.2)\times9.4=7.14\text{m}^3$

二、工程量清单格式编制

根据以上计算的各子目工程量，参《建设工程工程量清单计价规范》GB 50500—2008 清单项目的设置，工程量清单编制如下。

××公园北入口工程

工程量清单

招标人：__________ （单位盖章）	工程造价咨询人：__________ （单位资质专用章）
法定代表人 或其授权人：（签字或盖章）	法定代表人 或其授权人：（签字或盖章）
编制 人：（造价人员签字盖专用章）	复核人：（造价工程师签字盖专用章）
编制时间：××××年×月×日	复核时间：××××年×月×日

总说明

工程名称：××公园北入口工程　　　　第1页共1页

1. 工程概况：本工程为某公园北入口景观工程，总面积为118m^2。计划工期为 日历天。

2. 工程内容：包括施工图内的园林绿化、铺装及小品、土方工程。

3. 工程量清单编制依据：

（1）公园北入口施工图。

（2）《建设工程工程量清单计价规范》。

4. 其他需要说明问题：

（1）种植土方暂定综合单价为30元/m^3。

（2）苗木养护期为一年，要求成活率达到100%。

分部分项工程量清单与计价表

工程名称：××公园北入口工程　　　　第1页共2页

序号	项目编码	项目名称	项目特征描述	计量单位	工程量	金额（元）		
						综合单价	合价	其中：暂估价
			E. 1绿化工程					
1	050101006001	整理绿化用地	土壤类别：二类土，无外运	m^2	90.5			
2	010103001001	土方回填	种植土	m^3	54.3			
3	050102001001	栽植乔木	大香樟，胸径20cm，冠幅400cm，高度500cm，全冠，养护期为一年	株	1			
4	050102001002	栽植乔木	小香樟，胸径12cm，冠幅300cm，高度400cm，全冠，养护期为一年	株	2			
5	050102001003	栽植乔木	白玉兰，胸径18cm，冠幅380cm，高度500cm，全冠，养护期为一年	株	1			
6	050102001004	栽植乔木	榉树，胸径12cm，冠幅300cm，高度350cm，全冠，养护期为一年	株	2			
7	050102001005	栽植乔木	红枫，地径5cm，冠幅100cm，高度150cm，全冠，养护期为一年	株	6			
8	050102001006	栽植乔木	早樱，地径5cm，冠幅150cm，高度200cm，全冠，养护期为一年	株	4			
9	050102004001	栽植灌木	红花檵木，冠幅31～40cm，高度41～50cm，养护期为一年	株	600			
10	050102004002	栽植灌木	金边黄杨，冠幅21～30cm，高度41～50cm，养护期为一年	株	900			
11	050102004003	栽植灌木	茶梅，冠幅31～40cm，高度31～40cm，养护期为一年	株	200			
12	050102004004	栽植灌木	杜鹃，冠幅41～50cm，高度41～50cm，养护期为一年	株	200			
			本页小计					
			合　计					

分部分项工程量清单与计价表

工程名称：××公园北入口工程　　　　　　　　第2页共2页

序号	项目编码	项目名称	项目特征描述	计量单位	工程量	金额（元）		
						综合单价	合价	其中：暂估价
13	050102010001	铺种草皮	百慕大草皮，满铺，养护期一年	m^2	23.5			
			分部小计					
		E.2 园林铺装、小品工程						
14	050201001001	铺装	30厚300×600锈石火烧面，30厚1∶3水泥砂浆粘结层，100厚C20混凝土垫层，150厚碎石垫层，整理路床	m^2	23.03			
15	050201003001	树池围牙	150高250宽锈石火烧面圆形树池围牙，30厚1∶3水泥砂浆粘结；100厚450宽C20混凝土垫层，150厚450宽碎石垫层，素土夯实	m	3.925			
16	EB001	景墙	120厚500宽800～900长青石剁斧面压顶，400厚H1330mm米黄色块石，1∶2水泥砂浆砌景墙，150厚750宽C20混凝土垫层，200厚950宽碎石垫层，素土夯实	m	9.4			
17	010101002001	挖土方	树池基槽开挖，二类土，深450mm	m^3	0.76			
18	010101002002	挖土方	景墙基槽开挖，二类土，深950mm	m^3	7.14			
			分部小计					
本页小计								
合　计								

措施项目清单与计价表（一）

工程名称：××公园北入口工程　　　　第1页共1页

序号	项目名称	计算基础	费率（%）	金额（元）
1	安全文明施工费			
2	夜间施工费			
3	二次搬运费			
4	冬雨期施工			
5	大型机械设备进出场及安拆费			
6	施工排水			
7	施工降水			
8	地上、地下设施、建筑物的临时保护设施			
9	已完工程及设备保护			
10	各专业工程的措施项目			
(1)	垂直运输机械			
(2)	脚手架			
合计				

注：1. 本表适用于以“项”计价的措施项目。

2. 根据前建设部、财政部发布的《建筑安装工程费用组成》（建标［2003］206号）的规定，“计算基础”可为“直接费”、“人工费”或“人工费＋机械费”。

措施项目清单与计价表（二）

工程名称：××公园北入口工程　　　　第1页共1页

序号	项目编码	项目名称	项目特征描述	计量单位	工程量	金额（元）	
						综合单价	合价
1	EB002	模板	基础垫层支模	m^2	33.49		
本页小计							
合计							

注：本表适用于以综合单价形式计价的措施项目。

其他项目清单与计价汇总表

工程名称：××公园北入口工程　　　　第1页共1页

序号	项目名称	计量单位	金额（元）	备注
1	暂列金额	项	13000	明细详表－1
2	暂估价	项		
2.1	材料暂估价	项		明细详表－2
2.2	专业工程暂估价	项		明细详表－3
3	计日工			明细详表－4
4	总承包服务费			明细详表－5
5				
合计				

注：材料暂估单价进入清单项目综合单价，此处不汇总。

暂列金额明细表

工程名称：××公园北入口工程　　　　第1页共1页

序号	项目名称	计量单位	暂定金额（元）	备注
1	工程量清单中工程量偏差和设计变更	项	5000	
2	政策性调整和材料价格风险	项	5000	
3	其他	项	3000	
4				
5				
合计			13000	

注：此表由招标人填写，如不能详列，也可只列暂定金额总额，投标人应将上述暂列金额计入投标总价中。

材料暂估单价表

工程名称：××公园北入口工程　　　　第1页共1页

序号	材料名称、规格、型号	计量单位	单位（元）	备注
1				
2				
3				
4				
5				

注：1. 此表由招标人填写，并在备注栏说明暂估价的材料拟在哪些清单项目上，投标人应将上述材料暂估单价计入工程量清单综合单价报价中。

2. 材料包括原材料、燃料、构配件以及按规定应计入建筑安装工程造价的设备。

专业工程暂估价表

工程名称：××公园北入口工程　　　　第1页共1页

序号	工程名称	工程内容	金额（元）	备注
1				
2				
3				
4				
5				
合计				

注：此表由招标人填写，投标人应将上述专业工程暂估价计入投标人投标总价中。

计日工表

工程名称：××公园北入口工程　　　　　　　　　　　　　　　　　　　第1页共1页

编号	项目名称	单位	暂定数量	综合单价	合价
一	人工				
1	普工	工日	50		
2	技工（综合）	工日	20		
3					
人工小计					
二	材料				
1	水泥42.5	t	2		
2	中砂	t	3		
3					
材料小计					
三	施工机械				
1	灰浆搅拌机（400L）	台班	2		
2					
施工机械小计					
总计					

注：此表项目名称、数量由招标人填写，编制招标控制价时，单价由招标人按有关计价规定确定；投标时，单价由投标人自主报价，计入投标总价中。

总承包服务费计价表

工程名称：××公园北入口工程　　　　　　　　　　　　　　　　　　　第1页共1页

序号	项目名称	项目价值（元）	服务内容	费率（%）	金额（元）
1					
2					
3					
合计					

规费、税金项目清单与计价表

工程名称：××公园北入口工程　　　　第1页共1页

序号	项目名称	计算基础	费率（%）	金额（元）
1	规费			
1.1	工程排污费	按工程所在地环保部门规定按实计算		
1.2	社会保障费	(1)+(2)+(3)		
(1)	养老保险费	定额人工费		
(2)	失业保险费	定额人工费		
(3)	医疗保险费	定额人工费		
1.3	住房公积金	定额人工费		
1.4	危险作业意外伤害保险	定额人工费		
1.5	工程定额测定费	税前工程造价		
2	税金	分部分项工程费+措施项目费+其他项目费+规费		
合计				

注：根据前建设部、财政部发布的《建筑安装工程费用组成》（建标［2003］206号）的规定，“计算基础”可为“直接费”、“人工费”或“人工费+机械费”。

三、招标控制价编制

× × 公园北入口工程

招标控制价

招标控制价(小写)：60017 元

(大写)：陆万零壹拾柒元

招标人：

(单位盖章)

工程造价咨询人：

(单位资质专用章)

法定代表人
或其授权人：(签字或盖章)

法定代表人
或其授权人：(签字或盖章)

编制人：(造价人员签字盖专用章)

复核人：(造价工程师签字盖专用章)

编制时间：××××年×月×日

复核时间：××××年×月×日

总说明

工程名称：××公园北入口工程　　　　　　　　　　　　　　　　　　　　　　　第1页共1页

1. 工程概况：本工程为××公园北入口景观工程，总面积为118m²。计划工期为 日历天。

2. 招标控制价包括范围：施工图内的园林绿化、铺装及小品、土方工程。

3. 招标控制价编制依据：

（1）根据提供的工程量清单及有关计价的要求。

（2）公园北入口施工图。

（3）2003版《浙江省园林绿化及仿古建筑工程预算定额》、《浙江省建设工程施工取费定额》及建设主管部门颁发的有关计价文件。

（4）费率：根据《浙江省建设工程施工取费定额》（2003版）园林景区三类工程中间值，企业管理费为19%，利润为12.5%计入造价。

（5）材料价采用工程所在地工程造价管理机构××××年×月工程造价信息发布的价格信息，对于工程造价信息没有发布价格信息的材料，其价格参照市场价。（本题参主要材料价格表）

工程项目招标控制价汇总表

工程名称：××公园北入口工程　　　　第1页共1页

序号	单项工程名称	金额（元）	其中		
			暂估价（元）	安全文明施工费（元）	规费（元）
1	公园北入口工程	60017	1629	525	3187
合计		60017	1629	525	3187

注：本表适用于工程项目招标控制价或投标报价的汇总。

单项工程招标控制价汇总表

工程名称：××公园北入口工程　　　　第1页共1页

序号	单项工程名称	金额（元）	其中		
			暂估价（元）	安全文明施工费（元）	规费（元）
1	公园北入口工程	60017	1629	525	3187
合计		60017	1629	525	3187

注：本表适用于单项工程招标控制价或投标报价的汇总。

单位工程招标控制价汇总表

工程名称：××公园北入口工程　　　　第1页共1页

序号	汇总内容	金额（元）	其中：暂估价（元）
1	分部分项工程	36203	1629
1.1	E.1绿化工程	26592	1629
1.2	E.2铺装、小品	9611	
2	措施项目	1254	
2.1	安全文明施工费	525	
3	其他项目	17336	
3.1	暂列金额	13000	
3.2	专业工程暂估价		
3.3	计日工	4336	
3.4	总承包服务费		
4	规费	3187	
5	税金	2037	
招标控制价合计=1+2+3+4+5		60017	1629

注：本表适用于单位工程招标控制价或投标报价的汇总，如无单位工程划分，单项工程也使用本表汇总。

分部分项工程量清单与计价表

工程名称：××公园北入口工程　　　　　　　　　　　　　　　　　　　　第1页共2页

序号	项目编码	项目名称	项目特征描述	计量单位	工程量	金额（元）		
						综合单价	合价	其中：暂估价
			E. 1绿化工程					
1	050101006001	整理绿化用地	土壤类别：二类土，无外运	m^2	90.5	1.54	139.37	
2	010103001001	土方回填	种植土	m^3	54.3	30	1629	1629
3	050102001001	栽植乔木	大香樟，胸径20cm，冠幅400cm，高度500cm，全冠，养护期为一年	株	1	3196.95	3196.95	
4	050102001002	栽植乔木	小香樟，胸径12cm，冠幅300cm，高度400cm，全冠，养护期为一年	株	2	465.68	931.36	
5	050102001003	栽植乔木	白玉兰，胸径18cm，冠幅380cm，高度500cm，全冠，养护期为一年	株	1	2400.28	2400.28	
6	050102001004	栽植乔木	榉树，胸径12cm，冠幅300cm，高度350cm，全冠，养护期为一年	株	2	669	1338	
7	050102001005	栽植乔木	红枫，地径5cm，冠幅100cm，高度150cm，全冠，养护期为一年	株	6	528.6	3171.6	
8	050102001006	栽植乔木	早樱，地径5cm，冠幅150cm，高度200cm，全冠，养护期为一年	株	4	108.6	434.4	
9	050102004001	栽植灌木	红花檵木，冠幅31～40cm，高度41～50cm，养护期为一年	株	600	6.76	4056	
10	050102004002	栽植灌木	金边黄杨，冠幅21～30cm，高度41～50cm，养护期为一年	株	900	6.86	6174	
11	050102004003	栽植灌木	茶梅，冠幅31～40cm，高度31～40cm，养护期为一年	株	200	6.46	1292	
12	050102004004	栽植灌木	杜鹃，冠幅41～50cm，高度41～50cm，养护期为一年	株	200	7.76	1552	
本页小计							26314.96	1629
合计							26314.96	1629

分部分项工程量清单与计价表

工程名称：××公园北入口工程　　　　　　　　　　　　　　　　　　　　第2页共2页

序号	项目编码	项目名称	项目特征描述	计量单位	工程量	金额（元）		
						综合单价	合价	其中：暂估价
13	050102010001	铺种草皮	百慕大草皮，满铺，养护期一年	m^2	23.5	11.8	277.3	
			分部小计				26592.26	
		E.2 园林铺装、小品工程						
14	050201001001	铺装	30厚300×600锈石火烧面，30厚1:3水泥砂浆粘结层，100厚C20混凝土垫层，150厚碎石垫层，整理路床	m^2	23.03	182.4	4200.67	
15	050201003001	树池围牙	150高250宽锈石火烧面圆形树池围牙，30厚1:3水泥砂浆粘结；100厚450宽C20混凝土垫层，150厚450宽碎石垫层，素土夯实	m	3.925	180.62	708.93	
16	EB001	景墙	120厚500宽800～900长青石剁斧面压顶，400厚H1330mm米黄色块石，1:2水泥砂浆砌景墙，150厚750宽C20混凝土垫层，200厚950宽碎石垫层，素土夯实	m	9.4	493.26	4636.64	
17	010101002001	挖土方	树池基槽开挖，二类土，深450mm	m^3	0.76	8.23	6.25	
18	010101002002	挖土方	景墙基槽开挖，二类土，深950mm	m^3	7.14	8.23	58.76	
			分部小计				9611.25	
本页小计							9888.55	
合计							36203.51	

措施项目清单与计价表（一）

工程名称：××公园北入口工程　　　　第1页共1页

序号	项目名称	计算基础	费率（%）	金额（元）
1	安全文明施工费	人工费+机械费	6.6	524.7
2	夜间施工费	人工费+机械费	0.05	3.975
3	二次搬运费	人工费+机械费	0.25	19.875
4	冬雨期施工			
5	大型机械设备进出场及安拆费			
6	施工排水			
7	施工降水			
8	地上、地下设施、建筑物的临时保护设施			
9	已完工程及设备保护			
10	各专业工程的措施项目			
(1)	垂直运输机械			
(2)	脚手架			
合计				548.55

注：1. 安全文明施工费根据浙江省建设工程安全防护、文明施工措施费用计价管理的通知建建发［2009］91号文件，参仿古建筑及园林工程措施费（市区一般工程）费率中间值6.6%计。

2. 夜间施工费及二次搬运费按《浙江省建设工程施工取费定额》（2003版）仿古建筑及园林工程施工取费费率中间值计取。

3. 其余措施费本题均不考虑。

措施项目清单与计价表（二）

工程名称：××公园北入口工程　　　　第1页共1页

序号	项目编码	项目名称	项目特征描述	计量单位	工程量	金额（元）	
						综合单价	合价
1	EB002	模板	基础垫层支模	m^2	33.49	21.06	705.30
本页小计							705.30
合计							705.30

注：本表适用于以综合单价形式计价的措施项目。

其他项目清单与计价汇总表

工程名称：××公园北入口工程　　　　第1页共1页

序号	项目名称	计量单位	金额（元）	备注
1	暂列金额	项	13000	明细详表-1
2	暂估价	项		
2.1	材料暂估价	项		明细详表-2
2.2	专业工程暂估价	项		明细详表-3
3	计日工		4336	明细详表-4
4	总承包服务费			明细详表-5
5				
合计			17336	

注：材料暂估单价进入清单项目综合单价，此处不汇总。

暂列金额明细表

工程名称：××公园北入口工程　　　　第1页共1页

序号	项目名称	计量单位	暂定金额（元）	备注
1	工程量清单中工程量偏差和设计变更	项	5000	
2	政策性调整和材料价格风险	项	5000	
3	其他	项	3000	
4				
5				
合计			13000	

注：此表由招标人填写，如不能详列，也可只列暂定金额总额，投标人应将上述暂列金额计入投标总价中。

材料暂估单价表

工程名称：××公园北入口工程　　　　　　　　　　　　　　　　　　　　第1页共1页

序号	材料名称、规格、型号	计量单位	单位（元）	备注
1				
2				
3				
4				
5				

注：1. 此表由招标人填写，并在备注栏说明暂估价的材料拟在哪些清单项目上，投标人应将上述材料暂估单价计入工程量清单综合单价报价中。

2. 材料包括原材料、燃料、构配件以及按规定应计入建筑安装工程造价的设备。

专业工程暂估价表

工程名称：××公园北入口工程　　　　　　　　　　　　　　　　　　　　第1页共1页

序号	工程名称	工程内容	金额（元）	备注
1				
2				
3				
4				
5				
合计				

注：此表由招标人填写，投标人应将上述专业工程暂估价计入投标人投标总价中。

计日工表

工程名称：××公园北入口工程　　　　第1页共1页

编号	项目名称	单位	暂定数量	综合单价	合价
一	人工				
1	普工	工日	50	40	2000
2	技工（综合）	工日	20	65	1300
3					
人工小计					3300
二	材料				
1	水泥42.5	t	2	350	700
2	中砂	t	3	80	240
3					
材料小计					940
三	施工机械				
1	灰浆搅拌机（400L）	台班	2	48.01	96.02
2					
施工机械小计					96.02
总计					4336.02

注：此表项目名称、数量由招标人填写，编制招标控制价时，单价由招标人按有关计价规定确定；投标时，单价由投标人自主报价，计入投标总价中。

总承包服务费计价表

工程名称：××公园北入口工程　　　　第1页共1页

序号	项目名称	项目价值（元）	服务内容	费率（%）	金额（元）
1					
2					
3					
合计					

规费、税金项目清单与计价表

工程名称：××公园北入口工程　　　　　　　　　　　　　　　　　　　　第1页共1页

序号	项目名称	计算基础	费率（%）	金额（元）
1	规费	分部分项工程费＋措施项目费＋其他项目费	5.817	3187
2	税金	分部分项工程费＋措施项目费＋其他项目费＋规费	3.513	2037
		合计		5224

注：1. 本表规费费率根据浙江省建设工程施工取费定额规费费率通知建建［2009］92号进行计取。

2. 税金根据《浙江省建设工程施工取费定额》（2003版）有关规定计取。

工程量清单综合单价分析表

工程名称：××公园北入口工程　　　　　　　　　　　　　　　　　　　　第1页共16页

项目编码	050101006001	项目名称	整理绿化用地	计量单位	m^2

清单综合单价组成明细											
定额编号	定额名称	定额单位	数量	单价				合价			
				人工费	材料费	机械费	管理费和利润	人工费	材料费	机械费	管理费和利润
1－188	绿地平整	$10m^2$	0.1	11.65			3.67	1.17			0.37
人工单价		小计						1.17			0.37
26元/工日		未计价材料费									
清单项目综合单价								1.54			

材料费明细	主要材料名称、规格、型号	单位	数量	单价（元）	合价（元）	暂估单价（元）	暂估合价（元）
	其他材料费						
	材料费小计						

工程量清单综合单价分析表

工程名称：××公园北入口工程

项目编码	050102001001			项目名称		栽植大香樟		计量单位		株	
清单综合单价组成明细											
定额编号	定额名称	定额单位	数量	单价				合价			
				人工费	材料费	机械费	管理费和利润	人工费	材料费	机械费	管理费和利润
1-59	栽植乔木（带土球）土球，直径160cm以内	10株	0.1	582.4	11.70	370.35	300.12	58.24	1.17	37.04	30.01
1-176	毛竹桩三脚桩支撑	10株	0.1	12.5	245.15		3.93	1.25	24.515	0.00	0.39
1-182	草绳绕树干，胸径20cm以内	10m	0.2	14.6	41.20		4.59	2.91	8.24	0.00	0.92
1-219	常绿乔木胸径20cm以内，养护一年	10株	0.1	196.46	28.69	27.13	70.43	19.65	2.869	2.71	7.04
人工单价		小计						82.05	36.79	39.75	38.36
26元/工日		未计价材料费							3000		
清单项目综合单价								3196.95			

材料费明细	主要材料名称、规格、型号	单位	数量	单价（元）	合价（元）	暂估单价（元）	暂估合价（元）
	大香樟φ20	株	1	3000.00	3000		
	水	m^3	0.8079	1.95	1.575		
	绑扎绳	kg	0.5	1.03	0.515		
	竹梢（长1.2m）	根	3	8.00	24		
	草绳	kg	8	1.03	8.24		
	肥料	kg	0.72	0.29	0.2088		
	药剂	kg	0.0706	30.00	2.118		
	其他材料费				0.137		
	材料费小计				3036.79		

工程量清单综合单价分析表

工程名称：××公园北入口工程

项目编码	050102001002	项目名称	栽植小香樟	计量单位	株

清单综合单价组成明细

定额编号	定额名称	定额单位	数量	单价				合价			
				人工费	材料费	机械费	管理费和利润	人工费	材料费	机械费	管理费和利润
1-56	栽植乔木（带土球），土球直径100cm以内	10株	0.1	220.5	5.85	142.62	114.38	22.05	0.585	14.26	11.44
1-176	毛竹桩三脚桩支撑	10株	0.1	12.5	245.15		3.93	1.25	24.515	0.00	0.39
1-181	草绳绕树干，胸径15cm以内	10m	0.2	10.4	30.90		3.28	2.08	6.18	0.00	0.66
1-219	常绿乔木胸径20cm以内，养护一年	10株	0.1	196.46	28.69	27.13	70.43	19.65	2.869	2.71	7.04
人工单价		小计						45.03	34.15	16.97	19.53
26元/工日		未计价材料费							350		
清单项目综合单价								465.68			

材料费明细	主要材料名称、规格、型号	单位	数量	单价（元）	合价（元）	暂估单价（元）	暂估合价（元）
	小香樟 φ 12	株	1	350.00	350		
	水	m^3	0.5079	1.95	0.990		
	绑扎绳	kg	0.5	1.03	0.515		
	竹梢（长1.2m）	根	3	8.00	24		
	草绳	kg	6	1.03	6.18		
	肥料	kg	0.72	0.29	0.2088		
	药剂	kg	0.0706	30.00	2.118		
	其他材料费				0.137		
	材料费小计				384.15		

工程量清单综合单价分析表

工程名称：××公园北入口工程 第4页共16页

<table>
<tr><td colspan="2">项目编码</td><td colspan="2">050102001003</td><td colspan="2">项目名称</td><td colspan="2">栽植白玉兰</td><td colspan="2">计量单位</td><td colspan="2">株</td></tr>
<tr><td colspan="12">清单综合单价组成明细</td></tr>
<tr><td rowspan="2">定额编号</td><td rowspan="2">定额名称</td><td rowspan="2">定额单位</td><td rowspan="2">数量</td><td colspan="4">单价</td><td colspan="4">合价</td></tr>
<tr><td>人工费</td><td>材料费</td><td>机械费</td><td>管理费和利润</td><td>人工费</td><td>材料费</td><td>机械费</td><td>管理费和利润</td></tr>
<tr><td>1-59</td><td>栽植乔木（带土球），土球直径160cm以内</td><td>10株</td><td>0.1</td><td>582.4</td><td>11.70</td><td>370.35</td><td>300.12</td><td>58.24</td><td>1.17</td><td>37.04</td><td>30.01</td></tr>
<tr><td>1-176</td><td>毛竹桩三脚桩支撑</td><td>10株</td><td>0.1</td><td>12.5</td><td>245.15</td><td></td><td>3.93</td><td>1.25</td><td>24.52</td><td></td><td>0.39</td></tr>
<tr><td>1-182</td><td>草绳绕树干，胸径20cm以内</td><td>10m</td><td>0.2</td><td>14.6</td><td>41.20</td><td></td><td>4.59</td><td>2.91</td><td>8.24</td><td></td><td>0.92</td></tr>
<tr><td>1-225</td><td>落叶乔木胸径20cm以内，养护一年</td><td>10株</td><td>0.1</td><td>216.11</td><td>30.12</td><td>31.65</td><td>78.04</td><td>21.61</td><td>3.01</td><td>3.17</td><td>7.80</td></tr>
<tr><td></td><td></td><td></td><td></td><td></td><td></td><td></td><td></td><td></td><td></td><td></td><td></td></tr>
<tr><td colspan="2">人工单价</td><td colspan="6">小计</td><td>84.01</td><td>36.94</td><td>40.21</td><td>39.12</td></tr>
<tr><td colspan="2">26元/工日</td><td colspan="6">未计价材料费</td><td></td><td>2200</td><td></td><td></td></tr>
<tr><td colspan="8">清单项目综合单价</td><td colspan="4">2400.28</td></tr>
<tr><td rowspan="12">材料费明细</td><td colspan="4">主要材料名称、规格、型号</td><td>单位</td><td colspan="2">数量</td><td>单价（元）</td><td>合价（元）</td><td>暂估单价（元）</td><td>暂估合价（元）</td></tr>
<tr><td colspan="4">白玉兰φ18</td><td>株</td><td colspan="2">1</td><td>2200.00</td><td>2200</td><td></td><td></td></tr>
<tr><td colspan="4">水</td><td>m^3</td><td colspan="2">0.7584</td><td>1.95</td><td>1.479</td><td></td><td></td></tr>
<tr><td colspan="4">绑扎绳</td><td>kg</td><td colspan="2">0.5</td><td>1.03</td><td>0.515</td><td></td><td></td></tr>
<tr><td colspan="4">竹梢（长1.2m）</td><td>根</td><td colspan="2">3</td><td>8.00</td><td>24</td><td></td><td></td></tr>
<tr><td colspan="4">草绳</td><td>kg</td><td colspan="2">8</td><td>1.03</td><td>8.24</td><td></td><td></td></tr>
<tr><td colspan="4">肥料</td><td>kg</td><td colspan="2">0.864</td><td>0.29</td><td>0.25056</td><td></td><td></td></tr>
<tr><td colspan="4">药剂</td><td>kg</td><td colspan="2">0.077</td><td>30.00</td><td>2.31</td><td></td><td></td></tr>
<tr><td colspan="4"></td><td></td><td colspan="2"></td><td></td><td></td><td></td><td></td></tr>
<tr><td colspan="7">其他材料费</td><td></td><td>0.143</td><td></td><td></td></tr>
<tr><td colspan="7">材料费小计</td><td></td><td>2236.94</td><td></td><td></td></tr>
</table>

工程量清单综合单价分析表

工程名称：××公园北入口工程

项目编码	050102001004	项目名称	栽植榉树	计量单位	株

清单综合单价组成明细											
定额编号	定额名称	定额单位	数量	单价				合价			
				人工费	材料费	机械费	管理费和利润	人工费	材料费	机械费	管理费和利润
1-56	栽植乔木（带土球），土球直径100cm以内	10株	0.1	220.5	5.85	142.62	114.38	22.05	0.585	14.26	11.44
1-176	毛竹桩三脚桩支撑	10株	0.1	12.5	245.15		3.93	1.25	24.515	0.00	0.39
1-181	草绳绕树干，胸径15cm以内	10m	0.2	10.4	30.90		3.28	2.08	6.18	0.00	0.66
1-225	落叶乔木胸径20cm以内，养护一年	10株	0.1	216.11	30.12	31.65	78.04	21.61	3.01	3.17	7.80
人工单价		小计						46.99	34.29	17.43	20.29
26元/工日		未计价材料费							550		
清单项目综合单价								669.00			

材料费明细	主要材料名称、规格、型号	单位	数量	单价（元）	合价（元）	暂估单价（元）	暂估合价（元）
	榉树φ12	株	1	550.00	550		
	水	m^3	0.4584	1.95	0.894		
	绑扎绳	kg	0.5	1.03	0.515		
	竹梢（长1.2m）	根	3	8.00	24		
	草绳	kg	6	1.03	6.18		
	肥料	kg	0.864	0.29	0.25056		
	药剂	kg	0.077	30.00	2.31		
	其他材料费				0.143		
	材料费小计				584.29		

工程量清单综合单价分析表

工程名称：××公园北入口工程 第6页共16页

项目编码	050102001005	项目名称		栽植红枫			计量单位		株		
清单综合单价组成明细											
定额编号	定额名称	定额单位	数量	单价				合价			
				人工费	材料费	机械费	管理费和利润	人工费	材料费	机械费	管理费和利润
1-53	栽植乔木（带土球），土球直径40cm以内	10株	0.1	31.20	0.98		9.83	3.12	0.098		0.98
1-173	毛竹桩短单桩支撑	10株	0.1	4.16	85.15		1.31	0.42	8.515		0.13
1-179	草绳绕树干，胸径5cm以内	10m	0.1	6.24	10.30		1.97	0.62	1.03		0.20
1-223	落叶乔木胸径5cm以内，养护一年	10株	0.1	60.11	22.49	25.37	26.93	6.01	2.249	2.54	2.69
人工单价		小计						10.17	11.89	2.54	4.00
26元/工日		未计价材料费							500		
清单项目综合单价								528.60			

材料费明细	主要材料名称、规格、型号	单位	数量	单价（元）	合价（元）	暂估单价（元）	暂估合价（元）
	红枫	株	1	500.00	500		
	水	m^3	0.0876	1.95	0.171		
	绑扎绳	kg	0.5	1.03	0.515		
	竹梢（长1.2m）	根	1	8.00	8		
	草绳	kg	1	1.03	1.03		
	肥料	kg	0.7	0.29	0.203		
	药剂	kg	0.0622	30.00	1.866		
	其他材料费				0.107		
	材料费小计				511.89		

工程量清单综合单价分析表

工程名称：××公园北入口工程 　　　　　　　　　　第7页共16页

项目编码		050102001006		项目名称		栽植早樱		计量单位		株	
清单综合单价组成明细											
定额编号	定额名称	定额单位	数量	单价				合价			
				人工费	材料费	机械费	管理费和利润	人工费	材料费	机械费	管理费和利润
1-53	栽植乔木（带土球），土球直径40cm以内	10株	0.1	31.20	0.98		9.83	3.12	0.098		0.98
1-173	毛竹桩短单桩支撑	10株	0.1	4.16	85.15		1.31	0.42	8.515		0.13
1-179	草绳绕树干，胸径5cm以内	10m	0.1	6.24	10.30		1.97	0.62	1.03		0.20
1-223	落叶乔木胸径5cm以内，养护一年	10株	0.1	60.11	22.49	25.37	26.93	6.01	2.249	2.54	2.69
人工单价		小计						10.17	11.89	2.54	4.00
26元/工日		未计价材料费							80		
清单项目综合单价								108.60			
材料费明细	主要材料名称、规格、型号				单位		数量	单价（元）	合价（元）	暂估单价（元）	暂估合价（元）
	早樱				株		1	80.00	80		
	水				m^3		0.0876	1.95	0.171		
	绑扎绳				kg		0.5	1.03	0.515		
	竹梢（长1.2m）				根		1	8.00	8		
	草绳				kg		1	1.03	1.03		
	肥料				kg		0.7	0.29	0.203		
	药剂				kg		0.0622	30.00	1.866		
	其他材料费								0.107		
	材料费小计								91.89		

工程量清单综合单价分析表

工程名称：××公园北入口工程　　　　第8页共16页

<table>
<tr><td>项目编码</td><td>050102004001</td><td>项目名称</td><td colspan="4">栽植红花檵木</td><td colspan="2">计量单位</td><td colspan="3">株</td></tr>
<tr><td colspan="12">清单综合单价组成明细</td></tr>
<tr><td rowspan="2">定额编号</td><td rowspan="2">定额名称</td><td rowspan="2">定额单位</td><td rowspan="2">数量</td><td colspan="4">单价</td><td colspan="4">合价</td></tr>
<tr><td>人工费</td><td>材料费</td><td>机械费</td><td>管理费和利润</td><td>人工费</td><td>材料费</td><td>机械费</td><td>管理费和利润</td></tr>
<tr><td>1-72</td><td>栽植灌木、藤本（带土球），土球直径20cm以内</td><td>10株</td><td>0.1</td><td>10.40</td><td>0.49</td><td></td><td>3.28</td><td>1.04</td><td>0.049</td><td></td><td>0.33</td></tr>
<tr><td>1-249</td><td>常绿灌木高度50cm以内，养护一年</td><td>10株</td><td>0.1</td><td>2.6</td><td>16.23</td><td>14.32</td><td>5.33</td><td>0.26</td><td>1.623</td><td>1.43</td><td>0.53</td></tr>
<tr><td></td><td></td><td></td><td></td><td></td><td></td><td></td><td></td><td></td><td></td><td></td><td></td></tr>
<tr><td colspan="2">人工单价</td><td colspan="6">小计</td><td>1.30</td><td>1.67</td><td>1.43</td><td>0.86</td></tr>
<tr><td colspan="2">26元/工日</td><td colspan="6">未计价材料费</td><td></td><td>1.5</td><td></td><td></td></tr>
<tr><td colspan="8">清单项目综合单价</td><td colspan="4">6.76</td></tr>
<tr><td rowspan="11">材料费明细</td><td colspan="3">主要材料名称、规格、型号</td><td>单位</td><td colspan="3">数量</td><td>单价（元）</td><td>合价（元）</td><td>暂估单价（元）</td><td>暂估合价（元）</td></tr>
<tr><td colspan="3">红花檵木</td><td>株</td><td colspan="3">1</td><td>1.50</td><td>1.5</td><td></td><td></td></tr>
<tr><td colspan="3">水</td><td>m^3</td><td colspan="3">0.0588</td><td>1.95</td><td>0.115</td><td></td><td></td></tr>
<tr><td colspan="3">肥料</td><td>kg</td><td colspan="3">0.324</td><td>0.29</td><td>0.09396</td><td></td><td></td></tr>
<tr><td colspan="3">药剂</td><td>kg</td><td colspan="3">0.0462</td><td>30.00</td><td>1.386</td><td></td><td></td></tr>
<tr><td colspan="3"></td><td></td><td colspan="3"></td><td></td><td></td><td></td><td></td></tr>
<tr><td colspan="3"></td><td></td><td colspan="3"></td><td></td><td></td><td></td><td></td></tr>
<tr><td colspan="3"></td><td></td><td colspan="3"></td><td></td><td></td><td></td><td></td></tr>
<tr><td colspan="3"></td><td></td><td colspan="3"></td><td></td><td></td><td></td><td></td></tr>
<tr><td colspan="7">其他材料费</td><td></td><td>0.077</td><td></td><td></td></tr>
<tr><td colspan="7">材料费小计</td><td></td><td>3.17</td><td></td><td></td></tr>
</table>

工程量清单综合单价分析表

工程名称：××公园北入口工程

<table>
<tr><td>项目编码</td><td colspan="2">050102004002</td><td colspan="2">项目名称</td><td colspan="3">栽植金边黄杨</td><td colspan="2">计量单位</td><td colspan="2">株</td></tr>
<tr><td colspan="12">清单综合单价组成明细</td></tr>
<tr><td rowspan="2">定额编号</td><td rowspan="2">定额名称</td><td rowspan="2">定额单位</td><td rowspan="2">数量</td><td colspan="4">单价</td><td colspan="4">合价</td></tr>
<tr><td>人工费</td><td>材料费</td><td>机械费</td><td>管理费和利润</td><td>人工费</td><td>材料费</td><td>机械费</td><td>管理费和利润</td></tr>
<tr><td>1-72</td><td>栽植灌木、藤本（带土球），土球直径20cm以内</td><td>10株</td><td>0.1</td><td>10.40</td><td>0.49</td><td></td><td>3.28</td><td>1.04</td><td>0.049</td><td></td><td>0.33</td></tr>
<tr><td>1-249</td><td>常绿灌木高度50cm以内，养护一年</td><td>10株</td><td>0.1</td><td>2.6</td><td>16.23</td><td>14.32</td><td>5.33</td><td>0.26</td><td>1.623</td><td>1.43</td><td>0.53</td></tr>
<tr><td></td><td></td><td></td><td></td><td></td><td></td><td></td><td></td><td></td><td></td><td></td><td></td></tr>
<tr><td colspan="2">人工单价</td><td colspan="6">小计</td><td>1.30</td><td>1.67</td><td>1.43</td><td>0.86</td></tr>
<tr><td colspan="2">26元/工日</td><td colspan="6">未计价材料费</td><td></td><td>1.6</td><td></td><td></td></tr>
<tr><td colspan="8">清单项目综合单价</td><td colspan="4">6.86</td></tr>
<tr><td rowspan="11">材料费明细</td><td colspan="4">主要材料名称、规格、型号</td><td>单位</td><td colspan="2">数量</td><td>单价（元）</td><td>合价（元）</td><td>暂估单价（元）</td><td>暂估合价（元）</td></tr>
<tr><td colspan="4">金边黄杨</td><td>株</td><td colspan="2">1</td><td>1.60</td><td>1.6</td><td></td><td></td></tr>
<tr><td colspan="4">水</td><td>m³</td><td colspan="2">0.0588</td><td>1.95</td><td>0.115</td><td></td><td></td></tr>
<tr><td colspan="4">肥料</td><td>kg</td><td colspan="2">0.324</td><td>0.29</td><td>0.09396</td><td></td><td></td></tr>
<tr><td colspan="4">药剂</td><td>kg</td><td colspan="2">0.0462</td><td>30.00</td><td>1.386</td><td></td><td></td></tr>
<tr><td colspan="4"></td><td></td><td colspan="2"></td><td></td><td></td><td></td><td></td></tr>
<tr><td colspan="4"></td><td></td><td colspan="2"></td><td></td><td></td><td></td><td></td></tr>
<tr><td colspan="4"></td><td></td><td colspan="2"></td><td></td><td></td><td></td><td></td></tr>
<tr><td colspan="4"></td><td></td><td colspan="2"></td><td></td><td></td><td></td><td></td></tr>
<tr><td colspan="7">其他材料费</td><td></td><td>0.077</td><td></td><td></td></tr>
<tr><td colspan="7">材料费小计</td><td></td><td>3.27</td><td></td><td></td></tr>
</table>

工程量清单综合单价分析表

工程名称：××公园北入口工程　　　　　　　　　　　　　　　　　　　第10页共16页

<table>
<tr><td colspan="2">项目编码</td><td colspan="2">050102004003</td><td colspan="2">项目名称</td><td colspan="2">栽植茶梅</td><td colspan="2">计量单位</td><td colspan="2">株</td></tr>
<tr><td colspan="12">清单综合单价组成明细</td></tr>
<tr><td rowspan="2">定额编号</td><td rowspan="2">定额名称</td><td rowspan="2">定额单位</td><td rowspan="2">数量</td><td colspan="4">单价</td><td colspan="4">合价</td></tr>
<tr><td>人工费</td><td>材料费</td><td>机械费</td><td>管理费和利润</td><td>人工费</td><td>材料费</td><td>机械费</td><td>管理费和利润</td></tr>
<tr><td>1－72</td><td>栽植灌木、藤本(带土球)，土球直径20cm以内</td><td>10株</td><td>0.1</td><td>10.40</td><td>0.49</td><td></td><td>3.28</td><td>1.04</td><td>0.049</td><td></td><td>0.33</td></tr>
<tr><td>1－249</td><td>常绿灌木高度50cm以内，养护一年</td><td>10株</td><td>0.1</td><td>2.6</td><td>16.23</td><td>14.32</td><td>5.33</td><td>0.26</td><td>1.623</td><td>1.43</td><td>0.53</td></tr>
<tr><td></td><td></td><td></td><td></td><td></td><td></td><td></td><td></td><td></td><td></td><td></td><td></td></tr>
<tr><td colspan="2">人工单价</td><td colspan="6">小计</td><td>1.30</td><td>1.67</td><td>1.43</td><td>0.86</td></tr>
<tr><td colspan="2">26元/工日</td><td colspan="6">未计价材料费</td><td></td><td>1.2</td><td></td><td></td></tr>
<tr><td colspan="8">清单项目综合单价</td><td colspan="4">6.46</td></tr>
<tr><td rowspan="11">材料费明细</td><td colspan="4">主要材料名称、规格、型号</td><td>单位</td><td colspan="2">数量</td><td>单价（元）</td><td>合价（元）</td><td>暂估单价（元）</td><td>暂估合价（元）</td></tr>
<tr><td colspan="4">茶梅</td><td>株</td><td colspan="2">1</td><td>1.20</td><td>1.2</td><td></td><td></td></tr>
<tr><td colspan="4">水</td><td>m^3</td><td colspan="2">0.0588</td><td>1.95</td><td>0.115</td><td></td><td></td></tr>
<tr><td colspan="4">肥料</td><td>kg</td><td colspan="2">0.324</td><td>0.29</td><td>0.09396</td><td></td><td></td></tr>
<tr><td colspan="4">药剂</td><td>kg</td><td colspan="2">0.0462</td><td>30.00</td><td>1.386</td><td></td><td></td></tr>
<tr><td colspan="4"></td><td></td><td colspan="2"></td><td></td><td></td><td></td><td></td></tr>
<tr><td colspan="4"></td><td></td><td colspan="2"></td><td></td><td></td><td></td><td></td></tr>
<tr><td colspan="4"></td><td></td><td colspan="2"></td><td></td><td></td><td></td><td></td></tr>
<tr><td colspan="4"></td><td></td><td colspan="2"></td><td></td><td></td><td></td><td></td></tr>
<tr><td colspan="7">其他材料费</td><td></td><td>0.077</td><td></td><td></td></tr>
<tr><td colspan="7">材料费小计</td><td></td><td>2.87</td><td></td><td></td></tr>
</table>

工程量清单综合单价分析表

工程名称：××公园北入口工程 第 11 页共 16 页

<table>
<tr><td colspan="2">项目编码</td><td colspan="2">050102004004</td><td colspan="2">项目名称</td><td colspan="2">栽植杜鹃</td><td colspan="2">计量单位</td><td colspan="2">株</td></tr>
<tr><td colspan="12">清单综合单价组成明细</td></tr>
<tr><td rowspan="2">定额编号</td><td rowspan="2">定额名称</td><td rowspan="2">定额单位</td><td rowspan="2">数量</td><td colspan="4">单价</td><td colspan="4">合价</td></tr>
<tr><td>人工费</td><td>材料费</td><td>机械费</td><td>管理费和利润</td><td>人工费</td><td>材料费</td><td>机械费</td><td>管理费和利润</td></tr>
<tr><td>1-72</td><td>栽植灌木、藤本(带土球)，土球直径20cm以内</td><td>10株</td><td>0.1</td><td>10.40</td><td>0.49</td><td></td><td>3.28</td><td>1.04</td><td>0.049</td><td></td><td>0.33</td></tr>
<tr><td>1-249</td><td>常绿灌木高度50cm以内，养护一年</td><td>10株</td><td>0.1</td><td>2.6</td><td>16.23</td><td>14.32</td><td>5.33</td><td>0.26</td><td>1.623</td><td>1.43</td><td>0.53</td></tr>
<tr><td></td><td></td><td></td><td></td><td></td><td></td><td></td><td></td><td></td><td></td><td></td><td></td></tr>
<tr><td colspan="3">人工单价</td><td colspan="5">小计</td><td>1.30</td><td>1.67</td><td>1.43</td><td>0.86</td></tr>
<tr><td colspan="3">26元/工日</td><td colspan="5">未计价材料费</td><td></td><td>2.5</td><td></td><td></td></tr>
<tr><td colspan="8">清单项目综合单价</td><td colspan="4">7.76</td></tr>
<tr><td rowspan="11">材料费明细</td><td colspan="4">主要材料名称、规格、型号</td><td>单位</td><td colspan="2">数量</td><td>单价（元）</td><td>合价（元）</td><td>暂估单价（元）</td><td>暂估合价（元）</td></tr>
<tr><td colspan="4">杜鹃</td><td>株</td><td colspan="2">1</td><td>2.50</td><td>2.5</td><td></td><td></td></tr>
<tr><td colspan="4">水</td><td>m^3</td><td colspan="2">0.0588</td><td>1.95</td><td>0.115</td><td></td><td></td></tr>
<tr><td colspan="4">肥料</td><td>kg</td><td colspan="2">0.324</td><td>0.29</td><td>0.09396</td><td></td><td></td></tr>
<tr><td colspan="4">药剂</td><td>kg</td><td colspan="2">0.0462</td><td>30.00</td><td>1.386</td><td></td><td></td></tr>
<tr><td colspan="4"></td><td></td><td colspan="2"></td><td></td><td></td><td></td><td></td></tr>
<tr><td colspan="4"></td><td></td><td colspan="2"></td><td></td><td></td><td></td><td></td></tr>
<tr><td colspan="4"></td><td></td><td colspan="2"></td><td></td><td></td><td></td><td></td></tr>
<tr><td colspan="4"></td><td></td><td colspan="2"></td><td></td><td></td><td></td><td></td></tr>
<tr><td colspan="7">其他材料费</td><td></td><td>0.077</td><td></td><td></td></tr>
<tr><td colspan="7">材料费小计</td><td></td><td>4.17</td><td></td><td></td></tr>
</table>

工程量清单综合单价分析表

工程名称：××公园北入口工程

项目编码	050102010001	项目名称	铺种百慕大草皮	计量单位	m^2

清单综合单价组成明细											
定额编号	定额名称	定额单位	数量	单价				合价			
				人工费	材料费	机械费	管理费和利润	人工费	材料费	机械费	管理费和利润
1-105	草皮满铺	$100m^2$	0.01	384.80	9.75		121.21	3.85	0.098		1.21
1-294	暖地型草坪，养护一年	$10m^2$	0.1	13.23	4.21	7.54	6.54	1.32	0.421	0.75	0.65
人工单价		小计						5.17	0.52	0.75	1.86
26元/工日		未计价材料费							3.5		
清单项目综合单价								11.80			

材料费明细	主要材料名称、规格、型号	单位	数量	单价（元）	合价（元）	暂估单价（元）	暂估合价（元）
	百慕大草皮	m^2	1	3.50	3.5		
	水	m^3	0.1556	1.95	0.303		
	肥料	kg	0.2482	0.29	0.071978		
	药剂	kg	0.0041	30.00	0.123		
	其他材料费				0.02		
	材料费小计				4.02		

工程量清单综合单价分析表

工程名称：××公园北入口工程 　　　　　　　　　　　　　　　　　第13页共16页

项目编码	050201001001	项目名称	铺装	计量单位	m^2

清单综合单价组成明细											
定额编号	定额名称	定额单位	数量	单价				合价			
				人工费	材料费	机械费	管理费和利润	人工费	材料费	机械费	管理费和利润
7-20换	30厚300×600锈石火烧面铺装，30厚1:3水泥砂浆粘结层	100m^2	0.01	652.5	12992	16.54	210.75	6.525	129.92	0.17	2.11
2-43换	100厚C20混凝土垫层	10m^3	0.01	546.0	2022	36.06	183.35	5.46	20.22	0.36	1.83
2-42	150厚碎石垫层	10m^3	0.015	219.0	647.3	0	68.99	3.285	9.71	0.00	1.03
2-39	路床整理	10m^2	0.1	13.5	0	0	4.25	1.35	0.00	0.00	0.43
人工单价		小计						16.62	159.85	0.53	5.40
30元/工日		未计价材料费									
清单项目综合单价								182.40			

材料费明细	主要材料名称、规格、型号	单位	数量	单价（元）	合价（元）	暂估单价（元）	暂估合价（元）
	1:3水泥砂浆	m^3	0.0306	222.55	6.81		
	C20混凝土	m^3	0.102	197.29	20.12		
	水泥32.5	kg	(45.99)	0.32	(14.72)		
	砂	t	(0.1234)	60	(7.4)		
	碎石	t	(0.1189)	40	(4.76)		
	碎石38-63	t	0.2393	40.00	9.57		
	水	m^3	0.076	1.95	0.15		
	石料切割锯片	片	0.0036	27.70	0.10		
	白水泥	kg	0.1	0.55	0.06		
	白回丝	kg	0.01	9.23	0.09		
	30厚300×600锈石火烧面	m^2	1.02	120.00	122.40		
	素水泥浆	m^3	0.001	407.63	0.41		
	其他材料费				0.139		
	材料费小计				159.85		

工程量清单综合单价分析表

工程名称：××公园北入口工程 第14页共16页

项目编码	050201003001	项目名称	树池围牙	计量单位	m

清单综合单价组成明细											
定额编号	定额名称	定额单位	数量	单价				合价			
				人工费	材料费	机械费	管理费和利润	人工费	材料费	机械费	管理费和利润
2-73换	150高250宽锈石火烧面弧形围牙，30厚1:3水泥砂浆粘结	10m	0.1	168.8	1391.5	0	53.16	16.875	139.15	0.00	5.32
2-43换	100厚C20混凝土垫层	$10m^3$	0.0045	546.0	2022	36.06	183.35	2.46	9.10	0.16	0.83
2-42	150厚碎石垫层	$10m^3$	0.0068	219.0	647.3	0	68.99	1.489	4.40	0.00	0.47
4-62	素土夯实	$10m^2$	0.045	6.24	0	0	1.97	0.28	0.00	0.00	0.09
人工单价		小计						21.10	152.65	0.16	6.71
30元/工日		未计价材料费									
清单项目综合单价								180.62			

材料费明细	主要材料名称、规格、型号	单位	数量	单价（元）	合价（元）	暂估单价（元）	暂估合价（元）
	1:3水泥砂浆	m^3	0.0077	222.55	1.71		
	C20混凝土	m^3	0.0459	197.29	9.06		
	水泥32.5	kg	(18.25)	0.32	(5.84)		
	砂	t	(0.0461)	60	(2.766)		
	碎石	t	(0.0535)	40	(2.14)		
	碎石38-63	t	0.1085	40.00	4.34		
	水	m^3	0.0239	1.95	0.05		
	150高250宽锈石火烧面弧形围牙	m	1.0815	125.00	135.19		
	其他材料费				2.31		
	材料费小计				152.65		

备注：1. 30厚1:3水泥砂浆消耗量为：$0.25\times0.03\times1.02=0.0077m^3/m$

2. 弧形路牙人工乘以系数1.25；材料用量乘1.05。

工程量清单综合单价分析表

工程名称：××公园北入口工程　　　　　　　　　　　　　　　　　　　　　　　　　　第15页共16页

<table>
<tr><td colspan="2">项目编码</td><td colspan="2">EB001</td><td colspan="2">项目名称</td><td colspan="2">景墙</td><td colspan="2">计量单位</td><td colspan="2">m</td></tr>
<tr><td colspan="12">清单综合单价组成明细</td></tr>
<tr><td rowspan="2">定额编号</td><td rowspan="2">定额名称</td><td rowspan="2">定额单位</td><td rowspan="2">数量</td><td colspan="4">单价</td><td colspan="4">合价</td></tr>
<tr><td>人工费</td><td>材料费</td><td>机械费</td><td>管理费和利润</td><td>人工费</td><td>材料费</td><td>机械费</td><td>管理费和利润</td></tr>
<tr><td>5-52换</td><td>米黄色块石景墙400厚，1:2水泥砂浆砌筑</td><td>10m³</td><td>0.0532</td><td>2397</td><td>1574.0</td><td>16.98</td><td>760.40</td><td>127.52</td><td>83.74</td><td>0.90</td><td>40.45</td></tr>
<tr><td>2-55换</td><td>120厚青石剁斧面压顶</td><td>10m²</td><td>0.05</td><td>108</td><td>3669.8</td><td></td><td>34.02</td><td>5.40</td><td>183.49</td><td></td><td>1.70</td></tr>
<tr><td>2-43换</td><td>100厚C20混凝土垫层</td><td>10m³</td><td>0.0113</td><td>546.0</td><td>2022</td><td>36.06</td><td>183.35</td><td>6.17</td><td>22.85</td><td>0.41</td><td>2.07</td></tr>
<tr><td>2-42</td><td>150厚碎石垫层</td><td>10m³</td><td>0.019</td><td>219.0</td><td>647.3</td><td>0</td><td>68.99</td><td>4.161</td><td>12.30</td><td></td><td>1.31</td></tr>
<tr><td>4-62</td><td>素土夯实</td><td>10m²</td><td>0.095</td><td>6.24</td><td>0</td><td>0</td><td>1.97</td><td>0.59</td><td></td><td></td><td>0.19</td></tr>
<tr><td></td><td></td><td></td><td></td><td></td><td></td><td></td><td></td><td></td><td></td><td></td><td></td></tr>
<tr><td colspan="2">人工单价</td><td colspan="6">小计</td><td>143.84</td><td>302.38</td><td>1.31</td><td>45.72</td></tr>
<tr><td colspan="2">30元/工日</td><td colspan="6">未计价材料费</td><td></td><td></td><td></td><td></td></tr>
<tr><td colspan="8">清单项目综合单价</td><td colspan="4">493.26</td></tr>
<tr><td rowspan="12">材料费明细</td><td colspan="4">主要材料名称、规格、型号</td><td>单位</td><td colspan="2">数量</td><td>单价（元）</td><td>合价（元）</td><td>暂估单价（元）</td><td>暂估合价（元）</td></tr>
<tr><td colspan="4">1:2水泥砂浆</td><td>m³</td><td colspan="2">0. 1117</td><td>260.87</td><td>29.14</td><td></td><td></td></tr>
<tr><td colspan="4">C20混凝土</td><td>m³</td><td colspan="2">0.1153</td><td>197.29</td><td>22.75</td><td></td><td></td></tr>
<tr><td colspan="4">水泥32.5</td><td>kg</td><td colspan="2">(99.37)</td><td>0.32</td><td>(31.8)</td><td></td><td></td></tr>
<tr><td colspan="4">砂</td><td>t</td><td colspan="2">(0.2434)</td><td>60</td><td>(14.6)</td><td></td><td></td></tr>
<tr><td colspan="4">碎石</td><td>t</td><td colspan="2">(0.1344)</td><td>40</td><td>(5.38)</td><td></td><td></td></tr>
<tr><td colspan="4">碎石38-63</td><td>t</td><td colspan="2">0.3031</td><td>40.00</td><td>12.12</td><td></td><td></td></tr>
<tr><td colspan="4">水</td><td>m³</td><td colspan="2">0.0919</td><td>1.95</td><td>0.179</td><td></td><td></td></tr>
<tr><td colspan="4">米黄色块石</td><td>t</td><td colspan="2">1.0906</td><td>50.00</td><td>54.530</td><td></td><td></td></tr>
<tr><td colspan="4">120厚青石剁斧面压顶</td><td>m³</td><td colspan="2">0.061</td><td>3000</td><td>183.00</td><td></td><td></td></tr>
<tr><td colspan="7">其他材料费</td><td></td><td>0.66</td><td></td><td></td></tr>
<tr><td colspan="7">材料费小计</td><td></td><td>302.38</td><td></td><td></td></tr>
</table>

注：120厚青石剁斧压顶参方整石板铺装定额，扣除定额内黄砂结合层即可。

工程量清单综合单价分析表

工程名称：××公园北入口工程　　　　　　　　　　　　　　　　　　　　　　　　第16页共16页

<table>
<tr><td>项目编码</td><td>010101002001</td><td colspan="2">项目名称</td><td colspan="3">挖土方</td><td colspan="2">计量单位</td><td colspan="3">m^3</td></tr>
<tr><td colspan="12">清单综合单价组成明细</td></tr>
<tr><td rowspan="2">定额编号</td><td rowspan="2">定额名称</td><td rowspan="2">定额单位</td><td rowspan="2">数量</td><td colspan="4">单价</td><td colspan="4">合价</td></tr>
<tr><td>人工费</td><td>材料费</td><td>机械费</td><td>管理费和利润</td><td>人工费</td><td>材料费</td><td>机械费</td><td>管理费和利润</td></tr>
<tr><td>4-1</td><td>人工挖地槽，一二类土，干土深度1m以内</td><td>$10m^3$</td><td>0.1</td><td>62.64</td><td></td><td></td><td>19.73</td><td>6.26</td><td>0.00</td><td>0.00</td><td>1.97</td></tr>
<tr><td></td><td></td><td></td><td></td><td></td><td></td><td></td><td></td><td></td><td></td><td></td><td></td></tr>
<tr><td colspan="2">人工单价</td><td colspan="6">小计</td><td>6.26</td><td></td><td></td><td>1.97</td></tr>
<tr><td colspan="2">24元/工日</td><td colspan="6">未计价材料费</td><td></td><td></td><td></td><td></td></tr>
<tr><td colspan="8">清单项目综合单价</td><td colspan="4">8.23</td></tr>
<tr><td rowspan="6">材料费明细</td><td colspan="3">主要材料名称、规格、型号</td><td>单位</td><td colspan="3">数量</td><td>单价（元）</td><td>合价（元）</td><td>暂估单价（元）</td><td>暂估合价（元）</td></tr>
<tr><td colspan="3"></td><td></td><td colspan="3"></td><td></td><td></td><td></td><td></td></tr>
<tr><td colspan="3"></td><td></td><td colspan="3"></td><td></td><td></td><td></td><td></td></tr>
<tr><td colspan="3"></td><td></td><td colspan="3"></td><td></td><td></td><td></td><td></td></tr>
<tr><td colspan="7">其他材料费</td><td></td><td></td><td></td><td></td></tr>
<tr><td colspan="7">材料费小计</td><td></td><td></td><td></td><td></td></tr>
</table>

参考文献

[1] 中华人民共和国国家标准．建设工程工程量清单计价规范．北京：中国计划出版社，2008.

[2] 浙江省园林绿化及仿古建筑工程预算定额（2003 版，上、下册）．北京：中国计划出版社，2006.

[3] 上海市园林工程预算定额（2000 版）．上海：上海科学普及出版社，2001.

[4]《建设工程工程量清单计价规范》编写组．《建设工程工程量清单计价规范》宣贯辅导教材．北京：中国计划出版社，2008.

[5] 何辉，吴瑛编著．工程建设定额原理与实务（第二版）．北京：中国建筑工业出版社．